Gergs

Die Kunst der kontinuierlichen Selbsterneuerung

Hans-Joachim Gergs

Die Kunst der kontinuierlichen Selbsterneuerung

Acht Prinzipien für ein neues Change Management

Über den Autor:

Dr. Hans-Joachim Gergs lehrt an der TU München sowie an der Universität Heidelberg und ist bei der AUDI AG seit 2004 im Bereich Veränderungsmanagement tätig. Er war von 1994 bis 2001 an der Universität Jena am Lehrstuhl Arbeits-, Betriebs- und Wirtschaftssoziologie in der Grundlagenforschung tätig.

Dieses Buch ist auch als E-Book erhältlich:
ISBN 978-3-407-29445-6

Das Werk und seine Teile sind urheberrechtlich geschützt. Jede Nutzung in anderen als den gesetzlich zugelassenen Fällen bedarf der vorherigen schriftlichen Einwilligung des Verlages. Hinweis zu § 52a UrhG: Weder das Werk noch seine Teile dürfen ohne eine solche Einwilligung eingescannt und in ein Netzwerk eingestellt werden. Dies gilt auch für Intranets von Schulen und sonstigen Bildungseinrichtungen.

© 2016 Beltz Verlag · Weinheim und Basel
Werderstraße 10, 69469 Weinheim
www.beltz.de

Lektorat: Dr. Erik Zyber
Herstellung: Michael Matl
Satz: Markus Schmitz
Druck: Beltz Bad Langensalza GmbH, Bad Langensalza
Reihenkonzept: glas ag, Seeheim-Jugenheim
Umschlaggestaltung: Leila Rehm
Umschlagabbildung: © StocksyRyan Matthew Smith
Printed in Germany

ISBN 978-3-407-36582-8

Inhalt

Danksagung 9

Einleitung 10

1. Change Management in einer unsicheren Welt 17

    Beschleunigung 19
    Digitalisierung der Wirtschaft 23
    Globalisierung und zunehmende Vernetzung 25
    Wir leben in einer unsicheren und komplexen Welt 26
    Über vergangene Zukünfte und falsche Vorhersagen 29
    Die Freude an der Ungewissheit und am Unwissen 30

2. Kontinuierliche Selbsterneuerung – Eine Begriffsklärung 32

3. Mythen des klassischen Change Managements 37

    Vom Leidensdruck zum attraktiven Zukunftsbild 38
    Vom episodischen zum kontinuierlichen Wandel 43
    Von »Top-down« zu »Activist-out« der Veränderung 46
    Vom linear geplanten zum zyklisch organischen Wandel 48

4. Der Prozess der kontinuierlichen Selbsterneuerung 52

    Erstes Prinzip: Selbstreflexion stärken 56
    Distanz schafft Überblick 58
    Periodische Auszeiten und Mut zur Denkpause 59
    Assessment-Vorlage »Selbstreflexionsfähigkeit der eigenen Person« 62
    Assessment-Vorlage »Selbstreflexionsfähigkeit der Organisation« 63

Zweites Prinzip: Kommunikation und Vernetzung intensivieren	64
Erneuerung entsteht im Dialog	66
Erneuerung braucht formelle und informelle Netzwerke	68
Empfohlene Websites	72
Assessment-Vorlage »Kommunikation und Vernetzung«	73
Drittes Prinzip: Vielfalt zulassen und Paradoxien pflegen	74
Entwickeln Sie Vielfalt und fördern Sie Diversität	74
»Groupthink« oder wenn Konsens zum Problem wird	77
Lernen Sie, Widersprüche zu lieben – Denken Sie im Sowohl-als-auch	79
Entwickeln Sie die Konfliktfähigkeit Ihrer Organisation weiter	83
Assessment-Vorlage »Ambiguitätstoleranz der eigenen Person«	84
Assessment-Vorlage »Ambiguitätstoleranz der Organisation«	85
Viertes Prinzip: Bezweifeln und Vergessen	86
Vom Nutzen des Vergessens	90
Die Fähigkeit, »Bekanntes und Bewährtes« zu suspendieren	92
Empfehlenswerte Videos	96
Assessment-Vorlage »Bezweifeln«	97
Fünftes Prinzip: Erkunden	98
Fangen Sie mit Fragen an	100
Entwickeln Sie Achtsamkeit	103
So entwickeln Sie Neugier	105
Empfehlenswerte Websites und Videos	108
Assessment-Vorlage »Neugier und Erkunden«	109
Sechstes Prinzip: Experimentieren	110
Die Organisation kontinuierlich mit Variation versorgen	110
Das Experiment ist die Basis der modernen Wissenschaft	111
Gescheiterte Experimente und Zufälle, die Großes hervorbrachten	113
Haben Sie Mut zum Experimentieren!	114
Treiben Sie mit Experimenten die Unternehmensentwicklung voran	116
Empfehlenswerte Websites und Videos	119
Assessment-Vorlage »Experimentierfreudigkeit«	120

Siebtes Prinzip: Fehler- und Feedbackkultur etablieren 121

Entwickeln Sie eine positive Fehler- und Feedbackkultur 124
Lernen Sie nicht nur aus Fehlern, sondern auch aus Erfolgen 127
Lernen Sie loszulassen und aufzugeben 129
Empfehlenswerte Websites und Videos 133
Assessment-Vorlage »Fehler- und Feedbackkultur« 134

Achtes Prinzip: Ausdauer und Denken in Kreisen 135

Bauen Sie eine Infrastruktur für kontinuierliche Selbsterneuerung auf ... 139
Betrachten Sie Wandel als Daueraufgabe 141

5. Die Rolle der Führung im Prozess der kontinuierlichen Selbsterneuerung 144

Un-manage! 144
Von der heldenhaften zur weisen Führung 147
Die Spannung im Unternehmen aufrechterhalten 151
Positive Energie erzeugen 152
Vertrauen und Containment schaffen 153
Kontinuierliche Selbsterneuerung beginnt bei Ihnen selbst 154
Empfehlenswerte Videos 155
Assessment-Vorlage »Erneuerungsfähigkeit – Mein Verhalten als Führungskraft« 156

6. Die Gestaltung der erneuerungsfähigen Organisation 157

Der Grundwiderspruch von Organisation und Wandel 158
Verteilen Sie die Macht breit 159
Siedeln Sie die Macht möglichst weit unten an 161
Bauen Sie bewusst Überkapazitäten auf 162
Empfehlenswertes Video 166

7. Ausblick: Einladung zur kontinuierlichen Selbsterneuerung 167

Toolbox		171
	Übersicht über die Tools und Interventionsdesigns	171
A	Diagnose des Veränderungsprozesses	173
B	Prinzip 1: Selbstreflexion stärken	176
C	Prinzip 2: Kommunikation und Vernetzung intensivieren	177
D	Prinzip 3: Vielfalt zulassen und Paradoxien pflegen	181
E	Prinzip 4: Bezweifeln und Vergessen	186
F	Prinzip 5: Erkunden	189
G	Prinzip 6: Experimentieren	203
H	Prinzip 7: Fehler- und Feedbackkultur etablieren	204
I	Prinzip 8: Ausdauer und Denken in Kreisen	207
J	Die Rolle der Führung im Prozess der kontinuierlichen Selbsterneuerung	213
K	Gestaltung der erneuerungsfähigen Organisation	215

Literatur 216

Danksagung

»*If it's knowledge, it's not mine.*
If it's mine, it's not knowledge.«

(Indisches Sprichwort)

Ich habe mich beim Schreiben dieses Buches häufiger als Reporter denn als Autor gefühlt. Dieses Buch stützt sich auf die Ideen, Anregungen und Arbeiten vieler Menschen, die ich gewiss nicht alle in dieser Danksagung benennen kann. Den Anstoß zur Beschäftigung mit dem Thema Selbsterneuerung habe ich gleich von drei Seiten erhalten. Erstens durch die Lektüre eines Aufsatzes von Rudi Wimmer mit dem Titel »Vorausschauende Selbsterneuerung – Wie sich Organisationen mit lebensnotwendigen Irritationen versorgen«.

Der zweite Impuls kam von einer Gruppe von Studierenden, die ich 2012 als Dozent im Executive MBA an der Technischen Universität München unterrichten durfte. Ihre kritischen Kommentare zu meiner Vorlesung »Grundlagen des Change Managements« haben mich dazu angeregt, über neue Formen des Change Managements nachzudenken. In Diskussionen mit Prof. Hans Pongratz und Prof. Rainer Trinczek, mit denen ich gemeinsam in diesem MBA das Fach Organisationstheorie und Change Management unterrichte, konnten wir viele dieser kritischen Anmerkungen in neuen theoretischen Kategorien fassen.

Der dritte Anstoß kam durch die Zusammenarbeit mit Arne Lakeit, dem ehemaligen Leiter der Gesamtplanung der Audi AG, dessen Bereich ich zusammen mit den Beraterkollegen Bodo Linke und Harald Gröschel über mehrere Jahre begleiten durfte. Gemeinsam haben wir zunächst unbewusst, später dann bewusst einen Prozess der kontinuierlichen Selbsterneuerung etabliert. Viele der in diesem Buch präsentierten praktischen Ideen stammen aus dieser langjährigen Zusammenarbeit. Das Thema verbindet uns heute noch. Zudem habe ich viele Anregungen von meinen Beraterkollegen des Bereichs Veränderungsmanagement der Audi AG und unseren externen Partnern erhalten. In der langjährigen Zusammenarbeit sind viele Ideen entstanden, die Eingang in dieses Buch gefunden haben.

Erik Zyber, der Lektor des Beltz Verlages, hat das Buch als Erster gelesen und ihm den letzten Schliff gegeben. Für seine hilfreichen Hinweise möchte ich ihm danken. Schließlich danke ich meiner Frau Susanne – mehr, als ich mit Worten sagen kann. Danke Susanne, für Deine Geduld und Beharrlichkeit. Vor allem danke ich Dir, dass Du mich zum Schreiben dieses Buches ermutigt hast.

Einleitung

»*Vorhersagen sind schwierig, insbesondere wenn sie die Zukunft betreffen.*«

(Niels Bohr)

Lassen Sie uns zu Beginn dieses Buches einen Blick zurück aus der Zukunft werfen: Wie werden die Menschen in hundert Jahren wohl über die Veränderungen zu Beginn des 21. Jahrhunderts denken? Was werden sie für bemerkenswert halten? Die Erfindung des World Wide Web? Die Tatsache, dass der Mensch sein Genom entschlüsselt oder Raumfahrzeuge zum Mars geschickt hat? Das alles wird sicherlich beachtet werden. Am meisten wird die Menschen bei diesem Blick zurück jedoch das enorme Tempo beeindrucken, mit dem sich zu Beginn des 21. Jahrhunderts wirtschaftliche und gesellschaftliche Veränderungen vollzogen haben.

Die Veränderung an sich verändert sich. Wir sind von vielen unterschiedlichen Entwicklungen umgeben, die sich mit exponentieller Geschwindigkeit verändern: die Zahl der Mobiltelefone weltweit, die Leitungsfähigkeit von Halbleiterchips und PCs, die Zahl der Geräte mit Internetverbindung, der weltweite Energieverbrauch und natürlich das weltweit verfügbare Wissen. Natürlich kann nichts ewig exponentiell weiterwachsen. Während sich jedoch manche Trends verlangsamen (beispielsweise die Verbreitung der Mobiltelefone), nehmen andere schlagartig an Geschwindigkeit zu. Denken Sie nur an die dynamische Entwicklung bei den sozialen Netzwerken. Im Zuge ihrer nahezu explosionsartigen Ausbreitung kam es auch in ihnen selbst zu enormen Verwerfungen. In weniger als einem Jahrzehnt ging die Marktführerschaft von Friendster über MySpace zu Facebook und dann zu WhatsApp über. Nie zuvor veränderten sich so viele Dinge gleichzeitig so schnell und so vielschichtig. Wir leben in einer Welt, in der sich die Zukunft immer weniger aus der Vergangenheit ableiten lässt. »Expect the unexpected« muss daher die Devise lauten.

Ein Freund, der mit Gehörlosen arbeitet, erzählte mir von einem sehr interessanten und aufschlussreichen Unterschied in den verschiedenen Gebärdensprachen. Bei den Gehörlosen der euroamerikanischen Welt deutet die Gebärde, die für Zukunft steht, nach vorne. Und genau vorne würden wir wohl alle, ob gehörlos oder nicht, die Richtung angeben, in der die Zukunft vermuten. Nicht so in Afrika, wo die Gebärde für Zukunft nach rückwärts weist. Was vor uns liegt, so die Begründung der Afrikaner, ist die Vergangenheit, denn nur sie können wir sehen. Die Zukunft hingegen ist dort, wo wir nicht hinsehen können. Deshalb liegt sie für die Afrikaner hinten. Die Zukunft entzieht sich unserem Blickfeld. Aus diesem Grund können wir, so schreibt der bekannte Soziologe Niklas Luhmann, nur von den »gegenwärtigen Zukünften« und nicht von der »zukünftigen Gegenwart« sprechen. Die Zukunft ist und bleibt für uns ein unbekanntes Terrain.

Für die Nachkriegsgeneration, die in den 50er, 60er und 70er Jahren die goldenen drei Jahrzehnte der Stabilität als Hochblüte der Moderne erlebte, schien noch vieles plan- und machbar (vgl. Novotny 2005, S. 134). Dieses Bild einer planbaren Zukunft hat sich in nur einer Generation fast völlig geändert. Das Sprechen über Zukunft erfolgt heute im Konjunktiv, und man müsste Zukunft eigentlich im Plural verwenden, wenn dies die deutsche Sprache erlauben würde. Die Vorstellungen von der Zukunft sind zu einer fluiden, schwer fassbaren und volatilen Größe geworden. Vielleicht ist uns die Zukunft tatsächlich abhandengekommen, dadurch nämlich, dass wir das Gefühl verloren haben, sie kontrollieren zu können. Dem Soziologen Anthony Giddens zufolge ist es dieser Kontrollverlust, der die Zukunft für uns zu einer problematischen Kategorie macht. Benjamin Franklins Zitat Ende des 18. Jahrhunderts ist heute so aktuell wie nie zuvor: »Nichts in dieser Welt ist sicher, außer dem Tod und den Steuern.«

Das stimmt nicht ganz. Es lässt sich noch eine weitere Gewissheit hinzufügen. Irgendwann wird auch Ihr Unternehmen vor der Herausforderung stehen, sich auf eine Art zu verändern, für die es kein Vorbild gibt. Es wird sich verändern oder scheitern. IBM schaffte es, sich in den 80er Jahren neu zu erfinden, und ging in den 90er Jahren abermals durch eine Krise. General Motors stand zu Beginn des Jahrhunderts kurz vor der Insolvenz. Nokia hat den Turnaround nicht geschafft, ebenso wenig wie Kodak. Auch viele deutsche Großunternehmen haben es nicht geschafft, sich zu erneuern. Traditionsfirmen wie AEG, Grundig oder Quelle sind einfach vom Markt verschwunden. Der Chairman von Nestlé, Peter Brabeck-Letmathe, hat angesichts des Untergangs vieler großer und auch kleiner Unternehmen treffend formuliert: »Es geht nicht darum nachzudenken, was uns bisher erfolgreich gemacht hat, es geht primär um die Frage, was wir tun müssen, damit wir auch in Zukunft erfolgreich bleiben. (...) Das ist vielleicht die schwierigste Aufgabe, insbesondere, wenn das Unternehmen bereits erfolgreich ist.« Und genau darum geht es in diesem Buch: Wie halten wir ein Unternehmen kontinuierlich erneuerungsfähig, ohne dass es zuvor in einer Krise war? Ich nenne dies »kontinuierliche Selbsterneuerung«.

Wenn wir die Zukunft nicht mehr planen können, dann bleibt uns nichts anderes übrig, als sie durch die Entfaltung unserer Neugier zurückzugewinnen. Die Faszination des Neuen wird von der Neugier angestoßen. Diese Neugier verleitet uns dazu, den nächsten Schritt zu wagen, der über das vertraute Terrain hinausführt. »Nur der, der sich die Gegenwart auch als eine andere denken kann als die existierende, verfügt über die Zukunft«. Diese Idee des deutschen Philosophen Theodor W. Adorno ist die Basis eines erneuerungsfähigen Unternehmens. Neugier gepaart mit dem Bewusstsein, dass alles auch anders sein könnte, ist der Boden, auf dem Erneuerungsfähigkeit spriesst. Das macht zukunftsfähig. In erneuerungsfähigen Unternehmen gilt die Devise: »Es könnte auch anders sein, und das andere ist interessant: Diese Unternehmen beugen sich nicht dem Diktat des Status quo. Und sie wissen auch: Ein erneuerungsfähiges Unternehmen kann sich nicht mit linearem Denken auf eine nicht lineare Zukunft vorbereiten. Sie sagen sich, es war einmal anders und es wird einmal anders sein. Aus diesem Grunde sind erneuerungsfähige Unternehmen notorisch unzufrieden, prinzipiell skeptisch und stets auf der Suche nach attraktiven Alternativszenarien. Sie haben eine Neigung zum Ausprobieren und zum ergebnisoffenen Versuch. Wie in den Naturwissenschaften zielen sie mit dem Experiment auf Erkenntnisfortschritt. Sie beschäftigen sich gerne mit dem »Noch nicht«. Der Status quo ist für sie nur eine Durchgangsstation. In den erneuerungsfähigen Unternehmen, die ich in diesem Buch beschreibe, scheint Veränderung natürlich und kontinuierlich zu geschehen. Sie ist fester Bestandteil ihrer DNA.

Wir müssen ändern, wie wir unsere Unternehmen verändern

Wenn wir uns darüber einig sind, dass heutzutage die Fähigkeit, sich schnell auf veränderte Umweltbedingungen einzustellen, eine der zentralen Kernkompetenzen von Unternehmen ist, dann hat dies auch Auswirkungen auf die Art, wie wir unsere Unternehmen verändern. Ich vertrete die These, dass das klassische Change Management gegenwärtig an seine Grenzen gelangt. Die kontinuierliche Selbsterneuerung der Unternehmen kann nicht mehr nach dem Schema »unfreeze – change – refreeze« (Lewin 1952) gestaltet werden. Mehr und mehr entsteht die Notwendigkeit, radikale Transformationen zu vermeiden und Veränderungsprozesse frühzeitig einzuleiten, um in den guten Jahren die vorhandenen Ressourcen zu nutzen und die Organisation vorausschauend auf die Zukunft vorzubereiten. Genau hierin liegt die grosse Herausforderung: Die meisten Unternehmen sind nicht für kontinuierliche Erneuerung gebaut. Die von den Pionieren des Managements (Taylor, Sloan, Ford etc.) entwickelten Theorien und Konzepte, die bis heute das Denken im Management bestimmen, sind alle auf Stabilisierung und Standardisierung ausgerichtet. Es ist daher auch nicht erstaunlich, dass die Geschichte der meisten Unternehmen lange Zeiträume aufweist, in denen es nur zu geringfügigen Veränderungen kam, unterbrochen von wenigen Phasen tiefgreifender Veränderung, die meist durch eine Krise ausgelöst wurden.

Aus meiner Sicht lauten gegenwärtig die spannendsten und zugleich dringlichsten Fragen: Wie kann kontinuierliche Selbsterneuerung gelingen? Wie müssen die Kommunikations- und Entscheidungsstrukturen aussehen, um diesen Prozess zu unterstützen? Wie muss sich das Change Management selbst verändern, um Prozesse der kontinuierlichen Selbsterneuerung wirkungsvoll begleiten zu können? Welche Art von Führung ist notwendig? Welche Methoden und Tools können verwendet werden, um den Prozess der Selbsterneuerung zu unterstützen? Wie wir sehen werden, ist der Aufbau eines erneuerungsfähigen Unternehmens ein arbeitsintensives Unterfangen. Will man ein Unternehmen aus einer selbstgeschaffenen Zukunftsperspektive heraus führen, muss man den gesamten Managementprozess in seiner Steuerungslogik neu ausrichten. Dies ist nicht ohne einen intensiven und langwierigen Lernprozess der Gesamtorganisation möglich. Die Fähigkeit zur Selbsterneuerung erfordert ein neues Mindset – im Management wie auch bei den Mitarbeitern.

Gleich zu Beginn dieses Buches möchte ich ein mögliches Missverständnis aus dem Weg räumen: Betrachten wir die aktuellen Veröffentlichungen in der Managementliteratur, ist viel von der Entwicklung adaptiver oder auch resilienter Unternehmen die Rede. Aber eine erhöhte Adaptivität ist nur der erste Schritt auf dem Weg zur Erneuerungsfähigkeit. Halten Sie sich den Lernprozess von Kindern vor Augen. Der Lernimpuls bei Kindern übertrifft den bloßen Wunsch, auf Veränderungen in der Umwelt effizienter zu reagieren und sich adaptieren zu können. Der Impuls zu lernen ist eigentlich der Drang zum Schöpferischen und zur Ausweitung unserer Fähigkeiten. Wenn wir in diesem Buch von Erneuerungsfähigkeit sprechen, dann meinen wir dieses schöpferische Lernen und nicht bloß Anpassungslernen (die Unterscheidung zwischen adaptivem und schöpferischem Lernen beruht auf der Unterscheidung zwischen »single-loop learning« und »double-loop learning«; vgl. Agyris/Schön 1978; Senge 1993, S. 147).

Wandel als Daueraufgabe

Erneuerungsfähige Unternehmen zeichnen sich dadurch aus, dass sie ständig in Bewegung bleiben. Wandel ist für sie kein zeitlich begrenzter Vorgang, sondern fester Bestandteil ihres Betriebssystems. Sie wissen, dass man sich keinen Vorrat an Erfolg anlegen kann, dass der Erfolg eine flüchtige Sache ist. Sie erhalten daher eine kontinuierliche kreative Spannung in ihrem Inneren aufrecht. Vor dem Hintergrund dieser Überlegungen erscheint es mehr als bedenklich, dass Topmanager im Schnitt weniger als drei Prozent ihrer gesamten Zeit darauf verwenden, ein Bild von der Zukunft zu entwerfen (Hamel 2007). Führungskräfte und Mitarbeitende dürfen Wandel und Veränderung nicht nur akzeptieren, sie müssen Wandel vielmehr als erfüllende Daueraufgabe betrachten. Sie müssen akzeptieren, dass sie es trotz kurzer oder auch längerer Erfolge nie schaffen, einen stabilen Zustand zu erreichen. Genau in diesem ständigen Ringen um Erneuerung liegt das eigentliche Glück des Managements, das ein erneuerungsfähiges Unternehmen führt. Erneuerungsfähige Unternehmen stellen sich der Veränderung und hinterfragen stets das Bestehende, sie betrachten die Zukunft mit all ihren Möglichkeiten als große Chance.

Die empirischen Grundlagen dieses Buches

Nun stellt sich die Frage, wie kontinuierliche Selbsterneuerung gelingen kann. Wie müssen die Kommunikations- und Entscheidungsstrukturen in den Unternehmen gestaltet werden, um diesen Prozess der Erneuerung zu unterstützen? Wie muss sich das Change Management wandeln, um einen kontinuierliche Selbsterneuerung zu ermöglichen? Diesen Fragen gehe ich in einem laufenden Forschungsvorhaben nach, dessen Zwischenergebnisse ich in Folgenden darstellen möchte. Ich habe Fallstudien in Unternehmen durchgeführt, die in der Zeit von 2004 bis 2014 einen Prozess der Selbsterneuerung durchlaufen haben. Das heißt, die Unternehmen durchliefen einen tiefgreifenden Wandel ihres Geschäftsmodells, ohne zuvor in einer Krise gewesen zu sein. Dabei habe ich mich bewusst auf die Erforschung sogenannter Vorreiterunternehmen beschränkt, weshalb sich das Untersuchungssample mit einer Ausnahme – einem Unternehmen aus der Kosmetikindustrie – aus mittelständischen IT- und Medienunternehmen zusammensetzt, die in einem sehr dynamischen Marktumfeld operieren. Dies schränkt, und dies sei hier bereits unterstrichen, die Verallgemeinerbarkeit meiner Ergebnisse stark ein. Die Fokussierung auf die IT- und Medienbranche habe ich aus zwei Gründen gewählt: Erstens findet sich der noch immer seltene Veränderungstypus der kontinuierlichen Selbsterneuerung vorzugsweise in diesen beiden Branchen. Zweitens vertrete ich die These, dass die IT- und Medienunternehmen zu neuen Leitbranchen der Wirtschaft avancieren und damit die Automobilindustrie ablösen werden. Bezogen auf Fragen zur Zukunft von Führung, Organisation und Wandel können wir in diesen beiden Branchen bereits heute Entwicklungen beobachten, die sich zeitverzögert, so meine These, in anderen Branchen wiederfinden werden.

Dieses Buch bietet keine Patentrezepte

Den meisten Führungskräften stellt sich gegenwärtig die Frage, wie sie den kontinuierlichen Wandel bewältigen und ihre Unternehmen zukunftsfähig machen können. Was sind die zentralen Themen, die angegangen werden müssen, um das Unternehmen fit für die Zukunft zu machen? Wie können Organisationen flexibel gestaltet werden, um auf die kurzfristigen Ereignisse zu reagieren? Wie kann eine gute Balance zwischen Stabilität und Wandel erreicht werden? Ich möchte Ihnen gleich zu Beginn die Hoffnung nehmen, dass Sie in diesem Buch ein Patentrezept zur Verbesserung der Erneuerungsfähigkeit Ihres Unternehmens finden. Ich schreibe dieses Buch in dem vollen Bewusstsein, dass wir uns am Anfang dieses neu entstehenden Phänomens befinden. Noch nie in der Wirtschaftsgeschichte mussten sich Unternehmen in so schnellen Zyklen verändern. Deshalb kann dieses Buch keine endgültigen Antworten geben. Während immer mehr Unternehmen insbesondere in der IT- und Medienbranche neue Wege gehen und weitere Forscher sich aus verschiedenen Blickwinkeln mit der Herausforderung permanenten Wandels beschäftigen, nimmt das Bild eines erneuerungsfähigen Unternehmens zunehmend Konturen an.

Aber auch wenn die Forschung zu diesem Thema immer mehr empirische Befunde vorlegen wird: Einfache Erfolgsrezepte wird es in einer sich rasant verändernden Welt nicht mehr geben. Bücher wie »In Search of Excellence« (1982) von Tom Peters und Richard Waterman belegen dies eindrücklich: 30 Jahre nach dem Erscheinen dieses Bestsellers haben wir die endgültige Erfolgsformel für Unternehmen immer noch nicht gefunden, wie die wirtschaftliche Entwicklung der von den Autoren damals als exzellent dargestellten Unternehmen eindrucksvoll verdeutlicht. Von den ehemals erfolgreichen Unternehmen ist heute nur noch eine Handvoll am Markt; die von Peters und Waterman identifizierten Erfolgsformeln haben sich als Trugschluss erwiesen. Vor dem Hintergrund dieser Misserfolgsgeschichte habe ich mich erst gar nicht erst auf die Suche nach einer neuen Erfolgsformel gemacht. Was ich im Folgenden darstelle, sind keine Erfolgsfaktoren, wie man die Erneuerungsfähigkeit von Unternehmen steigern kann, sondern eher Denkprinzipien. Ich bin mir voll darüber bewusst, dass in dem vorliegenden Text vieles zu kurz kommt. Oder wie es George Box, Professor für Statistik an der University of Wisconsin und einer der Pioniere des Qualitätsmanagements, treffend formulierte: »All models are wrong, but some are useful.« Sie können dies als Chance nutzen, die Unzulänglichkeiten der hier vorgestellten acht Prinzipien der Selbsterneuerung milde zu beurteilen und kreativ mit ihnen zu spielen. Ich präsentiere einen Text in meiner eigenen Sprache, nach meinen eigenen Vorstellungen und Möglichkeiten. Ich möchte verstanden werden, aber ich habe leider – oder besser: zum Glück – nur eine marginale Kontrolle darüber, was dieser Text bei Ihnen auslösen wird – und er wird bei Ihnen jeweils Unterschiedliches bewirken. Jeder liest den Text aus der Perspektive seiner eigenen Welt und holt sich das heraus, was in seiner Welt Resonanz erzeugt. Was mir mit diesem Text vorschwebt, ist, Sie zu Experimenten des Wandels in Ihrem Unternehmen zu ermutigen. Wenn mir das gelingt, bin ich mehr als zufrieden.

Ich habe versucht, den Prozess der kontinuierlichen Selbsterneuerung auf das Schreiben dieses Buches anzuwenden. Ich schickte ein Kapitel nach dem anderen zur Korrektur oder diskutierte es mit Kollegen und Studierenden, anstatt das gesamte Buch in einem Rutsch fertigzuschreiben. Dadurch bekam ich die Möglichkeit, die Kritiken und Korrekturen beim Schreiben der weiteren Kapitel zu berücksichtigen. Außerdem konnte ich schrittweise dazulernen und das, was ich aus früheren Kapiteln gelernt hatte, in späteren Kapiteln anwenden. Das Schreiben war einer der intensivsten Lernprozesse meines beruflichen Lebens. Irgendwann stellte ich mir die Frage: Wird dieses Buch jemals fertig? Als gedrucktes Buch liegt es nun vor Ihnen. Aber ein Buch über das Thema »kontinuierliche Selbsterneuerung« kann per Definition nie fertig werden. Da ich das Buch über ein noch nicht abgeschlossenes Thema variiert habe, stellt die gedruckte Version lediglich einen Anfang dar. Meine weiteren Lernerfolge erscheinen in einem Blog. Ich lade Sie ein, in diesem Blog gemeinsam mit mir zu lernen: hansjoachim-gergs.de.

1. Change Management in einer unsicheren Welt

»*It is not the strongest of the species
that survive, nor the most intelligent.
It is the one most adaptable to change.*«

(Charles Darwin)

In einer Studie über die weltweit größten Unternehmen kam die Organisationsforscherin Leslie Hannah zu dem Ergebnis, dass zwischen 1912 und 1995 (Hannah 1997) nur zwölf der 1 000 größten Unternehmen überlebt haben. In den vergangenen Jahren haben wir gesehen, wie schnell etablierte Unternehmen wie Kodak, Nokia, BlackBerry, Quelle oder AEG von Wettbewerbern verdrängt werden können. In allen der genannten Unternehmen gab es Möglichkeiten zu handeln, bevor die Krise die Organisation erfasst hat. Bei Kodak versuchte beispielsweise der CEO George Fisher, das Unternehmen in den 90er Jahren in das digitale Zeitalter zu führen. Er war jedoch nicht dazu in der Lage, den Kurs des Unternehmens schnell genug zu ändern, obwohl Kodak schon 1975 die erste digitale Kamera entwickelt hatte (Brynjolfsson/Macafee 2015, S. 66). Fisher hatte eine Chance; sein Nachfolger hatte eine handfeste Krise, die Kodak nicht überlebte. Und die Dynamik auf den Märkten beschleunigt sich weiter: Zehn der 20 größten Insolvenzen von US-Unternehmen in den vergangenen zwei Jahrzehnten ereigneten sich in den letzten beiden Jahren. Selbst lange Zeit erfolgreichen Unternehmen fällt es zunehmend schwer, kontinuierlich überdurchschnittliche Ergebnisse zu erzielen. 1994 schrieben die amerikanischen Forscher Jim Collins und Jerry Porras den Bestseller »Built to last« und führten darin 18 visionäre Unternehmen auf, die ihre Wettbewerber zwischen 1950 und 1990 regelmäßig überflügelt hatten. Zehn Jahre später haben es von diesen 18 Unternehmen nur sechs geschafft, besser abzuschneiden als der Dow-Jones-Index. Die anderen zwölf – darunter Konzerne wie Disney, Ford, Sony oder HP – sind von überragend auf einigermaßen akzeptabel abgesackt. Andere wie Kodak und Polaroid sind gar vom Markt verschwunden. Aber nicht nur einzelne Unternehmen, sondern ganze Branchen haben in den vergangenen Jahren den richtigen Zeitpunkt für Veränderungen verpasst. Zeitungsverlage, europäische Modehäuser und Versandhändler – sie alle haben große Mühe, ihre veralteten Geschäftsmodelle zu erneuern und sich auf den Märkten neu zu positionieren. All diese Unternehmensgeschichten verdeutlichen: Erfolg war noch nie so unsicher wie heute.

Der Niedergang mächtiger Unternehmen

Die Wirtschaftsgeschichte ist gespickt mit Beispielen großer Unternehmen, die neue Entwicklungen verschliefen und letztendlich darüber zu Fall kamen. Im November 2013 wurde der finnische Mobiltelefon-Konzern Nokia zum großen Teil an Microsoft verkauft. Im letzten Moment, aus blanker Not. Die Finnen hatten über Jahre hinweg das Handygeschäft weltweit bestimmt. Nur leider übersahen sie, dass ein Konkurrent aus einer ganz anderen Branche ihnen ins Geschäft funkte. Nokia erfand das Smartphone, mit dem man weniger telefoniert als surft. Das Handy war am Ende. Der Abstieg vom weltweit teuersten Unternehmen zum Pleitekandidaten dauerte keine fünf Jahre.

Auch Microsoft, Käufer von Nokia, war ein Fast-Monopolist mit faktischer Lizenz zum Gelddrucken. Der Konzern aus Seattle dominierte 20 Jahre lang den weltweiten Markt für PC-Betriebssysteme und Software. In den USA war der Konzern so gefürchtet, dass die Regierung Ende der 90iger Jahre über seine Zerschlagung nachdachte. Längst nagen jedoch Konkurrenten am Geschäft von Microsoft. Der Konzern muss sparen und hat 2014 rund 14 Prozent seiner Belegschaft entlassen.

Vor nicht einmal zwei Jahrzehnten war im Netz ein Name das Maß aller Dinge: AOL. Dann galt Yahoo als die Internet-Firma schlechthin. Heute ist Google das Synonym für die digitale Moderne. Der Suchmaschinenkonzern wurde in nur 16 Jahren zu einem Riesen, der 2014 rund 60 Milliarden Dollar Umsatz und 13 Milliarden Dollar Gewinn machte. Der Konzern aus dem Silicon Valley ist gefürchtet, und wieder denkt man in der Politik über eine Zerschlagung nach.

Im 21. Jahrhundert, so die einstimmige Meinung vieler Wissenschaftler, wird die Geschwindigkeit der Veränderung weiter zunehmen. Vor allem die neuen Informationstechnologien und der Prozess der Digitalisierung stellen eine neue Ära dar und werden die Spielregeln in vielen Branchen grundlegend verändern. Wir leben in einer Welt, in der die Zukunft immer weniger aus der Vergangenheit und Gegenwart abgeleitet werden kann. Was uns heute beschäftigt, ist vor allem die Komplexität der Welt, in der wir uns bewegen. Die aktuelle Situation lässt sich durch folgende drei Dimensionen beschreiben:

o *zeitliche Dimension*: Beschleunigung
o *sachliche Dimension*: Digitalisierung
o *soziale Dimension*: Globalisierung und Vernetzung

Beschleunigung

*»It took Hilton 93 years to build up to 610 000 rooms.
It took AirBnB only four years to build up 650 000.«*

(Robin Chase, Gründerin von ZipCar)

Der technologische Fortschritt im vergangenen Jahrzehnt war atemberaubend, aber trotzdem wohl erst der Anfang. Denn es geht nicht geradlinig, sondern exponentiell weiter. Das iPhone existiert erst seit acht Jahren, aber heute scheint fast vergessen, wie die Welt vorher aussah. Selbstfahrende Autos galten vor wenigen Jahren noch als verrückte Utopie, heute wundert sich kaum jemand über die ersten Testwagen auf den Straßen. Dass Algorithmen in den USA 70 Prozent des Aktienhandels steuern, gehört heute zur Normalität. Und sowohl die Rechenkraft als auch die Fähigkeiten von Maschinen nehmen sprunghaft zu, wie zum Beispiel die Entwicklung in der Robotik verdeutlicht (Brynjolfsson/Mcafee 2015).

Der Mitbegründer von Intel, Gordon Moore, hat diese exponentielle Entwicklung bei der Speicherkapazität von Computern als Erster im Jahr 1963 formuliert. Moore arbeitete damals bei Fairchild Semiconductor und schrieb für die Zeitschrift *Electronics* einen Artikel mit dem provokanten Titel »Immer mehr Komponenten in integrierte Schaltkreise quetschen«. In diesem Artikel formulierte er das, was später als das moorsche Gesetz bekannt geworden ist. Nach Moores Beobachtungen verdoppelt sich die Speicherkapazität von Rechnern jedes Jahr. 1963 konnte man doppelt so viel Leistung für einen Dollar kaufen wie 1962, 1964 erneut das Doppelte gegenüber dem Jahr 1963 und so weiter. Moore sagte voraus, dass diese exponentielle Entwicklung noch circa zehn Jahre anhalten werde. Seine für die damaligen Verhältnisse kühne Prognose besagte, dass Speicherchips im Jahr 1975 mehr als 500 Mal so leistungsfähig sein würden wie 1965 (Brynjolfsson/Mcafee 2015, S. 54 f.). Wie man heute weiß, lag Gordon Moore mit dieser Prognose völlig falsch. Sein größter Fehler war, dass er die Entwicklung viel zu konservativ einschätzte. Das setzt man für die Verdoppelung der allgemeinen Rechnerleistung 18 Monate an. Ein Prozessor aus dem Jahr 2014 besitzt sage und schreibe 32 Millionen Mal mehr Rechenleistung als der erste Intel-Chip aus dem Jahr 1971. Sicherlich wird auch der digitale Fortschritt irgendwann an seine Grenzen stoßen und wir werden weitere Abstriche an Moores Gesetz machen müssen. Nach Schätzungen von Henry Samueli, Technikchef des Chipherstellers Broadcom Corporation, wird das moorsche Gesetz erst in den nächsten 15 Jahren seine Gültigkeit verlieren (Brynjolfsson/Mcafee 2015, S. 56).

Auf der Grundlage dieser exponentiellen Entwicklung der allgemeinen Rechnerleistung erleben wir gegenwärtig eine wirtschaftliche und gesellschaftliche

Umwälzung, die in ihrer Dynamik vergleichbar mit der Industrialisierung Ende des 19. Jahrhunderts ist. Wie der Wechsel von der Handarbeit zur maschinellen Produktion vor mehr als hundert Jahren mehr hat entstehen lassen als nur Fabriken und Großunternehmen (Demokratisierung, Beginn des modernen Wohlfahrtsstaats, etc.), so verändert die Digitalisierung nicht bloß Wirtschaftsbranchen, sondern auch die Art, wie wir denken und leben.

Leben in einer beschleunigten Welt

- In der Medizin verdoppelt sich das Wissen gegenwärtig alle drei Jahre.
- Es werden bei YouTube in zwei Monaten mehr Videos hochgeladen als die drei größten amerikanischen Fernsehsender in den letzten 60 Jahren zusammen produziert haben. Die Besucher der Seite sehen sich täglich 100 Millionen Clips an, Tendenz steigend.
- Die weltweit zur Verfügung stehende Informationsmenge verdoppelt sich alle 18 Monate.
- Cisco geht davon aus, dass der globale Internet-Protocol-Verkehr im Jahr 2016 ein Zettabyte (eine 10 mit 22 Nullen) umfassen wird. Die weltweit versendete Datenmenge wird Schätzungen zufolge bis Ende dieses Jahrzehnts auf ein Yottabyte (10 mit 24 Nullen) ansteigen. (Wizeman 2014, S. 7)

Die Welt scheint sich schneller als noch vor 50 Jahren zu drehen: Wissen wächst exponentiell, und was vor einigen Jahren noch als gesichert galt, ist heute vielfach überholt oder zumindest durch alternative Erklärungen relativiert. Eine vernetzte Welt hat ihr Eigenleben, und die Muster, die wir zu erkennen glauben, ändern sich laufend und in zunehmendem Tempo. Die Lebenszyklen von Produkten, Geschäftsmodellen und Unternehmen werden immer kürzer. Auch Unternehmen werden immer rascher aufgebaut und verschwinden dann ebenso schnell wieder von der Bildfläche.

Der Markt für Mobiltelefone verdeutlicht diese Entwicklung exemplarisch. Motorola war 1983 der Geburtshelfer der Branche mit seinem Tac-Telefon, das einem Backsteinziegel glich. Seit Mitte der 80er Jahre war Motorola der unumstrittene Marktführer im Bereich der analogen Mobiltelefone. 1994 lag der Marktanteil in Amerika bei 60 Prozent (Hensmans et al. 2013, S. 7). Zu dieser Zeit schien das US-Unternehmen als Marktführer unverwundbar. Doch Mitte der 90er Jahre entwickelte sich die digitale Technologie immer rasanter. Die Nachfrage nach digitalen Mobiltelefonen explodierte förmlich. Das Management von Motorola entschied dennoch, an der analogen Technologie festzuhalten, obwohl das Unternehmen über zahlreiche Patente in der digitalen Technologie verfügte. Die Patente wurden zu lukrativen Lizenzgebühren an die Konkurrenten Nokia und Ericcson vergeben. Ein unglaublicher Vorgang, hätten die steigenden Erträge aus den Lizenzgebühren dem Management doch verdeutlichen müssen, dass der digitalen Technologie die Zukunft gehört. Doch das Management von Motorola hielt an seinem alten Denkmuster fest und versuchte mit aggressiven Marketingmethoden, ein neues analoges Telefon in den Markt zu drücken – mit wenig Erfolg. Bereits Ende der 90er Jahre wurde Motorola vom finnischen Unternehmen Nokia überholt und in den folgenden Jahren förmlich abgehängt. Nokia erlangte an dem rasch wachsenden Markt für Mobiltelefone innerhalb weniger Jahre einen Marktanteil von 40 Prozent und avancierte zum neuen Star der Branche.

Im Jahr 2002 stellte die kanadische Firma Research in Motion (RIM) den kultigen Blackberry vor. Mit ihm verwandelte sich das einfache Telefon in ein unentbehrliches Utensil für Geschäftsleute. Und dann erschütterte Apple die Branche mit seinem iPhone, einem leistungsstarken Mini-Computer. Als das Unternehmen im Juni 2007 mit der ersten Generation des iPhones auf den Markt kam, war das eine Sensation, denn Apple war ein IT-Unternehmen mit keinerlei Erfahrung im Marktsegment der Mobiltelefone. Belächelt wurde Apple von den Platzhirschen aber nicht lange, denn Apple verkaufte von dem übertreuerten Gerät, nicht nur enorm viele Einheiten, sondern definierte den Markt komplett neu. Vier Marktführer in vier Jahrzehnten sind die Realität in einer Welt des beschleunigten Wandels.

Verarmte Kaiser und exponentielles Wachstum

Unser Gehirn tut sich schwer damit, exponentielles Wachstum zu erfassen. Wir unterschätzen meist, wie groß die Zahlen am Ende werden können. Eine alte indische Geschichte verdeutlicht dies eindrucksvoll. Das Schachspiel wurde demnach im 3. oder 4. Jahrhundert vor Christus von einem hochintelligenten Inder namens Sissa ibn Dahir erfunden (Rooney 2012, S. 18). Dieser reiste in die Stadt Palulipura, um dem Kaiser Shihram seine Erfindung zu präsentieren. Der Herrscher war von dem Spiel so beeindruckt, dass er Sissa ibn Dahir aufforderte, sich selbst eine Belohnung auszusuchen. Der Erfinder pries die Großzügigkeit des Kaisers und wünschte sich ganz bescheiden nur etwas Reis, um seine Familie ernähren zu können. Er schlug vor, mithilfe des Schachbretts zu ermitteln, wie viel Reis er erhalten sollte. Er sagte zum Kaiser: »Legt ein Reiskorn auf das erste Feld des Schachbretts, zwei auf das zweite, vier auf das dritte, und so weiter und so fort.« Der Kaiser willigte ein und war von der Bescheidenheit des Erfinders angetan. Als er sich einige Tage später erkundigte, ob Sissa ibn Dahir seine Belohnung bereits erhalten habe, bekam er zu hören, dass die Rechenmeister mit der Berechnung der Reiskörner noch nicht fertig waren. Nach mehreren Tagen ununterbrochener Rechenarbeit wurde klar, dass die dem Erfinder zustehende Menge

Telefon, Internet und webbasierte Dienste erlauben es, Informationen in Lichtgeschwindigkeit über Landesgrenzen hinweg global zu übertragen. Über Breitbandnetzwerke ist auch der Austausch von Daten und Dokumenten weltweit in Höchstgeschwindigkeit kein Problem. Elektronische Börsen und Electronic Banking erlauben es, in kürzester Zeit riesige Finanzsummen zu verschieben. Das Echtzeit-Empfinden dehnt sich aus dem unmittelbaren Lebensumfeld global aus. Wir haben mit den neuen Medien einen bedeutenden Quantensprung getan, vielleicht bedeutender als die Erfindung des Buchdrucks. In dieser neuen Welt zählt nicht mehr Größe, sondern Geschwindigkeit: »Be fast or be last.«

Messaging erobert rasant die Welt

Das Nutzungsverhalten der Menschen verändert sich schneller, als man sich daran gewöhnen kann. Nicht nur Surfen am Desktop gehört schon fast der Vergangenheit an, auch Kommunikationsformen verändern sich rasant. Internet-Foren, SMS, auch etablierte und mittlerweile schon wieder »veraltete« soziale Netzwerke wie Facebook werden durch neue Messenger-Apps ersetzt, die die Bedürfnisse unterschiedlicher Communities gezielter befriedigen können. Ein Paradebeispiel dafür ist die Übernahme von WhatsApp durch Facebook, mit der sich Facebook neue, zumeist jüngere Nutzergruppen zu erschließen hoffte.

Die etablierten Anbieter werden kontinuierlich von neuen Start-ups herausgefordert. Auch Chinas Internet-Unternehmen trauen sich mittlerweile auf den Weltmarkt. So macht Tencent seinen Messenger »WeChat« zu einem globalen Konkurrenten für WhatsApp. Nachdem der Kurznachrichtendienst Snapchat das Übernahmeangebot von Facebook in Höhe von drei Milliarden Dollar abgelehnt hat, wird klar, dass in dieser neuen Medienwelt nicht nur Geld, sondern insbesondere die Reichweite und die Wachstumschancen eine entscheidende Rolle spielen. Momentan sucht Snapchat, bei dem Nachrichten nur für kurze Zeit angezeigt werden und das bei Jugendlichen extrem beliebt ist, nach neuen Geschäftsmodellen (Burda 2014, S. 102).

an Reiskörnern im ganzen Reich nicht aufzubringen war. Alle Felder des Schachbretts hätten zusammen eine Menge von 18 446 744 073 709 551 615 (≈ 18,45 Trillionen) Reiskörnern ergeben. Ein Reishaufen dieser Größe hätte den Mount Everest überragt. Der Kaiser übersah: 63 Verdoppelungen ergeben eine fantastisch hohe Zahl, selbst wenn die Ausgangszahl 1 ist.

Digitalisierung der Wirtschaft

Manchmal liegen Experten mit ihren Prognosen völlig falsch. So auch Ron Sommer, der ehemalige CEO der Telekom. Kurz bevor die Telekom-Tochter T-Online im Jahr 2000 in eine Aktiengesellschaft umgewandelt wurde und an die Börse ging, sagte er: »Das Internet ist ein Spielerei für Computerfreaks, wir sehen darin keine Zukunft.« Wie viele andere wurden auch Ron Sommer und seine Konzernstrategen eines Besseren belehrt. Mit heute fast drei Milliarden Internetnutzern (Statista 2014) hatte im Jahr 2000 wohl niemand gerechnet. Was im Jahr 1989, in dem Tim Berners-Lee das World Wide Web erfand, zunächst nur einer kleinen Gruppe von Teilchenphysikern zugutekam, entwickelte sich innerhalb weniger Jahre zu einer heute nicht mehr wegzudenkenden weltweiten Technologie. Und der Siegeszug des Internets ist noch lange nicht beendet (Brynjolfsson/Macafee 2015, S. 128).

Gegenwärtig können wir eine Digitalisierung sämtlicher Produkte und Prozesse in nahezu allen Wirtschafts- und Lebensbereichen (Medizin, Wohnen, Sport etc.) beobachten. Getrieben wird diese Entwicklung durch die steigende Verbreitung des Internet und die Innovationssprünge in den Informations- und Kommunikationstechnologien, die zu einer massiven Steigerung der weltweit geteilten digitalen Informationen geführt haben. Man geht heute davon aus, dass jedes Unternehmen mit mehr als 1 000 Mitarbeitern bereits über mehr als 200 Terabyte an Daten verfügt. Im Zeitraum von 2006 bis 2011 hat sich die Menge an Daten verfünffacht (IDC 2011). Laut Statista wurden im Jahr 2013 jeden Tag 190 Milliarden E-Mails versendet und im Jahr 2014 jede Minute hundert Stunden Videos auf YouTube hochgeladen; Tendenz steigend. Auch die Anzahl digital anschlussfähiger Geräte,

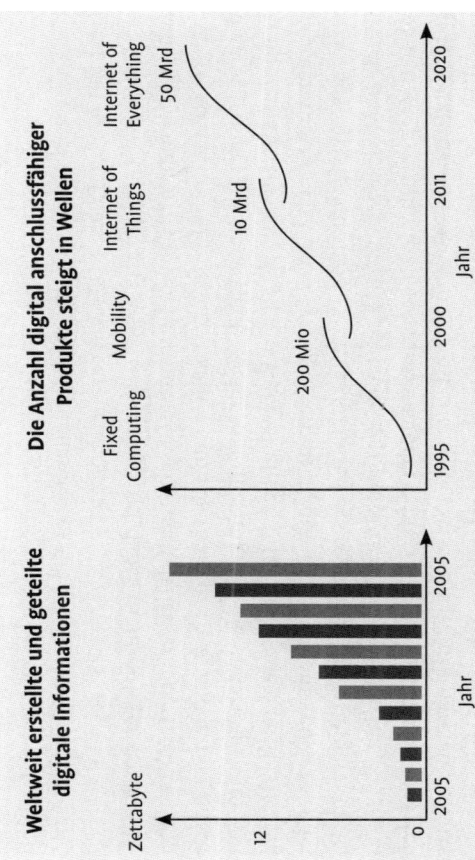

Abb. 1: *Entwicklung der Digitalisierung (Quelle: Evans 2012, S. 3; Fullan/Donnelly 2013, S. 9)*

Smartphones, Smart Home oder Connected Cars steigt permanent an. Dabei wird deutlich, dass die Digitalisierung selbst einem ständigen Wandel unterliegt. Im Jahr 2014 waren geschätzt 1,6 Milliarden PCs im Einsatz. Bereits Ende des gleichen Jahres wurden mehr Smartphones und Tablets rund um den Erdball verwendet als PCs. Aus der Digitalisierung erwächst so eine neue digitale Mobilität.

Die zunehmende Digitalisierung führt zu massiven Veränderungen in den unterschiedlichsten Wirtschaftsbranchen, in Unternehmen und Verhaltensmustern von Kunden. Die disruptive Kraft dieser Entwicklung können wir bereits seit einigen Jahren im Handel oder in der Medienbranche erkennen. Seit dem Aufkommen von MP3-Playern Ende der 90er Jahre erlebt zum Beispiel die Musikindustrie mit digitalen Plattformen wie Napster oder Spotify, über die jedes beliebige Musikstück weltweit zugänglich ist, bereits den zweiten tiefgreifenden Umbruch innerhalb von 15 Jahren. Laut den Forschern Brynjolfsson und Macafee vom MIT Center for Digital Business ist der Absatz von Musik auf physischen Medien wie CD oder Schallplatte in den Jahren 2004 bis 2008 von 800 Millionen auf weniger als 400 Millionen zurückgegangen. Über den gleichen Zeitraum ist der Gesamtabsatz jedoch gestiegen, ohne dass dabei die noch größere Anzahl, die kostenlos »geshared« oder illegal heruntergeladen wurde, mit berücksichtigt ist. Auch der Einzelhandel befindet sich in einem dramatischen Umbruch. Neue plattformbasierte Geschäftsmodelle wie Amazon, Zappos oder Zalando haben innerhalb des Handels zu erheblichen Verschiebungen geführt. Eine ähnliche Entwicklung vollzieht sich gegenwärtig in der Film- und Fernsehindustrie, wo neue Akteure wie Netflix die bislang vorherrschenden Wertschöpfungsstrukturen und Geschäftsmodelle revolutionieren. Während es in einigen Branchen also bereits zu massiven Veränderungen gekommen ist, stehen uns diese in weiteren Branchen wie dem Maschinenbau, der Automobilindustrie oder dem Gesundheitswesen noch bevor. Momentan steht der Energiesektor vor einem grundlegenden Umbruch, an dessen Ende die Auflösung der großen Energieversorger stehen könnte.

Die Auswirkungen der Digitalisierung sind dabei nicht auf Teilaspekte beschränkt, sondern bedingen innovative Geschäftsmodelle, veränderte Wertschöpfungssysteme und ein andersartiges Kundenverhalten. Dies zusammengenommen begründet die neue Qualität der Veränderung. Die Veränderungen im Nutzungsverhalten lassen sich zum Beispiel anhand der Mobiltelefone illustrieren. Wurden diese noch bis vor wenigen Jahren primär zum Telefonieren verwendet, so ist das Smartphone heute fester Bestandteil des täglichen Lebens einer mobilen Gesellschaft: Es dient dazu, Treffen in der Community zu organisieren, Reisen zu planen, Medieninhalte zu konsumieren oder einfach nur Informationen aus dem Internet abzurufen. Aktuell kommt eine neue Welle an revolutionären Geschäftsmodellen auf uns zu, die sich sehr schnell und erfolgreich am globalen Markt durchzusetzen scheint. Dazu zählen Angebote wie Uber, MyTaxi, Airbnb und viele andere. Seit dem Jahr 2010 spricht man daher von der dritten Phase der Digitalisierung, der »Digitalen Transformation«. Eine fortschreitende Mobilisierung des Internet, der Trend zur Hyperdigitalisierung und Big Data sind Kennzeichen dieser Phase.

All diese Veränderungen in den Geschäftsmodellen und Wertschöpfungsketten gehen mit einem tiefgreifenden Wandel der Arbeits- und Organisationsformen einher. Die digitalen Medien vereinfachen die Kooperation in Netzwerken mit global verteilten Partnern erheblich. So sind zum Beispiel Innovationsprozesse nicht mehr auf interne Innovationsabteilungen beschränkt, sondern bedienen sich über Open Innovation oder Crowdsourcing der Ideen und des Wissens externer Akteure. Gestützt wird diese Entwicklung der neuen digitalen Zusammenarbeit durch Online-Communities und Social Software. Diese ermöglichen die weitere Öffnung der Unternehmensgrenzen. Die Zusammenarbeit der eigenen Mitarbeiter mit freien Mitarbeitern oder Freelancern »on demand« über Kollaborationsplattformen wird zum Beispiel zu einer massiven Ausweitung der Netzwerkorganisationen führen. Die digitale Transformation umfasst damit auch eine Revolution der bisherigen Organisationsformen. Wenn sich aber die bisherigen Organisationsformen verändern, so muss sich auch die Art ändern, wie wir diese neuen Organisationsformen selbst wieder verändern. Das Change Management einer digitalen Wirtschaft wird, so meine These, anders aussehen (müssen) als das, was wir bisher unter Change Management verstehen. Wir sollten uns daher Gedanken über ein Change Management 4.0 machen. Nur durch die Anpassung der bisherigen Methoden, Werkzeuge und Konzepte werden wir es schaffen, die digitale Transformation in den Unternehmen angemessen zu begleiten und zu unterstützen.

Globalisierung und zunehmende Vernetzung

»*The greatest enemy of knowledge is not ignorance,
it is the illusion of knowledge.*«

(Stephen Hawking)

»Historians may well look back on the first years of the 21st century as a decisive moment in the human history. The different societies that make up the human family are today interconnected as never before. They face threats that no nation can hope to master by acting alone – and opportunities that can be much more hopefully exploited if all nations work together.« Dieses Zitat des ehemaligen UN-Generalsekretärs Kofi Annan fasst die Veränderungen der vergangenen Jahre sehr gut zusammen. Die Welt lässt sich nicht mehr schön in Teilbereiche gliedern wie noch vor einigen Jahrzehnten. Vielmehr sind die gesellschaftlichen und wirtschaftlichen Teilbereiche zunehmend global miteinander vernetzt. Wer beispielsweise den Klimawandel oder die Finanzkrise in den Griff bekommen möchte, muss sich mit globalen, wirtschaftlichen und gesellschaftlichen Fragen auseinandersetzen. Die Zusammenhänge sind, wie die Finanzkrise 2008 oder die Flüchtlingskrise 2015 gezeigt haben, alles andere als berechenbar und national beherrschbar. Kleine Ursachen können durch die weltweite Vernetzung unvorhergesehene Konsequenzen nach sich ziehen. Phänomene, die sich linear aufbauen, können über Nacht exponentiell oder sprunghaft zur Lawine werden.

Wie schnell die Globalisierung in einer digitalen Welt vor sich geht, verdeutlicht das Beispiel des Mobilitätsdienstleisters Uber, 2010 gegründet, hat Uber nur fünf Jahre benötigt, um sich von San Francisco aus in mehr als 50 Ländern und über 260 Städten auszubreiten. Jeden Monat kommen gegenwärtig ein paar Länder und ein halbes Dutzend Städte dazu. Über ist in den meisten Regionen der Welt nicht nur billiger, sondern schlicht schneller als jeder Taxidienst. Deshalb meldeten sich Anfang 2015 jeden Monat 50 000 Fahrer neu an. Uber ist aber nicht das einzige Unternehmen, das sich so schnell global verbreitet hat. Bei Google und Facebook, Apple und Airbnb war die globale Verbreitungsgeschwindigkeit ähnlich. Das Ziel all dieser Unternehmen ist nicht die Nische, sondern der globale Markt. Sie folgen dabei keiner Wahnfantasie, sondern haben durchaus realistische Ziele im Blick. Möglich macht das Ganze ein dynamisches Duo, das in seiner Durchschlagskraft nahezu einmalig in der Wirtschaftsgeschichte ist: Globalisierung gepaart mit Digitalisierung.

Wir leben also immer mehr in einer »ortlosen Welt«, zu der das Smartphone der Schlüssel ist. Jedes dieser mobilen Geräte eröffnet eine virtuelle Welt, die weder an Ort noch an Zeit gebunden ist. Zeit und Raum verlieren durch die Digitalisierung ihre alte Bedeutung. Wir können heute in Echtzeit über Kontinente hinweg kommunizieren, wodurch sich die Frage der sozialen Zugehörigkeit und Identität im »globalen Dorf« dramatisch wandelt. Die technologischen Sprünge ziehen damit nicht nur dramatische wirtschaftliche Veränderungen nach sich, sondern insbesondere auch einen gesellschaftlichen und kulturellen Wandel.

Wir leben in einer unsicheren und komplexen Welt

Nimmt man die dargestellten Megatrends »Beschleunigung«, »Digitalisierung« und »Globalisierung« zusammen, so wird deutlich, dass zuverlässige Prognosen immer weniger möglich sein werden. Die Vorstellung, man könne ein komplexes System dazu bringen, genau das zu tun, was man von ihm möchte, lässt sich bestenfalls vorübergehend umsetzen. Wir können unsere Welt nicht vollständig verstehen, auch und gerade nicht durch wissenschaftlich-analytische Ansätze.

Das war nicht immer klar. Mit der zweiten Industrialisierungsphase Ende des 19. und Anfang des 20. Jahrhunderts tauchte der Gedanke auf, dass die Zukunft planbar sei. Und noch für die Nachkriegsgeneration, die die goldenen drei Jahrzehnte bis in die 70er Jahre hinein als Hochblüte der Moderne erlebte, schien vieles planbar und machbar (Novotny 2005, S. 134). Diese Generation hat es sich in der Planbarkeit eingerichtet. Wie sehr man noch vor 40 Jahren an eine mögliche Vorhersagbarkeit der Zukunft glaubte, zeigt ein Blick in die 1972 für den Club of Rome erstellte Studie über »Die Grenzen des Wachstums«, die millionenfach verkauft wurde. In dem innerhalb von nur 15 Monaten erstellten Computermodell schien alles vorhersehbar und berechenbar. Die Forscher selbst hatten zumindest wenig Zweifel daran. Rückblickend erscheint dieses Computermodell jedoch als äußerst naiv.

Interessant ist, dass mit zunehmendem Wissen, größeren Rechnerkapazitäten und der Selbstverständlichkeit, mit der die Simulationsmodelle im Wissenschaftsbetrieb eingesetzt werden, das Verständnis für das Phänomen Komplexität mitgewachsen ist. Der Zusammenbruch der globalen Finanzmärkte 2008 und seine Folgen verdeutlichen noch einmal auf dramatische Weise, wie unberechenbar die Welt auch weiterhin ist. »Nur Narren, Lügner und Scharlatane prognostizieren Erdbeben«, sagte einst Charles Richter, Namensgeber der Skala, die die Stärke von Erdbeben misst. Für Menschen, die an der Illusion der Gewissheit leiden, gibt es eine ganz einfache Abhilfe: Erinnern Sie sich an die Worte Benjamin Franklins: »In dieser Welt ist nichts gewiss außer dem Tod und den Steuern.«

Trotzdem verlangen viele von uns noch immer Gewissheit, von Bankern ebenso wie von Ärzten und Politikern. Und diese liefern uns regelmäßig eine Illusion der Gewissheit (»Die Renten sind sicher«, »Die Spareinlagen sind sicher«, etc.). Aus diesem Grunde sind wir dazu bereit, so der Psychologe und Risikoforscher Gerd Gigerenzer vom Berliner Max-Planck-Institut, eine milliardenschwere Industrie zu finanzieren, die – meist fehlerhafte – Prognosen erstellt, von Aktientipps bis zu globalen Grippepandemien. »Viele Menschen lächeln über altmodische Wahrsager. Doch sobald die Hellseher mit Computern arbeiten, nehmen wir die Vorhersagen ernst und sind bereit, für sie zu zahlen. Die meisten von uns warten noch immer ungeduldig auf die Kursvorhersagen des Aktienmarktes, obwohl sie sich Jahr für Jahr als falsch erweisen« (Gigerenzer 2013, S. 31). Und schon wieder kommen die Auguren der Vorhersageindustrie mit neuen Tools auf den Markt: Big Data und neue Rechnerkapazitäten werden die Berechenbarkeit der Welt ermöglichen, so das neue, alte Credo. Die modernen Gewissheitsproduzenten werden nicht müde, die Illusion zu nähren, die Zukunft sei vorhersagbar, wenn wir uns nur der richtigen Technologien und mathematischen Formeln bedienen. Mehr Information sei immer besser. Mehr Rechnen sei immer besser. Derartige Ratschläge erscheinen so offensichtlich, dass sie nur wahr sein können. Doch richten diese komplexen Methoden der Entscheidungsfindung, die auf mehr Informationen und Berechnungen setzen, so Professor Gigerenzer weiter, häufig sogar Schaden an, weil sie uns in Gewissheit wiegen und so die Vorbereitung auf Unwägbarkeiten unterbinden.

Abb. 2: Zum Schluss wurde der Chaosforscher schlampig

Das Problem besteht darin, dass falsche Gewissheiten enormen Schaden anrichten können. Das müssen wir akzeptieren. Wir müssen lernen, mit Ungewissheiten zu leben. Es wird Zeit, dass wir uns der Ungewissheit wieder stellen. Angesichts der steigenden Komplexität (z. B. durch die Globalisierung und Digitalisierung) der Umwelt müssen wir mit dem Risiko von Irrtümern und Fehlern in Wissenschaft und Wirtschaft rechnen. Die Finanzkrise 2008 hat uns dies eindrücklich vor Augen geführt. Nicht zufällig war es in der zweiten Hälfte des 20. Jahrhunderts die Physik, die mit der Chaostheorie auf überzeugende Weise die Unvorhersagbarkeit zukünftiger Ereignisse herausgearbeitet hat. Der Erkenntnistheoretiker Karl Popper hat bereits in der ersten Hälfte des 20. Jahrhunderts gezeigt, dass mit der Zunahme unseres Wissens auch unser Nichtwissen über die Zukunft anwächst. Es hat den Anschein, als würde sich immer weniger wiederholen, während der Anteil des Neuen und Unvorhersehbaren wächst und damit auch der Anteil ganz neuer und unvorhersehbarer Fehler und Irrtümer.

Über vergangene Zukünfte und falsche Vorhersagen

In den letzten Jahren haben Wissenschaftler damit begonnen, die Vorhersagen und Prognosen von Experten systematisch daraufhin zu untersuchen, inwiefern sie später wirklich eingetroffen sind. Eine eindrucksvolle Studie legten die beiden Psychologen Philip Tetlock und Dan Gardener von der University of Pennsylvania vor (Tetlock/Gardener 2015). Sie untersuchten Vorhersagen in der Politik, indem sie 300 Experten (Regierungsbeamte, Politologen, Sicherheitsexperten und Ökonomen) darum baten, Vorhersagen zu machen, deren Korrektheit sie zwanzig Jahren später überprüften. Zum Beispiel: Wird in Brasilien die derzeitige Mehrheitspartei ihren Status nach den nächsten Wahlen behalten, verlieren oder stärken? Oder für das undemokratische Land Syrien: Wird sich der Grundcharakter des politischen Systems in den nächsten fünf Jahren ändern? In den nächsten zehn Jahren? Die Ergebnisse der Studie waren mehr als ernüchternd. Tetlock und Gardener stellten fest – ebenso wie andere Wissenschaftler, die Vorhersagen renommierter Experten untersucht hatten –, dass viele Experten dazu neigen, zu selbstsicher zu sein, und das selbst dann noch, nachdem sich ihre Vorhersagen als falsch erwiesen haben. Als Tetlock und Gardener die Eigenschaft von jemandem nennen sollten, der besonders schlecht im Vorhersagen ist, sagten sie nur ein Wort: Dogmatiker. Dan Gardener zieht in seinem vorletzten Buch »Future Babbel« ein Resümee aus der Analyse von Zukunftsprognosen durch Experten: »Was am wahrscheinlichsten oder gar sicher erscheint, passiert nicht, während das, was passiert, etwas Unerwartetes ist.« Es wird immer externe Schocks geben, mit denen niemand gerecht hat, und gefühlt häufen sie sich in den beiden vergangenen Dekaden. Selbst wenn man uneins darüber sein kann, ob das Innovationstempo wirklich zugenommen hat, so doch mit Sicherheit die Volatilität der Märkte und die Schockanfälligkeit des Weltwirtschaftssystems.

In dem Artikel aus dem Jahr 1998 für das Magazin *Red Herring* mit dem Titel: »Warum die Vorhersagen der meisten Ökonomen falsch sind« weist der renommierte Ökonom und Nobelpreisträger Paul Krugman darauf hin, dass sich viele Vorhersagen von Ökonomen als völlig falsch erwiesen hätten. Er begründet dies damit, dass viele Ökonomen den Einfluss zukünftiger Technologien überschätzen. Und dann wagt er selbst eine Prognose, die sich später als grandiose Fehleinschätzung herausstellen sollte: »Das Wachstum des Internets wird sich drastisch verlangsamen, während der Fehler des Metcalfe'schen Gesetzes – das besagt, dass die Anzahl potenzieller Verbindungen in einem Netzwerk proportional zum

Quadrat der Anzahl der Teilnehmer – sich abzeichnet: Die meisten Leute haben einander nichts zu sagen! Spätestens 2005 oder so wird es klar werden, dass der Einfluss des Internets auf die Wirtschaft nicht größer gewesen ist als der des Faxgeräts« (Levitt/Dubner 2014, S. 35).

Das Wallstreet Journal lässt jährlich vier ausgewählte Experten mit ihren Tipps gegen Mitglieder der Redaktion antreten. Die Experten machen analytisch fundierte Prognosen und die Redakteure werfen Dartpfeile auf die Zeitungsseite mit den Wertpapiernotierungen. Manchmal lässt die Redaktion die Dartpfeile auch von Schimpansen werfen. Welche Kurse werden sich besser entwickeln? Jahrelang haben die Dartpfeile gewonnen. Anlageberater sollte man daher immer fragen: »If you are smart, why aren't you rich?«

Eine kleine Geschichte falscher Vorhersagen

Glühlampe: Einige Jahre nach ihrer Erfindung bewertete ein britischer Parlamentsausschuss Thomas Edisons Glühlampe und gelangte zu dem Schluss, sie sei »gut genug für unsere transatlantischen Freunde (...) aber der Aufmerksamkeit praktisch oder wissenschaftlich denkender Menschen nicht wert« (Gigerenzer 2013, S. 60).
Autos: Der Autopionier Gottlieb Daimler (1834–1900) glaubte, es würde weltweit mangels geeigneter Fahrer nie mehr als eine Million Autos geben. Daimler stützte seine falsche Vorhersage auf die Annahme, dass Automobile von Chauffeuren bedient werden müssten.
Rundfunk: »Der Rundfunk hat keine Zukunft«, verkündete Lord Kelvin, ehemaliger Präsident der Royal Society, um 1897.
Eisenbahn: »Der Schienenverkehr mit hohen Geschwindigkeiten ist unmöglich, weil Passagiere, unfähig zu atmen, an Asphyxie (Erstickung) sterben würden«, analysierte Dr. Dionyszus Lardner (1793–1859), Professor am Londoner University College.
Erdöl: Ein Expertenausschuss der Russischen Akademie der Wissenschaften in St. Petersburg gelangte 1806 zu dem Schluss: »Es gibt keine Verwendung für Erdöl.«

Die Freude an der Ungewissheit und am Unwissen

Die Zukunft liegt weitgehend im Ungewissen, mit Ausnahme einer Gewissheit: Irgendwann wird auch Ihr Unternehmen vor einer Veränderung stehen, für die es keinen Präzedenzfall gibt. Es wird scheitern – oder sich ändern. Dabei wird es sich neu erfinden oder eine schmerzhafte Umstrukturierung auf sich nehmen müssen. Aber ist dies alles wirklich schlimm? Wir denken, Ungewissheit und Unsicherheit seien etwas, das wir uns nicht wünschen. In der besten aller Welten sollten alle Dinge gewiss und sicher sein. Deshalb schließen wir, so der Psychologe und Risi-

Die Freude an der Ungewissheit und am Unwissen

koforscher Gerd Gigerenzer, Versicherungen gegen alles ab, versuchen die Zukunft zu berechnen (seit Neuestem mit Big Data). »Aber stellen Sie sich einmal vor, was geschehen würde, wenn Ihre Wünsche in Erfüllung gingen. Würden wir mit Gewissheit alles über die Zukunft wissen, so gäbe es in unserem Leben kaum mehr Anlass für Gefühle. Weder Überraschung noch Vergnügen, weder Freude noch Aufregung – wir wüssten ja alles schon längst« (Gigerenzer 2013, S. 30). Der erste Kuss, der erste Heiratsantrag, die erste Geschäftsidee oder das Projekt nach dem Berufseinstieg – sollte unser Leben jemals gewiss werden, würden wir uns zu Tode langweilen. Es gäbe keinen Raum für Kreativität und Innovation, da alles gewiss und vorbestimmt wäre. »Ungewissheit ist gerade die Bedingung, die den Menschen zur Entfaltung seiner Kräfte zwingt«, so der Psychoanalytiker Erich Fromm (zit. nach Gigerenzer 2013, S. 1). Sie birgt das Potenzial neuer, noch nicht gesehener Möglichkeiten. Unternehmerisches Handeln heißt, ins Ungewisse zu handeln. Wir wissen nicht, was kommt, und das ist unser Glück. So fangen wir manchmal einfach an, stoßen bald auf unerwartete Hindernisse, entdecken dann Auswege und entfalten eine überraschende Kreativität, die unseren Unternehmungsgeist antreibt.

2. Kontinuierliche Selbsterneuerung – Eine Begriffsklärung

Um für den weiteren Gang der Argumentation begriffliche Klarheit zu schaffen, möchte ich zuerst den Veränderungstypus der kontinuierlichen Selbsterneuerung definieren, indem ich ihn anhand einer Vier-Felder-Matrix von drei weiteren Typen des Wandels unterscheide (vgl. Wimmer 2001, der den Begriff der vorausschauenden Selbsterneuerung geprägt hat; für die Unterscheidung anderer Veränderungstypen vgl. Reith/Wimmer 2013 und Schumacher 2013). Bei der Konzeption der Matrix greife ich sowohl auf die von den Psychologen Paul Watzlawick, John Weakland und Richard Fischer eingeführte Differenzierung von Wandel erster und zweiter Ordnung als auch auf die Unterscheidung von episodischem und kontinuierlichem Wandel der beiden Organisationsforscher Porras und Silvers (1991) zurück. Auf der Grundlage dieser Matrix lassen sich vier Idealtypen von Veränderungsprozessen unterscheiden.

Wenden wir uns zunächst der Unterscheidung von Wandel erster und zweiter Ordnung zu. Von Wandel erster Ordnung sprechen Watzlawick, Weakland und Fisch (1992, S. 29 f.), wenn sich eine Veränderung innerhalb eines selbst invariant bleibenden Systems vollzieht. Ein Wandel erster Ordnung liegt also dann vor, wenn die Akteure auf der Grundlage ihrer bislang gültigen Alltagstheorien und Deutungsmuster die erlebten Veränderungen zu verarbeiten versuchen. Veränderung findet also nur innerhalb eines bestehenden Referenzrahmens statt, der selbst unverändert bleibt. Die grundsätzlichen Weltsichten, Orientierungen und Normen einer Organisation bleiben unangetastet. Wandel wird »in terms« der bisherigen Gebrauchstheorie definiert und zu regulieren versucht. Man entwickelt das weiter, was man bereits weiß. Es geht um Verbesserung, Effizienzsteigerung und Perfektionierung des Bestehenden.

Wandel zweiter Ordnung bedeutet dagegen eine einschneidende paradigmatische Änderung der Gesamtorganisation bzw. grundlegender organisationaler Sinnstrukturen. Der Referenzrahmen selbst wird verändert. Hierzu müssen verschiedene »theories in use« miteinander verglichen werden, um zu einem modifizierten kognitiven und normativen Bezugsrahmen zu gelangen. Eine Veränderung zweiter Ordnung ist nur möglich, wenn die Organisationsmitglieder sich in einen Beobachterstatus versetzen, also eine höhere kognitive Stufe einnehmen, um von dieser ausgehend ihre eigene, bisher praktizierte Gebrauchstheorie zu reflektieren, zu bewerten und zu verändern. Es geht nicht um eine Verbesserung des Bestehenden, sondern um eine grundsätzliche Transformation der Organisation und damit auch ihrer Identität.

Wandel erster Ordnung	Wandel zweiter Ordnung
• ohne Paradigmenwechsel	• mit Paradigmenwechsel
• beschränkt auf einzelne Dimensionen und Ebenen der Organisation	• betrifft mehrere Dimensionen und Ebenen der Organisation
• quantitativer Wandel	• qualitativer Wandel

Wandel zweiter Ordnung im Skisprung

Im Sport finden sich viele Beispiele eines Wandels zweiter Ordnung. So gab es in den letzten Jahrzehnten bei der Sprungtechnik im Skispringen insgesamt drei grundlegende Veränderungen. In der Anfangszeit ruderten die Skispringer während des Sprungs bei paralleler Skihaltung mit den Armen. Dann streckte man die Arme aus oder hielt sie eng am Körper. Der vorerst letzte Wandel zweiter Ordnung wurde Anfang der 1990er Jahre von dem schwedischen Skispringer Jan Boklöv angestoßen. Er war lange Zeit nur ein mäßig erfolgreicher Springer. Dies änderte sich, als er auf die V-Sprungtechnik umstellte, die er nach eigenen Angaben infolge eines Absprungfehlers im Training »versehentlich« erfunden hatte. Bei diesen »fehlerhaften« Trainingssprüngen spreizte er unbeabsichtigt die Skier in Form eines V vom Körper zur Seite und bot dem Wind so eine wesentlich größere Angriffsfläche als mit dem seinerzeit konventionellen Sprungstil, bei dem die Skier parallel geführt wurden. Zunächst musste Jan Boklöv für diese ungewöhnliche Sprungtechnik hohe Punktabzüge in der Haltungsnote in Kauf nehmen. Viele Sprungrichter sahen die Ästhetik des Skispringens gefährdet. Die wesentlich größere Sprungweite erlaubte ihm aber trotzdem, Spitzenplatzierungen zu erreichen. Am 10. Dezember 1988 gewann er in Lake Placid sein erstes von fünf Weltcupspringen und in der Saison 1988/89 auch den Gesamtweltcup. Später übernahmen alle Springer diese Technik. Boklöv verlor seinen Wettbewerbsvorteil und erreichte in den Folgejahren nur noch Plätze im Mittelfeld.

Die zweite Dimension der Matrix (Schreyögg/Noss 2000, S. 53), die Unterscheidung von episodischem und kontinuierlichem Wandel, geht auf die amerikanischen Organisationsforscher Porras und Silvers (1991) zurück. Der Begriff ›episodischer Wandel‹ beschreibt Veränderungsprozesse, die eher selten, zeitlich begrenzt und geplant sind. Episodischer Wandel wird zumeist durch Veränderungen im Umfeld des Unternehmens ausgelöst, zum Beispiel durch Veränderungen im Markt, sinkende Gewinne, Veränderungen im Topmanagement beziehungsweise in der Organisationsstruktur. Wandel und Normalbetrieb der Organisation stellen zwei unterschiedliche und getrennte Phasen dar (Trennungsmodell). Episodischer Wandel hat einen definierten Anfangs- und Endpunkt, das heißt, er ist in der Regel zeitlich begrenzt und wird vom Management initiiert.

Im Gegensatz dazu beschreibt der Begriff »kontinuierlicher Wandel« kumulative und emergente Veränderungen, die sich oft kaum merklich vollziehen. Diese Veränderungen sind insofern emergent, als sie keinem Plan folgen und sich meist aus dem alltäglichen Handeln der Akteure heraus ergeben. Kontinuierlicher Wandel kann aber nicht nur inkrementelle Veränderungen auslösen, sondern sich auch zu einem tiefgreifenden Wandel »aufschaukeln«. Dieser Typ von Veränderung wird meist nicht durch äußere Umstände ausgelöst. Es gibt für ihn meist keine externe Notwendigkeit. Dies hat unter anderem zur Folge, dass das Management eine andere Rolle im Veränderungsprozess einnimmt als beim episodischen Wandel. Es ist nicht nur Treiber des Veränderungsprozesses, weshalb die Beteiligung der Mitarbeiter von Anfang an hoch ist.

Episodischer Wandel	Kontinuierlicher Wandel
• Wandel als klar umrissene Periode (Trennungsmodell) • Wandel als Ausnahme von der Regel (Sonderstatus)	• Wandel in die Systemprozesse integriert (Integrationsmodell) • Wandel in den Systemprozessen normalisiert (Regelstatus)

Auf der Grundlage der beiden dargestellten Dimensionen lassen sich folgende vier Idealtypen von Veränderungsprozessen in Form einer Matrix darstellen:

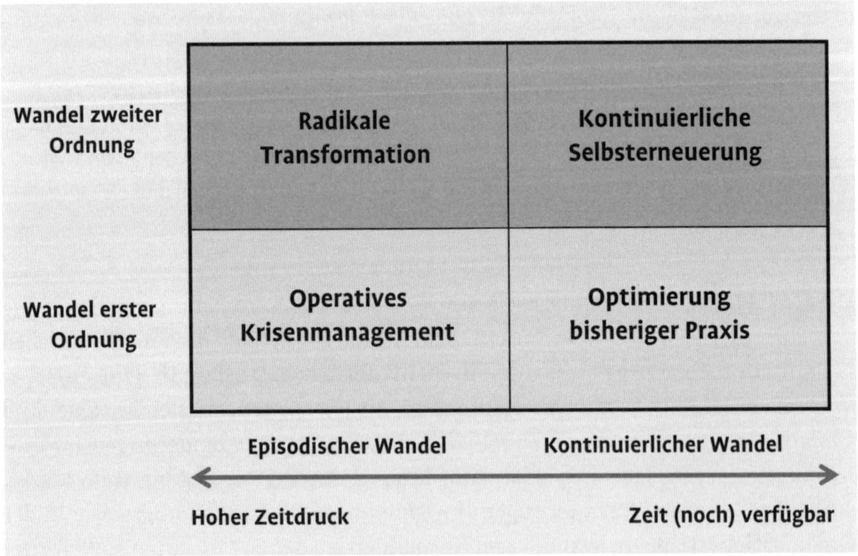

	Episodischer Wandel	Kontinuierlicher Wandel
Wandel zweiter Ordnung	Radikale Transformation	Kontinuierliche Selbststeuerung
Wandel erster Ordnung	Operatives Krisenmanagement	Optimierung bisheriger Praxis

Hoher Zeitdruck ↕ Zeit (noch) verfügbar

Abb. 3: Die vier Typen der Veränderung

Kontinuierliche Selbsterneuerung –
Eine Begriffsklärung

1) Im Veränderungstypus der »Optimierung bisheriger Praxis« werden die bisherigen Vorgehensweisen, Prozesse und Strukturen nicht grundsätzlich infrage gestellt. Es geht vielmehr darum, das Bestehende in einem kontinuierlichen Prozess zu optimieren. Es handelt sich um einen Wandel erster Ordnung. Das Motto lautet: »Mehr und Besseres vom selben.« Die Reduktion von Verschwendung und die Steigerung der Effizienz einer Organisation sind das Ziel. Die sachliche und zeitliche Not zur Veränderung sind in diesem Typus gering, weshalb man auch von einer proaktiven Veränderung sprechen kann. Beispiele sind die in Industrieunternehmen eingesetzten KVP-Maßnahmen (Kontinuierlicher Verbesserungsprozess), Quality Circles oder auch die Einführung von Total Quality Management. Wandel ist in dieser Form der Veränderung fest in den Organisationsprozess integriert (Integrationsmodell). Das Management ist nicht Treiber der Veränderung, sondern stellt die für die Optimierung notwendigen Rahmenbedingungen zur Verfügung. Die Beteiligung der Mitarbeiter ist bei diesem Typus der Veränderung hoch.

2) Der Veränderungstypus »Operatives Krisenmanagement« findet sich immer dann, wenn eine Organisation ein akutes Problem zu lösen hat. Die Organisation steckt in einer operativen Krise, ausgelöst zum Beispiel durch einen konjunkturell bedingten Rückgang der Aufträge oder durch akute Liquiditäts- oder Qualitätsprobleme. Die Krise ist jedoch nicht so tiefgreifend, dass sie die Identität der Organisation bedroht. Es geht darum, schnell wirksame Maßnahmen zu ergreifen, um Kosten zu reduzieren oder Qualitätsprobleme zu lösen. Beispiele hierfür sind Kostensenkungsprogramme, Kurzarbeit oder Qualitätsoffensiven. Motor der Veränderung ist das Management. Die Beteiligung der Mitarbeiter ist – wenn überhaupt – auf die Umsetzung der vom Management beschlossenen Maßnahmen beschränkt. Bei diesem Typus von Veränderung geht es darum, möglichst schnell und in einem überschaubaren Zeitraum auf eine bedrohliche Situation zu reagieren.

3) Vom Veränderungstypus »Radikale Transformation« sprechen wir dann, wenn eine Organisation in eine existenzbedrohende Situation gerät. Das Unternehmen steckt in einer strategischen Krise und ist oftmals schon vor Konkurs bedroht. Das Geschäftsmodell und die Identität der Organisation werden infrage gestellt, weshalb es sich um einen Wandel zweiter Ordnung handelt. Es herrscht hohe Prozesskomplexität bei geringer Sicherheit. Man kann auch von einer Notoperation sprechen, weil es unter hohem Zeitdruck darum geht, das Überleben der Organisation zu sichern. Oftmals ist bei diesem Typus eine Entlassung von Mitarbeitern notwendig, es müssen Teile des Unternehmens verkauft und Kernprozesse grundlegend verändert werden. Die Entscheidungen fallen ausschließlich im Topmanagement, ohne Beteiligung der unteren Führungsebenen, die zumeist selbst von der Veränderung stark betroffen sind. Das Zeitfenster für diese Art der

Veränderung ist meist sehr eng, weshalb wir es immer mit einem episodischen Wandel zu tun haben.

4) Der Veränderungstypus der »kontinuierlichen Selbsterneuerung« ist empirisch betrachtet eher ein Ausnahmefall. In diesem Typus soll durch die Steigerung der Lernfähigkeit und Lerngeschwindigkeit einer Organisation die Notwendigkeit einer radikalen Transformation vermieden werden. Durch proaktive und rechtzeitige Interventionen sollen evolutionäre Veränderungsprozesse eingeleitet werden. Hierzu wird die Organisation systematisch und kontinuierlich mit Irritationsquellen und Lernimpulsen versorgt, beispielsweise durch gemeinsame Lernprozesse mit Kunden und Konkurrenten, durch Experimente, durch Benchmarking und durch Formen institutionalisierter Selbstbeobachtung. Wie im Typus »Optimierung bisheriger Praxis« ist der Wandel in die Organisationsprozesse fest integriert (Integrationsmodell) und normalisiert (Regelstatus). Der Fokus liegt jedoch nicht auf der Optimierung des Bestehenden. Ziel der Interventionen ist es, Wandlungsprozesse zweiter Ordnung anzustoßen. Charakteristisch für diesen Typus ist ferner, dass Veränderungsimpulse nicht (nur) vom Management, sondern (auch) von den Mitarbeitern gesetzt werden.

3. Mythen des klassischen Change Managements

Die Fähigkeit, sich schnell auf veränderte Umweltanforderungen einzustellen, gilt angesichts der Dynamik und Komplexität auf den Märkten als die zentrale Unternehmenskompetenz. Hierüber herrscht unter den wichtigsten Vertretern der Managementtheorie Einigkeit (vgl. Collins 2009, Hamel 2013). Es geht darum, Schnelligkeit und Innovationskraft nicht nur zu bewahren, sondern systematisch zu entwickeln. Folgt man den jüngsten wissenschaftlichen Untersuchungen, dann sind diejenigen Unternehmen langfristig erfolgreich, die über die Fähigkeit verfügen, sich kontinuierlich neu zu erfinden (vgl. Teece 2009, Bins et al. 2014, Johnson et al. 2012). Und darin liegt die große Herausforderung: Die meisten Organisationen wurden nicht für eine kontinuierliche Selbsterneuerung gebaut. Die von den Pionieren des Managements (Taylor, Sloan, Ford etc.) entwickelten Theorien und Konzepte waren alle auf Stabilisierung und Standardisierung, nicht aber auf Veränderungsfähigkeit ausgerichtet. Dies ist der wesentliche Grund dafür, dass gegenwärtig zwei Veränderungstypen vorherrschen: der triviale oder der dramatische. Betrachtet man die Geschichte der meisten Unternehmen, findet man lange Zeiträume, in denen es nur zu geringfügigen Veränderungen kam. Unterbrochen werden diese durch einige wenige Phasen tiefgreifender Veränderung, die meist durch eine Krise ausgelöst wurden. Aber Turnaround oder Restrukturierung sind ein schlechter Ersatz für einen Prozess kontinuierlicher Erneuerung. Daher ist es aus meiner Sicht eine der dringlichsten Fragen, wie kontinuierliche Erneuerung gelingen kann (vgl. Wimmer 2007 und Schuhmacher 2013). Die Beantwortung dieser Frage erfordert ein Umdenken in der Führung von Veränderungsprozessen: Change the Change Management!

Hierzu müssen wir uns von vier Mythen des klassischen Change Managements verabschieden:

1. Mythos: Grundlegende Veränderungsprozesse können nur dann erfolgreich sein, wenn sich das Unternehmen einem äußeren Handlungsdruck oder einer Krise ausgesetzt sieht. Zur Veränderung braucht es eine Not, die es zu wenden gilt.
2. Mythos: Grundlegende Veränderungsprozesse müssen schnell und mit radikalen Einschnitten in die Organisation betrieben werden. Tiefgreifende Veränderungsprozesse in einem kontinuierlichen Prozess sind nicht möglich.
3. Mythos: Grundlegende Veränderungsprozesse müssen immer von der Spitze eines Unternehmens initiiert und umgesetzt werden.

4. Mythos: Erfolgreiche Veränderungsprozesse müssen zentral geplant und gemanagt werden.

Wer sich mit diesen vier Mythen des klassischen Change Managements auseinandersetzt, wird rasch feststellen, dass solche vorurteilsbeladenen Denkmuster nicht weiterführen. Nur wer Change Management anders denkt, vermag einen Prozess der kontinuierlichen Selbsterneuerung in Unternehmen zu etablieren.

Vom Leidensdruck zum attraktiven Zukunftsbild

»*Wandel und Wechsel liebt, wer lebt.*«

(Richard Wagner)

Eine Analyse der umfangreichen Literatur zum Change Management enthüllt eine beunruhigende Tatsache. Folgt man den Klassikern des Change Managements sind fast alle tiefgreifenden Veränderungen das Ergebnis von Restrukturierungen und Turnarounds. Die einschlägigen Autoren gehen davon aus, dass Unternehmen nur dann zu grundlegenden Veränderungen in der Lage sind, wenn es eine Notwendigkeit oder einen »case for action« gibt – seien es neue Branchentrends, unzufriedene Kunden oder Mitarbeiter, neue Wettbewerber, etc. Christensen und Shu (1999) fordern Führungskräfte dazu auf, eine »burning platform« zu schaffen, und John Kotter weist in seinem millionenfach verkauften Buch »Das Prinzip Dringlichkeit« (2008) auf die zentrale Bedeutung der Defizit-Analyse zu Beginn eines Veränderungsprozesses hin. Die Unternehmensführung muss, so Kotter, eine externe Bedrohung identifizieren und als potenzielle Gefahr für das Unternehmen interpretieren. Gelingt dies dem Management nicht, so sind Veränderungsprozesse zum Scheitern verurteilt. Keine Änderung ohne Leidensdruck, lautet die dahinterstehende Annahme. Eine ganz ähnliche Argumentation findet sich in den »Ten Commandments for executing change« bei Ross Kanter et al. (1992) sowie bei Noel Tichy und Marie Anne Devanna (1990). Eine Zusammenfassung der unterschiedlichen Modelle liefert Todnem (2005, S. 376).

Keine Veränderung ohne Notwendigkeit – Die gängige Change-Formel

In nahezu jedem Lehrbuch zum Thema Change Management findet sich eine Change-Formel, die auf die amerikanischen Organisationsentwickler Beckhard und Harris (1987) zurückgeht. Die Formel lautet im Original:

D × V × F > R

D = steht für »Dissatisfaction« mit dem Satus quo und damit für die Notwendigkeit zur Veränderung.
V = steht für »Vision«.
F = steht für »First steps« zur Realisierung der Vision.

Nur wenn das Produkt aus D, V, und F größer als R (»Resistance«) ist, besteht die Möglichkeit einer Veränderung. Ist einer der Faktoren gleich Null, ist der gesamte Term D × V × F gleich Null. Mit anderen Worten: Damit Veränderung überhaupt stattfinden kann, müssen die betroffenen Menschen eine Not sehen, die es zu wenden gilt (Notwendigkeit). Sie ist laut Change-Formel der erste und wichtigste Faktor für einen gelingenden Veränderungsprozess.

Ist also der Wandel von Organisationen ohne Leidensdruck und ohne Krise überhaupt möglich? Ich glaube schon. Bereits in den 1960er Jahren haben die bekannten Organisationsforscher Cyert und March in ihrem Grundlagenwerk »The Behavioral Theory of the Firm« verdeutlicht, dass es nicht nur akute Probleme und Krisen sind, die Veränderungen in Organisationen anstoßen. In wirtschaftlich erfolgreichen Zeiten können Organisationen einen »slack« aufbauen (zu Deutsch: Schlupf oder Leerstelle), der Innovationen ermöglicht. Cyert und March schreiben: »such slack driven change can also be considered the result of unfulfilled, yet more sophisticated goals.«

In Workshops oder bei Vorträgen stelle ich oft die Frage: »Wie viele von Ihnen sind der Ansicht, dass sich Menschen und Organisationen nur durch eine Krise grundlegend verändern können?« In der Regel heben zwischen 70 und 90 Prozent die Hand. Dann bitte ich die Leute, sich zu überlegen, wie ein Leben aussehen würde, in dem alles genau so wäre, wie sie es sich wünschen. Anschließend frage ich: »Was würden Sie als erstes tun, wenn Sie ein solches sorgenfreies Leben führen würden?« Die überwältigende Mehrheit antwortet, ohne groß zu zögern: »etwas verändern, etwas Neues schaffen«. Der amerikanische Organisationsforscher Peter Senge, von dem ich die Idee zu diesen Fragen übernommen habe, macht dazu zwei wichtige Anmerkungen: 1) Der Mensch ist oft komplexer, als wir vermuten. 2) Wir fürchten Veränderungen und sehnen uns gleichzeitig nach ihnen. Menschen wehren sich nicht gegen Veränderungen. Sie wehren sich dagegen, verändert zu werden (Senge 1996, S. 190).

Not macht nur selten erfinderisch

Wirft man einen Blick in die Technikgeschichte, wird deutlich, dass die meisten grundlegenden Innovationen nicht aus einer Not heraus entwickelt wurden. Vielmehr war die Neugier von Unternehmern und Tüftlern die zentrale Antriebskraft für diese Erfindungen. Als Nikolaus Otto 1866 seinen Benzinmotor entwickelte, bestand kein Mangel an Pferden und keine Unzufriedenheit mit dem Transportmittel Eisenbahn. Weil Ottos Motor schwach, schwer und groß war, stellte er zunächst auch keine ernsthafte Konkurrenz für den Transport mit Pferdedroschken dar.

1876 weigerte sich Western Union, die größte amerikanische Telegrafengesellschaft, Graham Bells Patent für das Telefon für 100 000 Dollar zu kaufen, weil sie meinte, die Menschen seien nicht geschickt genug, um mit einem Telefon umzugehen. Bell erwartete, dass das breite Publikum das Gerät ohne ausgebildetes Personal bedienen kann. Viele damalige Experten waren da ganz anderer Ansicht. Am kritischsten war ein Gruppe britischer Fachleute: »Das Telefon mag für unsere amerikanischen Vettern angemessen sein, aber nicht hier, weil wir in ausreichendem Maße mit Botenjungen versorgt sind« (Gigerenzer 2013, S. 59).

Schließlich sollte uns der Erfinder und Künstler Leonardo da Vinci ein Vorbild sein. Er hat vorgemacht, wie weit ein Mensch kommen kann, der ohne Ziel forscht. Von Neugier getrieben arbeitete er allein aus der Lust, die Welt zu verstehen. Und gerade mit dieser Absichtslosigkeit stieß er zu neuen Horizonten vor. Denn weil er nirgendwohin wollte, war er stets frei, sich nicht für den schnellsten, sondern für den interessantesten Weg zu entscheiden. Dies ist meiner Ansicht nach sein eigentliches Vermächtnis. Leonardo da Vinci hat gezeigt, wozu der Mensch fähig ist, wenn er sich von den Zwängen und scheinbaren Gewissheiten seiner Welt freimacht (vgl. Klein 2008, S. 260). Auch hier war es nicht die Not, sondern Neugier gepaart mit dem nötigen Freiraum, die Neues entstehen ließ.

Betrachtet man die Geschichte der großen Innovationen, stößt man meist auf folgendes Muster: Erst kommt die Lösung, und dann das dazugehörige Problem. Computer oder das Internet boten anfangs Lösungen, die später für ganz andersartige Probleme genutzt wurden. Bereits Henry Ford hat diesen Zusammenhang erkannt. Ihm wird folgendes Zitat nachgesagt: »Wenn ich die Leute gefragt habe, was sie wollen, haben sie gesagt: schnellere Pferde.«

Das Change Management muss weg von seiner Defizitorientierung, hin zur vorausschauenden Gestaltung von Organisationen. Es muss künftig mehr darum gehen, die Kreativität in Organisationen und die Lust der Mitarbeiter auf die Gestal-

Vom Leidensdruck zum attraktiven Zukunftsbild

tung der Zukunft zu wecken. Und genau das tun Organisationen, die sich durch ein hohes Maß an Erneuerungsfähigkeit auszeichnen. Dies erfordert eine grundlegend veränderte Einstellung – bei Führungskräften ebenso wie bei Mitarbeitern:

- Denken in Möglichkeiten, Chancen und Herausforderungen
- Denken in veränderbaren Welten, in Gestaltungs- und Handlungsspielräumen
- Denken in positiven Signalen und Richtungen
- Denken in Stärken

Zentraler Hebel des Managements ist es, Bilder von möglichen Zukunftsszenarien zu zeichnen, für die sich der Einsatz aus Sicht des Mitarbeiters lohnt. Die Mobilisierung durch ein attraktives Zukunftsbild baut vor allem darauf, eine positive emotionale Anspannung und Begeisterung zu wecken, die den Mitarbeiter zum Mitgestalten bewegt. Oder anders formuliert: Die meisten Mitarbeiter wollen für ein Unternehmen arbeiten, das der Entwicklung stets voraus ist, das Kreativität begrüßt und den menschlichen Erfindungsreichtum weckt. Genau dies können wir in vielen Unternehmen des Silicon Valleys erleben. Sich mit der Zukunft zu beschäftigen, so können wir von ihnen lernen, macht Spaß, wenn die dazu nötigen Freiräume erhält.

The Fun Theory oder wie Spaß das Verhalten verändert

In einer Reihe von Experimenten haben europäische Forscher gezeigt, wie Menschen durch Spaß, das heißt durch einen positiven Anreiz, zur Veränderung ihres Verhaltens angeregt werden können. Diese Experimente sind unter www.thefuntheory.com beschrieben und visualisiert. Zum Beispiel nutzten 66 Prozent mehr Menschen statt einer Rolltreppe die normale Treppe, nachdem diese zu einem Piano umgebaut worden war und jede Treppenstufe eine Taste darstellte. Beim Betreten der Treppenstufen entstanden Töne – ein Spaß, der viele Menschen zur Veränderung ihres Verhaltens anregte. In einem anderen Experiment sollten Menschen zum Sammeln von Altglas motiviert werden. Mehr als doppelt so viel Menschen nutzten einen Altglascontainer, der beim Einwerfen interessante Klänge von Video-Spielen wiedergab. Positive Energie und Spaß, so die zentrale Aussage dieser Experimente, können das Verhalten leichter verändern als Krisen und Nöte (vgl. auch Cameron 2013, S. 63 f.).

Die genannten Beispiele verdeutlichen eine Entwicklung hin zur »Gamification«. Gamification ist laut Gabler Wirtschaftslexikon »die Übertragung von spieltypischen Elementen und Vorgängen in spielfremde Zusammenhänge mit dem Ziel der Verhaltensänderung und Motivationssteigerung bei Anwenderinnen und Anwendern«. Zunächst fand die Gamification vor allem in der Unterhaltungs- und Werbebranche statt. Inzwischen hält sie auch Einzug in Unternehmen. Ein Beispiel dafür ist die

»Karriere-App« des Chemiekonzerns Bayer. Mit dieser App versucht das Unternehmen spielerisch, die Geschichte, die verschiedenen Zweige des Unternehmens und ein positives Firmenimage an Bewerber und Mitarbeiter zu vermitteln.

In der Organisationsentwicklung der letzten Jahre finden sich einige Methoden und Konzepte, die diesen Gedanken der Zukunftsorientierung aufgreifen. Beim »Appreciative Inquiry« (1999) von David Cooperrider und Diana Whitney geht es darum, die Aufmerksamkeit von Organisationen in Veränderungsprozessen auf das Positive und Zukünftige zu lenken. Auch die von Kim Cameron, Jane Dutton und Robert Quinn (2003) begründete Schule der »Positive Organizational Scholarship« beschäftigt sich mit der Frage, wie der Übergang von einer defizitorientierten Organisation hin zu einer stärken- und chancenbasierten Organisation gelingen kann. Lawrence Lippitt hat in seinem Buch »Preferred Futuring« (1998) ein interessantes Konzept entwickelt, das es ermöglicht, gemeinsam mit den Mitarbeitern eines Unternehmens Zukunftsentwürfe auszuarbeiten und die notwendige Energie zu deren Umsetzung freizusetzen. Und nicht zuletzt sei auf die »Theorie U« verwiesen, mit der Otto Scharmer (2014) ein Konzept vorgestellt hat, um Organisationen von der Zukunft her zu führen.

Schaffen Sie ein positives Zukunftsbild

Gerade weil die Zukunft nicht vorhersagbar ist, brauchen wir Visionen. Ein Zukunftsbild, eine Vision, soll Kraft für die Veränderung der Gegenwart geben. Denken Sie nur an Martin Luther Kings Rede »I have a Dream« vor mehr als 50 Jahren. Visionen stiften Sinn für das Handeln, sie geben Orientierung und Energie. Wenn Sie also Sinn stiften und Energie mobilisieren wollen, dann erarbeiten Sie zusammen mit Ihren Mitarbeitern ein starkes Zukunftsbild. Maßen Sie sich nicht an, selbst der große Visionär zu sein. Auch davon müssen Sie als Führungskraft loslassen.

Der Reiz des Problemlösens

Etwas zu reparieren bedeutet, dass wir nehmen, was vorhanden ist, und Schäden beseitigen. Etwas neu zu gestalten bedeutet, dass wir von vorn anfangen und die Grundannahmen überdenken, von denen wir uns leiten lassen. Es ist besser, eine Organisation kontinuierlich zu überdenken und neu zu gestalten, als sie wie ein Problem zu behandeln, das gelöst werden muss. Weshalb ist dann das Problemlösen immer noch so beliebt?

Eine Antwort darauf gibt der Organisationsforscher Robert Fritz (2000, S. 139 ff.). Wenn Manager einen strukturellen Konflikt entdecken, ist ihre erste Reaktion häufig: »Wie können wir das lösen? Wie ändern wir das?« Das ist eine verständliche Reaktion, weil wir alle zu Problemlösern erzogen wurden. Insbesondere in der westlichen Welt möchten Manager dann aber auch sofort handeln. Jede Form von Konflikt, Paradoxie, Widerspruch oder Streit weckt den James-Bond-Instinkt in ihnen, der nach »action« verlangt. Doch die zwanghafte Konzentration auf das schnelle Handeln lenkt sie von grundlegenden Fragen ab. Wir möchten uns von dem befreien, was wir nicht wollen, bevor wir überhaupt die Situation verstanden haben, durch die das Problem verursacht wurde.

Wenn man ein Feuer löscht oder sich mit den Folgen eines Brandes beschäftigt, so ist das etwas völlig anderes, als wenn man ein Haus neu baut. Probleme und Krisen zu lösen ist etwas völlig anderes als etwas Neues zu denken, zu erbauen oder zu bewirken. Beim Problemlösen reagieren wir. Unsere Motivation erwächst aus dem, was wir nicht wollen, und nicht aus dem, was wir wollen. Das ist ein gewaltiger Unterschied zum Gestalten des Neuen. Das ist der Unterschied zwischen einer Organisation, die Probleme löst, und einer Organisation, die von einer Vision angetrieben wird und weiß, was sie erschaffen möchte. Will eine Organisation ihre Erneuerungsfähigkeit entwickeln, so muss sie lernen, wie man attraktive Zukunftsbilder entwirft.

Je stärker der Führungsstil in einem Unternehmen auf Problemlösungen fokussiert ist, desto größer die Wahrscheinlichkeit, dass die besten »Feuerwehrleute« in der Organisation gleichzeitig zu den größten »Pyromanen« werden. Je mehr die Bewältigung von Krisen belohnt wird, desto größer ist häufig die Anzahl der Katastrophen. Einige Unternehmen entdecken, dass – nachdem sie ihre »Feuerwehrleute« entlassen haben – viele Feuer von selbst erlöschen. Natürlich können Organisationen ernsthafte Probleme haben, die man schnell bekämpfen muss. Das Problemlösen hat durchaus seine Berechtigung, ist aber kein Kennzeichen von Erneuerungsfähigkeit.

Vom episodischen zum kontinuierlichen Wandel

»Soll eine Veränderung möglichst in die Tiefe gehen,
so gebe man das Mittel in kleinen Dosen,
aber auf weite Zeitstrecken hin!«

(Friedrich Nietzsche)

In den vergangenen Jahrzehnten haben Organisationstheoretiker und Change-Management-Berater eine Vielfalt von Theorien und Konzepten zu Veränderungsprozessen entwickelt. Sie basieren fast durchweg auf der Idee des episodischen Wandels und auf Kurt Lewins Drei-Phasenmodell von »unfreeze, change, refreeze«. Die Grundannahme dieser Konzepte ist, dass sich Organisationen in einem Gleichgewichtszustand befinden, der unterbrochen werden muss, damit sie sich verändern. Ob in Tichys und Devannas »Transformational Leader« (1990), Nadlers

»Champions of Change« (1998), Kotters »Leading Change« (1996) oder Moss Kanters et al. »Challenge of Organizational Change« (1992) – von allen genannten Autoren wird die Idee des »großen« Wandels verfolgt.

Die Managementpraxis hat dieses episodische Modell des Wandels bereitwillig aufgenommen. Es gehört heutzutage zum guten Ton, dass jeder CEO sein eigenes Change-Programm auflegt. Die in regelmäßigen Abständen vom Topmanagement angestoßenen Change-Projekte vermögen die Organisation jedoch nur kurzfristig zu irritieren; langfristig überfordert diese »Stop-and-go-policy« die meisten Organisationen. Bereits 1996 kam John Kotter, Professor an der Harvard Business School, zu dem Ergebnis, dass mehr als 70 Prozent aller Veränderungsprojekte scheitern. Neuere Untersuchungen bestätigen dieses Ergebnis (vgl. Pongratz/Trinczek 2006).

Warum also sind die klassischen Change-Programme so wenig erfolgreich? Ein Blick in die Natur gibt hier interessante Hinweise. Von der Natur haben wir gelernt, dass Wandel kontinuierlich stattfindet – ohne Anfang und ohne Ende. Mutationen ereignen sich ständig und nicht nur zu bestimmten Zeitpunkten. Für die Natur sind stabile Zustände uninteressant, denn diese Zustände sind pathologisch. Während der natürliche Zustand Wandel und Fließen bedeutet, versuchen wir Instabilität in unserem »klassischen« Denken über Organisationen nach wie vor auszuklammern. Wir vermeiden noch immer den Gedanken an wackelige Konstruktionen und instabile Systeme.

Das muss sich ändern. Die Welt um uns herum ist ständig in Bewegung, ein einmal gefundenes Gleichgewicht verschiebt sich schnell wieder. Unternehmen, die die Fähigkeit zur Selbsterneuerung nicht besitzen, laufen eher Gefahr unterzugehen. Dies belegt Kathlen Eisenhardt, Professorin an der Stanford University in Kalifornien, mit ihren Forschungen in der IT-Branche: Unternehmen können in sich schnell ändernden Umwelten nur dann überleben, wenn sie ein gewisses Maß an Instabilität aufweisen. Erfolgreiche Unternehmen erkunden die Zukunft kontinuierlich mit vielen kleinen Experimenten. Dadurch erhalten sie sich ihre Instabilität. Oder anders formuliert: Durch viele Experimente erzeugen sie einen Strom kreativer Unruhe in der Organisation. Diese kreative Unruhe ist die Basis für kontinuierliche Selbsterneuerung.

Die Revolution frisst ihre Kinder

Die Versuchung, den großen Wurf zu landen, die Revolution am Reißbrett zu planen und so zum Helden zu avancieren, ist verlockend. Die Geschichte ist voll mit Revolutionären, sowohl in der Politik als auch in der Wirtschaft. Es ist aber nicht zu übersehen, dass die Geschichte der großen Würfe nur selten eine Erfolgsgeschichte ist. Der Soziologe Markus Pohlmann, der an der Universität Heidelberg forscht, hat sich intensiv mit der Geschichte der gesellschaftlichen Revolutionen beschäftigt. Er arbeitet eindrucksvoll heraus, dass alle Revolutionen zusammengenommen die Freiheit der Völker in kurz- und mittelfristiger Perspektive nicht vergrößert haben. Pohlmann nennt zwei Gründe, weshalb es zu den nicht-intendierten Folgen scheinbar erfolgreicher Revolutionen gehört, dass sie die Lebensbedingungen der Menschen zumindest kurz- und mittelfristig verschlechtern.

Der erste und offensichtliche Punkt ist der, dass gesellschaftlich etablierte Institutionen nicht einfach abgeschafft werden können. Der Kampf des Sozialismus gegen die Kirche in Polen ist dafür ein gutes Beispiel dafür. Anders formuliert: Gesellschaftliche Institutionen wie Kirche, staatliche Bürokratie oder Familie reproduzieren sich, auch wenn es der politische Wille der Herrschenden ist, sie abzuschaffen. Die Folge hiervon ist, dass die Revolutionäre noch straffere Kontroll- und Disziplinierungsmaßnahmen einführen als die Herrschenden vor der Revolution.

Der zweite, weniger offensichtliche Grund liegt in der Tradition und in den Glaubens- und Wertsystemen, die sich nur sehr langsam ändern und sich gleichsam »unsichtbar« und »still« reproduzieren. Mit diesem sehr langsamen kulturellen Wandel haben alle Revolutionen zu kämpfen. Sie können ihn nur partiell beschleunigen. Anders formuliert: Die Revolution revolutioniert im Regelfall nicht die Kultur, sondern umgekehrt. Das kurz- und mittelfristige Scheitern vieler zunächst erfolgreicher Revolutionen ist darauf zurückzuführen, dass sie die unsichtbare Reproduktion der Kultur weder außer Kraft setzen noch bekämpfen konnten. Die Revolution ist vielmehr ein Teil derselben und übernimmt deshalb nolens volens viele althergebrachte Wertvorstellungen. Im Resultat heißt dies: Vordergründig erfolgreiche Revolutionen ändern nur wenig. Vieles bleibt beim Alten. Revolutionen, so das Fazit von Pohlmann, sind in der Regel gerade nicht das, wofür sie in der Neuzeit stehen – sie sind keine schlagartigen, radikalen Umwälzungen der Gesellschaft. Wir erleben dies eindrücklich am Beispiel des »Arabischen Frühlings«. Betrachten wir das politische Hin und Her in Ägypten, treffen die letzten Worte des französischen Revolutionärs Pierre Victurnien Vergniaud (1753-1793) vor seiner Hinrichtung auch hier zu: »Die Revolution frisst ihre eigenen Kinder.« Vaclav Havel, Dramatiker und erster Präsident der Tschechischen Republik, hat diesen Zusammenhang in einer Rede aus dem Jahr 1992 eindrucksvoll zum Ausdruck gebracht: »Ich stelle mit Schrecken fest, dass meine Ungeduld bei der Wiederherstellung der Demokratie fast etwas Kommunistisches an sich hatte; oder, allgemeiner gesagt, etwas Rationalistisches. Die Art, in der ich damals die Zeitgeschichte vorantreiben wollte, glich der eines Kinds, das an seiner Pflanze zieht, damit sie schneller wächst. Ich glaube, wir müssen das Warten lernen, während wir das Erschaffen lernen. Wir müssen geduldig die Saat ausbringen, gewissenhaft die Erde gießen, die wir gesät haben, und den Pflanzen die Zeit geben, die sie brauchen. Man kann eine Pflanze genauso wenig überlisten wie die Geschichte« (International Herald Tribune, 13. November 1992, S. 7).

Stille Wandlung – Der »(R-)Evolutionär« Deng Xiaoping

Deng Xiaoping, der stille Wandler Chinas, war kein Revolutionär und hat China gerade dadurch revolutioniert: eher Schritt für Schritt oder Stein für Stein, wie er sagte, statt irgendeinen großartigen Plan oder irgendein Modell zu entwerfen. Ihm ging es nicht darum, am konkreten hängenzubleiben, sondern aus den Möglichkeiten, die sich im gesellschaftlichen Veränderungsprozess ergaben, einen Vorteil zu ziehen. Auch Deng experimentierte. Viele der von ihm eingeleiteten Reformen wurden zunächst in kleinen Bezirken Chinas ausprobiert, wo sie teilweise gegen bestehende Gesetze verstießen.

Deng Xiaoping war ein kontinuierlicher Erneuerer. Er intervenierte frühzeitig und unmerklich, um das Land in die gewünschte Richtung zu lenken, und nicht spät oder mit spektakulären Aktionen, wenn der Schaden schon da war. Diese Form der Veränderung hat einen gewaltigen Nachteil auf der symbolischen Ebene: Der Manager der »stillen Wandlungen« ist vordergründig nicht brillant. Nach außen wirkt er weder erfinderisch noch kämpferisch oder gar heldenhaft. Er zettelt keine Revolution an. Doch dieser Nachteil ist zugleich ein großer Vorteil: Die stille Wandlung verringert Widerstand quasi von alleine. Weil die Revolution geräuschvoll mit der etablierten Ordnung bricht, löst sie zwangsläufig Widerstand aus. Die stille Wandlung erzwingt dagegen nichts, sondern geht leise ihren Weg, infiltriert und dehnt sich fast unmerklich aus. Sie lässt sich assimilieren, während sie gleichzeitig auflöst, was sie assimiliert. Eben deshalb ist sie still. Weil sie keinen Widerstand gegen sich auslöst, nimmt man kaum wahr, wie sie voranschreitet (vgl. Jullien 2010, S. 78 f., S. 175). Deng hielt sich dann auch eher im Hintergrund. Er hat nie das Amt des Premierministers persönlich übernommen. Von Hongkonger Medien auf diese Zurückhaltung angesprochen, meinte er: »Ich habe doch schon Namen und Ruhm, oder? Mehr brauche ich nicht! Man muss weitsichtig, nicht kurzsichtig sein!«

Von »Top-down« zu »Activist-out« der Veränderung

»People support what they create.«

(Englisches Sprichwort)

Im Sturm muss der Kapitän auf die Brücke! In unsicheren Zeiten werden von Führungskräften Mut und Entschlossenheit gefordert. Teils getrieben durch das Umfeld, teils getrieben durch das eigene Ego, übernehmen Manager die Verantwortung für Veränderungen selbst. Die Grundannahme des klassischen Change Managements lautet: Veränderungsprojekte müssen immer an der Spitze der Organisation beginnen! Dies heißt überspitzt formuliert, dass nur Führungskräfte das Recht, die Kompetenz und die Macht haben, Veränderungsprozesse anzustoßen.

Von »Top-down« zu »Activist-out« der Veränderung

In der Realität lässt sich jedoch Folgendes beobachten: Häufig nimmt das Topmanagement Veränderungen innerhalb und im Umfeld der Organisation als letztes wahr. Abgeschottet durch eine Vielzahl von Führungsebenen wird es oft mit einer geschönten Wirklichkeit konfrontiert. Die Vielfalt und Dynamik der technischen Entwicklung macht es den oberen Führungskräften zudem unmöglich, alle Veränderungen im Auge zu behalten. Kaum ein Topmanager hat die Zeit, sich durch die digitale Welt von Twitter, Facebook, Spotify und den vielen neuen Anwendungen zu klicken. Die Managementvordenker Gary Hamel und Michele Zanini (2014) halten dies für einen wesentlichen Grund, weshalb Change-Programme zu spät angestoßen und zu selten umgesetzt werden.

Aber können grundlegende Veränderungsprozesse mit kleinen Schritten beginnen und von Menschen angestoßen werden, die nicht zum Management gehören? Wir behaupten: Ja. Denken Sie nur an die amerikanische Revolution, die von der Boston Tea Party, einer Grassroots-Bewegung, ausging. Oder denken Sie einen Moment daran, wie sich Ihr Leben durch das Internet verändert hat. Keine Einzelperson und auch kein einzelnes Unternehmen hat das Netz erfunden. Es entwickelte sich selbstorganisiert dank vieler unabhängiger Akteure zu einer Plattform, auf der sich Menschen weltweit vernetzen können. Wenn wir Change-Programme wie den Bau einer komplexen Maschine planen, begrenzen wir den Spielraum, in dem Neues entstehen kann. Demgegenüber eröffnen Change-Plattformen allen Mitarbeitern im Unternehmen die Möglichkeit, sich an der Erneuerung der Organisation zu beteiligen. Die Frage »Wer managt Veränderungsprozesse« erhält damit eine neue Antwort: nicht ausschließlich das Management, sondern auch die Mitarbeiter. Hierzu bedarf es eines Umbaus traditioneller Organisationsstrukturen. Kontinuierliche Selbsterneuerung braucht eine ganz andere Infrastruktur für den Wandel. »Build a change platform, not a change program«, fordern Gary Hamel und Michele Zanini (2014).

Wenn Führungskräfte einen Prozess der kontinuierlichen Selbsterneuerung etablieren wollen, müssen sie ungeregelte Räume zulassen, in denen Initiativen entstehen, deren Auswirkungen nach altem Maßstab nicht planbar sind. Das Management von Change muss dann darin bestehen, Voraussetzungen für Kreativität, Lernen und Experimentieren zu schaffen. Führungskräfte werden in Zukunft die Rolle des Sozialarchitekten übernehmen, dessen Verantwortung darin besteht, eine Infrastruktur für die kontinuierliche Erneuerung aufzubauen und zu pflegen. Der frühere Cheftechnologe von Google, Jim Coughran, hat diese neue Rolle der Führungskräfte früh erkannt. Seiner Meinung nach ist es nicht damit getan, dass das Topmanagement eine Vision vorgibt, der die Mitarbeiter folgen. Die Herausforderung für Google besteht seiner Ansicht nach darin, Change Communities zu etablieren, die es den Mitarbeitern ermöglichen, selbst neue Produktideen und organisatorische Innovationen zu entwickeln.

Die Erfahrungen bei Google wurden in der Forschung bestätigt. Die amerikanische Innovationsforscherin Linda Hill hat mit Kollegen untersucht, was außergewöhnliche Innovationsführer auszeichnet (Hall et al. 2014). Die von ihnen untersuchten Topmanager bilden eine sehr heterogene Gruppe. Aber sie alle vereint eine Auffassung von Führungsarbeit, so das Ergebnis der Forschergruppe, die nicht dem klassischen »Ich-sage-wo-es-langgeht«-Muster entspricht. Die Marschrichtung vorzugeben funktionierte hervorragend in einer Welt, die sich nur langsam verändert. Die Zeiten relativer Stabilität sind aber im Zeitalter der Digitalisierung endgültig vorbei. Dennoch ist die Vorstellung der Führungskraft als Visionär »dermaßen verbreitet und sitzt so tief, dass viele Manager, die wir befragt haben, erst einmal ihre heutige Rolle überdenken müssen, bevor sie ihre Organisation dauerhaft innovativ machen können« (Hill et al. 2014, S. 46). Die Frage laute daher nicht: »Wie schaffe ich Innovation?«, sondern vielmehr: »Wie schaffe ich eine Organisation, die zur kontinuierlichen Selbsterneuerung fähig ist?«

Vom linear geplanten zum zyklisch organischen Wandel

»*Erfolg ist selten eine gerade Linie.*«
(Tom Perkins, amerikanischer Unternehmer)

In modernen Gesellschaften durchdringt der soziale Wandel alle Lebensbereiche. Aus sozialwissenschaftlicher Perspektive ist der Wandel von Organisationen daher ein überraschendes Phänomen. Überrascht sind Sozialforscher hingegen von dem immer noch verbreiteten Glauben an die Steuerbarkeit von Veränderungsprozessen. Bereits die Bezeichnung »Change Management« suggeriert, dass tiefgreifender Wandel von Organisationen »gemanagt« werden kann, vergleichbar mit einem Bau- oder IT-Projekt. Die Geschichten über erfolgreiche Veränderungsprozesse, die auf Konferenzen oder in Büchern und Artikeln vorgetragen werden, sind fast alle von diesem Glauben an systematische Planung, Steuerung und Kontrolle geprägt. Die großen Unternehmensberatungen nähren ihn mit regelmäßigen Studien zu den Erfolgsfaktoren des Wandels: Change wird immer wichtiger, und er wird nach wie vor schlecht gemanagt, so die überraschungsfreien Ergebnisse dieser Studien.

Dem stehen die vielen Forschungsbefunde aus den Sozialwissenschaften gegenüber, die die Vorstellung von der Planbarkeit eines Wandels sozialer Systeme bereits seit den zoer Jahren tiefgreifend erschüttert haben. Sozialer Wandel folgt in der Regel nicht den Zielen und Plänen der beteiligten Akteure. Zwar befindet sich das Management – verglichen zum Beispiel mit Politikern – in einer stärkeren Machtposition: Organisationen verfügen über zentrale Steuerungsmechanismen,

Vom linear geplanten zum zyklisch organischen Wandel

die der Leitung eine gezieltere und wirkungsmächtigere Einflussnahme erlauben. Trotzdem hat auch das Management bei Veränderungsprozessen nur eine begrenzte Steuerungsmacht. Die vielen gescheiterten Veränderungsprojekte sind ein Beweis dafür. Wenn ein Veränderungsprozess wirklich tiefgreifend ist, dann betritt eine Organisation in diesem Prozess Neuland – und Neuland muss bekanntermaßen erst vermessen werden, bevor es berechenbar wird. Oder wie es ein preußischer General auf den Punkt brachte: »Kein Plan überlebt den ersten Kontakt mit dem Feind.«

In diesem Zusammenhang können wir von der Natur lernen: Im Bereich des Lebendigen gibt es keine Absolutheit, keine unveränderlichen Prinzipien. Das Lebendige ist nicht berechenbar, der Prozess der Evolution verläuft nicht geplant. Die Evolution tastet sich vielmehr durch Versuch und Irrtum gemächlich, aber kontinuierlich voran. Misserfolge sind Teil des Prozesses. Die Leitprinzipien der Evolution – Behutsamkeit, Gemächlichkeit und Vielfalt – könnten auch als Prinzipien eines neuen Verständnisses von Veränderung in Organisationen dienen. Folgt man dem Beispiel der Natur, dann ist eine möglichst große Zahl kleiner Schritte dem einen »großen Sprung nach vorn« vorzuziehen. Die vielen kleinen Schritte vermeiden das ganz große Risiko und befreien von dem unmenschlichen Zwang, sich nicht irren zu dürfen (vgl. Guggenberger 1987, S. 143). Lassen Sie es uns wie die Natur machen: Irren wir uns voran!

Über den Nutzen falscher Pläne

Vor dem Hintergrund der sozialwissenschaftlichen Forschungsergebnisse erscheint es geradezu paradox, dass die meisten Ansätze des Change Managements immer noch von Beherrschbarkeit, Prognostizierbarkeit und Planbarkeit von Veränderungsprozessen ausgehen. Der Organisationsforscher Karl Weick liefert hierfür eine interessante Erklärung. Er berichtet von einer Geschichte, die sich zu Beginn des 20. Jahrhunderts in den Schweizer Alpen zugetragen hat. Während eines Militärmanövers wurde eine kleine ungarische Aufklärungseinheit in die eisige Wildnis entsandt. Zwei Tage lang schien sie verschollen zu sein, als sie schließlich am dritten Tag zurückkehrte. »Wir waren eingeschneit und hatten uns schon aufgegeben«, antworteten die Soldaten ihrem erleichterten Leutnant, der schon gefürchtet hatte, sie in den Tod geschickt zu haben; »aber dann fand einer von uns eine Karte in seiner Tasche, und wir beruhigten uns. Wir schlugen ein Lager auf, überstanden den Schneesturm und fanden mithilfe der Karte den Rückweg«. Der Leutnant ließ sich die bemerkenswerte Karte zeigen. Sie zeigte nicht die Schweizer Alpen, sondern die Pyrenäen (vgl. auch Ortmann 2002, S. 43). Weick nimmt diese Geschichte als Allegorie für Management und Planung: Wenn Du verloren bist, tut es manchmal auch der falsche Plan. Pläne sind wie Karten. Sie animieren und motivieren die Menschen zum Weitermachen. Manager vergessen jedoch häufig, dass nicht die Planung, sondern das Handeln ihren Erfolg erklärt. Sie verlassen sich weiter auf das Falsche, den Plan, und verbringen aufgrund dieses Irrtums noch mehr Zeit mit Planung und weniger mit Handeln. Zum Schluss sind sie erstaunt darüber, dass mehr Planung die Sache nicht besser macht. Wenn Konfusion herrscht, sollte die Regel gelten: Tue irgendetwas! Bleibe in Bewegung. Chaotisches Handeln ist dann geordnetem Nicht-Handeln eindeutig vorzuziehen. Es ist einfach deshalb besser, weil dadurch die Wahrscheinlichkeit erhöht wird, dass irgendetwas herauskommt, das dann sinnvoll gemacht werden kann (vgl. Weick 1985, S. 350).

Die Pointe zu dieser Geschichte steuerte jedoch Bob Engel bei, Finanzvorstand von Morgan Guaranty, dem Weick die Geschichte erzählt hatte: »Nun, eine wirklich hübsche Geschichte wäre das gewesen, wenn der Führer da draußen mit seinem verlorenen Trupp gewusst hätte, dass es die falsche Karte war, und er es auch dann noch geschafft hätte, sie zurückzubringen. Dann hätte die Lage der Situation geglichen, mit der wir Manager häufig konfrontiert sind. Oft wissen wir sehr wohl, dass unsere Pläne nicht viel taugen, aber wir müssen trotzdem Zuversicht verbreiten, für Aufbruchsstimmung sorgen und andere zum Handeln bewegen« (Weick 1985, S. 35).

Die Geschichte vom »Nutzen falscher Pläne« verdeutlicht: Trotz der »Unplanbarkeit« von Veränderungsprozessen kann Planung nützlich sein. Das Management wäre schlecht beraten, wollte es sich als schierer Beobachter der evolutionären Veränderungen seines Systems zur Ruhe setzen. Planvolles Handeln bleibt weiterhin wichtig. Nur sollte man sich tunlichst hüten, Planung primär danach zu beurteilen, ob sie ihre Ziele erreicht. Die Kunst der Planung von Veränderungsprozessen besteht vielmehr darin, einen Mittelweg zwischen Verbindlichkeit und Offenheit zu finden. Und diese Kunst beherrschen erneuerungsfähige Organisationen. Sie vermögen es, einerseits Pläne zu machen und andererseits Unerwartetes und Zufälliges aufzuspüren und zu nutzen. Denn Unvorhergesehenes liefert die wesentlichen Zutaten für die Erneuerung. Überraschungen auf dem Weg der Veränderung werden in erneuerungsfähigen Organisationen als Bereicherung und nicht als Hindernis betrachtet. Während linear planende Unternehmen bei unerwarteten Ereignissen damit ringen, ihre Pläne neu zu sortieren, sind erneuerungsfähige Unternehmen in solchen Situationen voll in ihrem Element: Sie suchen Möglichkeiten, die veränderte Situation zu ihren Gunsten zu nutzen. Sie sind »Veränderungsbastler«, die das Unvorhergesehene, das Neue geschickt mit dem Bekannten, dem Geplanten kombinieren.

Dennoch ist das strategische, genau geplante Handeln immer noch das Idealbild in Wirtschaft und Gesellschaft. Aus diesem Grund gibt es auch nur wenige veröffentlichte Berichte über Veränderungsprozesse, die von diesem Bild abweichen. In seinem Buch »Barbarians Led by Bill Gates« wagt Marlin Eller einen Einblick in das Innenleben von Microsoft, einem der erfolgreichsten Unternehmen der vergangenen beiden Jahrzehnte. Eller war von 1982 bis 1995 Chefentwickler für das Betriebssystem Windows. Der Erfolg von Windows, das noch immer das dominante Betriebssystem ist, war nicht das Resultat einer geplanten Strategie, sondern mehr oder weniger das Ergebnis vieler ungeplanter Unfälle. Eller schreibt in der Einleitung zu seinem Buch: »There was a great disconnect between the view from the inside that my compatriots and I were experiencing down in the trenches, and the outside view … in their quest for causality (outsiders) tend to attribute any success to a Machiavellian Brilliance rather than to merely good fortune. They lend the impression that the captains of the industry chart strategic courses, steering their tanker carefully and gracefully through the straits. The view from the inside more closely resembles white-water rafting: ›Oh my God! Huge rock dead ahead! Everyone to the left! NO, NO, the other left!‹« (zit. nach Omerod 2005, S. 122). Auch die Entwicklung von Windows war nicht das Ergebnis eines genialen Masterplans des Software-Superhirns Bill Gates, sondern das Resultat vieler ergebnisoffener Experimente, die das Unternehmen in den 1980er Jahren parallel verfolgte. Betrachtet man die Geschichte von Microsoft, so fällt folgendes Muster ins Auge: Bill Gates und sein Führungsteam zeigten eine große Flexibilität und verfügten über die Fähigkeit, sich abzeichnende Chancen auszumachen und situationsspezifisch zu nutzen (Omerod 2005, S. 124). Wir dürfen gespannt sein, ob sich der Weltkonzern Microsoft diese Beweglichkeit und Experimentierfreude auch in Zukunft erhalten kann.

Erneuerungsfähige Organisationen haben meist nur einen groben Plan oder besser eine grobe Idee von ihrer Zukunft. Statt umfangreicher (Vorab-)Planungen ist das unmittelbare Feedback auf Experimente der Ausgangspunkt für weitere Schritte. Das experimentelle Lernen steht im Mittelpunkt der kontinuierlichen Selbststeuerung. »Tu etwas – schau was passiert – ziehe Rückschlüsse daraus und gehe den nächsten Schritt.« Es ist egal, wo Du beginnst, wenn Du nur schnell genug iterierst. »Progression ist kreisförmig«, schreibt der Philosoph Peter Brock. Erneuerungsfähigen Unternehmen geht es um ein ständiges Aktualisieren. Dies gründet auf der Annahme, dass Wissen und Unwissen gemeinsam wachsen – wenn das eine zunimmt, nimmt auch das andere zu. Erneuerungsfähige Organisationen akzeptieren die Tatsache ihrer eigenen Unwissenheit und sind daher in ständiger Bewegung. Sie verfügen über Strukturen zur Änderung von Strukturen und Regeln. Der Prozess der Erneuerung ist nie abgeschlossen, sondern immer etwas Vorläufiges und Vergängliches. Die Dynamik der Erneuerung drängt immer weiter und kennt weder Anfang noch Ende.

4. Der Prozess der kontinuierlichen Selbsterneuerung

»*Beim Eishockey kriegt man beigebracht, nicht dorthin zu laufen, wo der Puck gerade ist, sondern wo er als nächstes sein wird.*«

(Asish Nanda, Juraprofessor, Harvard Law School)

Seit Darwin, seit der Theorie des Urknalls, seit wir Entwicklungsbiologie betreiben und erfahren haben, dass energetische und materielle Prozesse irreversibel verlaufen, wissen wir: Die Welt ist ein Prozess. Sie ist nicht, sondern sie *geschieht*. Sie ist in ständiger Bewegung, und es gibt nichts, was sich nicht bewegt, vom Flusslauf bis zu den elektromagnetischen Wechselwirkungen, die ein Atom konstituieren. Alles, was uns als statisch erscheint, alle Ruhe- und Haltepunkte, alle Strukturen sind in Wirklichkeit nur Durchgangsstadien. Und so ist es auch mit der Erneuerung von Unternehmen. Wir müssen uns Erneuerung immer als Prozess vorstellen, der sich kontinuierlich fortsetzt, der weder einen Anfang noch ein Ende hat. Das Außergewöhnliche bei erneuerungsfähigen Unternehmen ist ihr Wissen darum, dass dauerhafter Erfolg kein bankfähiger Wert ist. In erneuerungsfähigen Unternehmen weiß man, dass man keinen Vorrat an Erfolg zulegen kann. Wenn ein Internet-Unternehmen einige Monate lang sehr erfolgreich am Markt agiert, heißt das nicht, dass es auch im nächsten Jahr erfolgreich sein wird. Behalten Sie in Erinnerung, wie schnell Nokia vom gefeierten Branchenstar und wertvollsten Unternehmen der Welt zum Insolvenzkandidaten wurde.

Im Folgenden werde ich Ihnen ein Modell vorstellen, mit dem Sie den Prozess der kontinuierlichen Selbsterneuerung in Ihrem Unternehmen strukturieren können. Es handelt sich dabei nicht um ein Modell mit Erfolgsgarantie, sondern eher um eine Heuristik, um einige Prinzipien der Unternehmensführung. Auf diese Prinzipien bin ich in meiner Forschung über erneuerungsfähige Unternehmen gestoßen. Ich habe hierzu Fallstudien in Unternehmen durchgeführt, die einen Prozess der Selbsterneuerung vollzogen haben. Das heißt, die Unternehmen durchliefen einen tiefgreifenden Wandel, ohne sich in einer Krise zu befinden. In all diesen Fallstudien zeigte sich, dass die Unternehmen bewusst oder unbewusst nach den in Abbildung 4 dargestellten Prinzipien der Erneuerung arbeiteten. Die Prinzipien habe ich dann zu einem Prozess der kontinuierlichen Erneuerung verdichtet.

Der Prozess der
kontinuierlichen Selbsterneuerung

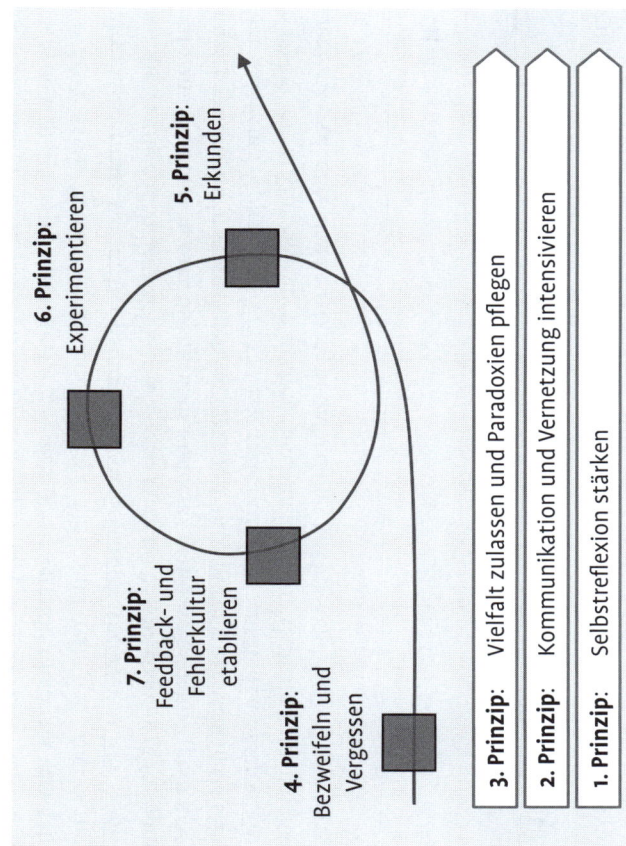

Abb. 4: *Die acht Prinzipien der kontinuierlichen Selbsterneuerung*

»From a distance« heißt ein Lied von Julie Gold, mit dem Bette Midler im Jahr 1991 einen Grammy gewann. Im Text geht es darum, dass sich vieles verändert, wenn man es aus der Distanz betrachtet; dass Distanz notwendig ist, um zu einem abgewogenen Urteil zu kommen; dass viele Dinge, die uns ungeheuer wichtig erscheinen, aus der Entfernung lächerlich klein sind. Zu große Nähe verzerrt die Optik. Um dieses Distanz zu wahren oder immer wieder neu aufzubauen, bedarf es erstens der kontinuierlichen *Selbstreflexion* (1. Prinzip), zweitens des *Dialogs* (2. Prinzip) mit anderen und drittens einer *Perspektivenvielfalt* und einer Kompetenz im Umgang mit *Paradoxien* (3. Prinzip). Diese drei Prinzipien führen zunächst zu Verlangsamung und Verzögerung, was jedoch wichtig ist, um das Wichtige vom Unwichtigen zu unterscheiden. Sie bilden gewissermaßen die Grundlage, das Fundament der kontinuierlichen Erneuerung eines Unternehmens.

Die Prinzipien vier bis acht orientieren sich am wissenschaftlichen Forschungsprozess. An dessen Anfang steht der *Zweifel* (4. Prinzip) an der Gültigkeit vorherrschender Theorien und Konzepte. Der Zweifel mündet in eine Phase der *Erkundung* (5. Prinzip), der Suche nach dem Neuen, die mit der Entwicklung von Hypothesen abgeschlossen wird. Dann kommt das *Experiment* (6. Prinzip), in dem die Forschungshypothesen überprüft werden. Die Ergebnisse der Experimente werden schließlich in einem *Feedbackprozess* (7. Prinzip) ausgewertet. Darin zeigt sich, ob sich die Hypothesen bestätigen oder ob sie verändert oder gar verworfen werden müssen. Danach setzt wieder der Zweifel ein und treibt den Erneuerungsprozess abermals voran. Der österreichische Erkenntnistheoretiker Karl Popper hat diesen in einem nie endenden Erkenntnisprozess treffend beschrieben: »Wann immer wir nämlich glauben, die Lösung eines Problems gefunden zu haben, sollten wir unsere Lösung nicht verteidigen, sondern mit allen Mitteln versuchen, sie selbst umzustoßen« (Popper 2005, S. XX). Genau wie in der Wissenschaft müssen wir diesen »Erkenntnisprozess« auch in Unternehmen kontinuierlich am Laufen halten. Der Prozess der Selbsterneuerung braucht daher *Ausdauer* und ein *Denken in Kreisen* (8. Prinzip).

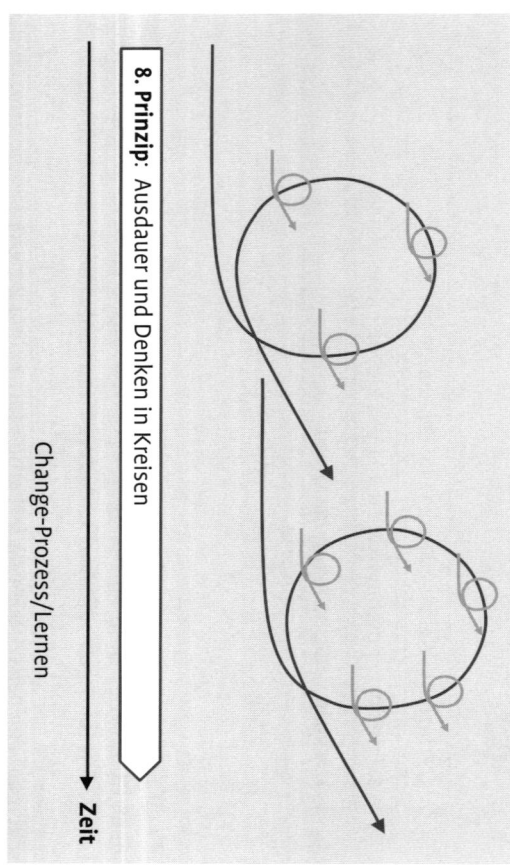

Abb. 5: *Der Prozess der kontinuierlichen Selbsterneuerung*

An dieser Stelle möchte ich eine Warnung aussprechen: Kontinuierliche Selbsterneuerung ist nicht kostenlos zu haben. Sie braucht Freiraum und Muße. Muße – das klingt stark nach müßig. Und wurde uns der Müßiggang nicht schon in der Kindheit nachhaltig ausgetrieben? Ja, aber alles, was lebt, lebt rhythmisch, sagen die Biologen. Actio und Contemplatio ergänzen sich beim Menschen als polare Zustände der Bewegung und der Ruhe. Von vielen Managern hat man hingegen den Eindruck, dass das rhythmische Auf und Ab des Lebens dem ewig angespannten gewichen ist. Alle rotieren in ihrem Hamsterrad, arbeiten ohne Unterlass und hetzen von Termin zu Termin. Darunter leidet, so meine These, die Zukunftsfähigkeit vieler Unternehmen. Es bleibt keine Zeit mehr, die Zukunft zu thematisieren,

Der Prozess der
kontinuierlichen Selbsterneuerung

weil die Führungskräfte notorisch überlastet sind. Dies alles hat zur Konsequenz, dass wir uns nur noch um das Kurzfristige kümmern, nicht um das Langfristige. Wenn Sie ein erneuerungsfähiges Unternehmen aufbauen wollen, dann müssen Sie diese Tretmühle zumindest zeitweise verlassen, auch wenn Ihnen viele im Unternehmen zurufen: »Dafür haben wir gerade keine Zeit!« Schaffen Sie für sich selbst und für Ihr Unternehmen oder Ihre Abteilung Freiräume für freies Denken und Entdecken!

Erstes Prinzip: Selbstreflexion stärken

»Gnothi seautón« – Erkenne Dich selbst!

(Inschrift am Apollotempel von Delphi)

Erneuerungsfähigkeit fängt mit einer Basisqualifikation an: der Fähigkeit, das Selbst zum Thema, zum Gegenstand von Beobachtung zu machen und die eigenen Praktiken und Positionen einer kritischen Prüfung auszusetzen. Selbstreflexion ist damit gewissermaßen ein Meta-Prinzip der kontinuierlichen Selbsterneuerung. Im Prozess der Selbstreflexion wird das eigene Handeln hinterfragt, werden die eigenen Routinen und Strukturen auf den Prüfstand gestellt, um überholte Muster zu identifizieren und neue Möglichkeitsräume zu erschließen. Selbstreflexion ist jener Modus eines Systems – egal ob Individuum oder Organisation –, der die Möglichkeiten des Systems, sich selbst zu verstehen, begründet und erweitert. Erst die bewusste Auseinandersetzung mit dem eigenen Selbstbild schafft die erforderliche Distanz zu alten bewussten oder unbewussten Denk- und Handlungsmustern. Selbstreflexion ist die Voraussetzung dafür, neue Möglichkeiten im Umgang mit sich selbst entwickeln zu können (vgl. Wimmer 1996, S. 130). Geht man davon aus, dass sich die Veränderungsgeschwindigkeit im Umfeld der Unternehmen weiter erhöht, steigt damit auch der Bedarf an Selbstreflexion. Je instabiler die Umfeldbedingungen sind, umso wichtiger wird die Reflexionsfähigkeit eines Unternehmens. Die Umfeldbedingungen zwingen Organisationen gewissermaßen zum systematischen Nachdenken über sich selbst, zur Reflexion dessen, wer und was sie sind und eigentlich sein wollen, zur Reflexion von Kontinuität und Wandel ihrer eigenen Identität (vgl. hierzu Senge 1996, Wimmer 2000).

Doch sind Organisationen für eine dauerhafte Selbstbeobachtung überhaupt gerüstet? Wie müssen ihre Kommunikations- und Entscheidungsstrukturen aussehen, damit Selbstreflexion systematisch stattfinden kann? Welche Art von Führungsleistung muss dafür erbracht werden? Mit welchen Methoden und Prozessen lässt sich kollektive Selbstreflexion fördern? Wie lassen sich Prozesse der Selbstreflexion in Organisationen institutionell verankern?

Dass sich eine Organisation selbst zum Thema und Gegenstand der Reflexion macht, ist durchaus keine Selbstverständlichkeit und ausgesprochen voraussetzungsvoll. Erneuerungsfähige Organisationen haben diese Fähigkeit. Sie eröffnen dem Management und den Mitarbeitern institutionalisierte Räume und Formen der Selbstreflexion. Sie zwingen ihr Personal regelmäßig zum systematischen Nachdenken über sich selbst, zur Reflexion dessen, wer oder was man ist und sein will. Durch die damit verbundene Selbstbeschreibung verändert sich das System bereits. Die Selbstbeschreibung fügt sich ihm hinzu, das System ist aus diesem Grunde nach dem Reflexionsprozess in der Regel komplexer als zuvor.

Erstes Prinzip: Selbstreflexion stärken

Selbstreflexion ist dabei ein kontinuierlicher Prozess: Weder Mensch noch Organisation kommt jemals an. Selbstreflexion ist kein Besitztum, sondern eine Fähigkeit, die in einem Prozess Ausdruck findet. Sie ist eine lebenslange Disziplin. Menschen mit einem hohen Grad an Selbstreflexion sind sich ihrer Unwissenheit, Inkompetenz und Schwäche bewusst (Senge 1996, S. 175). Selbstreflexion bedeutet, den reflektierten Sachverhalt zu relativieren und Alternativen zu entdecken. Selbstreflexion führt zu mehr Wissen, zu Metawissen. Sie verschafft uns mehr Wissen über uns selbst und das Wissen, dass es sich dabei nicht um Wahrheiten, sondern um Konstruktionen handelt. Sie fördert daher auch die Fähigkeit, sich nicht von Unvorhersehbarem überraschen zu lassen und sich von vorhandenem Wissen zu lösen.

Wenn Selbstreflexion zu einer Disziplin wird, zu einer Aktivität, die wir in unser Leben integrieren, umfasst sie zwei grundsätzliche Verhaltensweisen. *Erstens* klärt der Reflektierende immer wieder aufs Neue, was ihm wirklich wichtig ist. Häufig verwenden wir viel Zeit auf die Lösung von Problemen, die am Wegesrand auftauchen, und vergessen darüber, warum wir überhaupt auf diesem Weg sind. Im Ergebnis haben wir nur eine sehr vage oder sogar falsche Vorstellung davon, was uns wirklich wichtig ist. *Zweitens* lernt der sich selbst Reflektierende kontinuierlich, die gegenwärtige Realität deutlicher wahrzunehmen.

Das Leben in Hitlers Führerbunker

Was geschieht, wenn die Selbstreflexion völlig zusammenbricht, können wir den Beschreibungen von Traudl Junge entnehmen. Die ehemalige Sekretärin Hitlers hat kurz vor ihrem Tod dem bekannten österreichischen Künstler André Heller ein ausführliches Interview gegeben, in dem sie die bizarr anmutende Situation in Hitlers Führerbunker am Ende des Zweiten Weltkriegs detailgenau beschreibt (vgl. André Heller und Othmar Schmiderer: »Im toten Winkel. Hitlers Sekretärin«). Der Bunker befand sich tief unter der Erde, die Bomben schlugen in den letzten Tagen des Krieges direkt neben ihm ein. Hitlers Armee war zusammengebrochen und stand kurz vor der vollständigen Vernichtung. Doch trotz all dieser Fakten klammerten sich die Menschen im Bunker bis zuletzt an ihre Ideologie, unfähig, sich der Realität zu stellen.

Das ist ein extremes Beispiel von Erblinden: Wenn wir uns hinter den dicken Mauern unseres mentalen und emotionalen Bunkers verschanzen, wird Selbstreflexion unmöglich. Traudl Junge beschreibt ausführlich, wie das Leben im Bunker weiterging: »Wir funktionierten wie Automaten, ich kann mich an keine Gefühle erinnern, es war wie ein Zwischenzustand, wo ich nicht mehr ich selbst war.« So fanden die alltäglichen Teezeremonien statt, als ob es keinen drohenden Untergang gäbe. Die Entkoppelung der Realität im Bunker von der Realität außerhalb des Bunkers nahm ein absurdes Ausmaß an. »Ich war eingemauert und abgetrennt von der Information, die ich brauchte, um zu verstehen, was vor sich ging«, so Traudl Junge weiter. »Als ich im Bunker ankam, dachte ich zuerst, ich wäre an der Quelle aller Informationen angekommen. Erst später wurde mir klar, dass ich die ganze Zeit im blinden Fleck gesessen hatte.« In den letzten Jahren des Krieges reiste Hitler in einem speziell ausgerüsteten Zug mit geschlossenen Fenstervorhängen, um die Zerstörungen der Städte und Dörfer nicht zu sehen, um sie möglichst auszublenden. Wenn er im Hauptbahnhof von Berlin ankam, erhielt sein Fahrer von Offizieren aus Hitlers direktem Umfeld die Anweisung, eine Strecke zu fahren, die ihm möglichst wenig von der Zerstörung zeigt. Feldmarschall Reichsfürst Grigori Alexandrowitsch Potjomkin lässt grüßen. Auch er verschleierte die bittere Wahrheit, indem er entlang der Wegstrecke von Zarin Katharina II. »Potjomkinsche Dörfer« aus bemalten Kulissen errichten ließ.

Bis zum völligen Zusammenbruch des Regimes hielten sich die Menschen im Bunker an ihren vagen Hoffnungen und Illusionen fest. Traudl Junge berichtet von Besprechungen über neue Strategien, die die Wende herbeiführen sollten, am Ende aber zu nichts führten, weil sie sich auf illusionären Annahmen stützten. Das Selbst zum Thema, zum Gegenstand von Beobachtung zu machen und die eigenen Praktiken der Prüfung auszusetzen, war völlig unmöglich geworden. Der Zusammenbruch der Selbstreflexionsfähigkeit führte direkt in die Katastrophe.

Distanz schafft Überblick

Reflexion, lateinisch »reflectio«, heißt zurückbeugen, was darauf hindeutet, dass die Aufmerksamkeit nach innen gebogen wird, damit sie anschließend wieder nach außen gerichtet werden kann, um Vertrautes anders zu sehen. Bei der Reflexion geht es um das prüfende, vergleichende Nachdenken, insbesondere über die eigenen Gedanken, Handlungen und Empfindungen. Wir kennen die Metapher, dass man »einen Schritt zurücktreten sollte«, weil man sonst in Einzelheiten verliert und den Wald vor lauter Bäumen nicht mehr sieht. Aber leider geht es den meisten Menschen so, dass sie nur sehr viele Bäume sehen, auch wenn sie einen Schritt zurücktreten. Wir suchen uns dann ein oder zwei Lieblingsbäume aus, die uns besonders gefallen, und richten unsere Aufmerksamkeit und unsere Veränderungsbemühungen auf diese beiden Bäume. Abstand ist ein wichtiges Denkwerkzeug (Jullien 2010, S. 35), denn Abstand fördert eine Sichtweise, die nicht mehr zur Identifikation gehört, sondern zur Exploration. Das operative Alltagsgeschäft zieht jedoch häufig alle Aufmerksamkeit auf sich. Gegen diesen Sog muss man sich stemmen und sich zeitliche Freiräume schaffen, denn die Reflexion der eigenen Identität und deren künftige Entwicklung nehmen Zeit in Anspruch.

Die Selbstdistanzierung ist Voraussetzung dafür, neue Möglichkeiten im Umgang mit sich selbst zu entwickeln. Es ist diese Fähigkeit eines Systems, sich selbst

Erstes Prinzip:
Selbstreflexion stärken

von außen zu betrachten, sich als »anders« vorzustellen, mit alternativen Identitäten ein Spiel zu spielen. Nur so können wir herausfinden, welche Form von Identität unter den gegebenen Bedingungen unserer Idee von Identität am besten entspricht.

Der amerikanische Managementvordenker Henry Mintzberg empfiehlt Managern, sich angesichts der dynamischen Natur ihres Jobs gezielt Zeit zu reservieren, um Abstand zu gewinnen. Reflexion, so Mintzberg, »muss zu einem integralen Bestandteil ihrer Tätigkeit werden. Die Reflexion ohne Aktion ist möglicherweise passiv, aber Aktion ohne Reflexion ist gedankenlos« (Mintzberg 2011, S. 209). Reflexion mag zunächst zu einer Verlangsamung führen, was bei vielen Führungskräften Widerstand hervorruft. Dass diese Verlangsamung jedoch höchst produktiv sei, könne man, so Mintzberg weiter, von großen Athleten lernen. Von dem großen kanadischen Eishockeystar Wayne Gretzky heißt es zum Beispiel, er sehe das Spiel einfach ein bisschen langsamer als andere Sportler, was ihn flexibler mache und zu Manövern in letzter Sekunde befähige. Mintzberg geht davon aus, dass dies auch ein Charakteristikum des erfolgreichen Managers ist. Erfolgreiche Manager können unter starkem Druck, und sei es nur für einen Augenblick, zur Ruhe kommen und Distanz gewinnen, um anschließend überlegt zu handeln (Mintzberg 2011, S. 209).

Periodische Auszeiten und Mut zur Denkpause

»*Heut mach ich mir kein Abendbrot.*
Heut mach ich mir Gedanken.«

(Wolfgang Neuss)

Ein erneuerungsfähiges Unternehmen schafft sich Möglichkeiten, sich selbst abseits von Entscheidungszwängen des Alltags mit anderen Augen zu sehen, sich zu beobachten. Es schafft sich gezielt kommunikative Räume für das Nachdenken über sich selbst. Eine Barriere zur Entwicklung von Erneuerungsfähigkeit ist, dass sich die meisten Menschen und Organisationen keine Zeit nehmen, »neu« zu denken. Wann haben Sie sich das letzte Mal in Ihrer Arbeit für eine Stunde hingesetzt und die Gedanken schweifen lassen? Bei den meisten Leuten dürfte das schon eine geraume Zeit her sein. George Bernhard Shaw, der weltbekannte Schriftsteller und Gründer der London School of Economics, wies schon vor vielen Jahren auf dieses Denkdefizit in unserer Gesellschaft hin. »Wenige Leute denken mehr als zwei, dreimal im Jahr. Ich habe mir einen internationalen Ruf erworben, indem ich ein- bis zweimal in der Woche denke« (zit. nach Levitt/Dubner 2014, S. 22).

John Donhoe, CEO von Ebay, beherzigt diese Empfehlung Bernhard Shaws. Er nimmt sich jedes Quartal einen »Denk-Tag«. Das entspricht seiner Idee von einer

Führungskraft, die nie aufhört zu lernen. Er sagt, dass er nach diesen Denk-Tagen (genauso wie nach den zwei Wochen Internet-Abstinenz, die er sich jedes Jahr gönnt) die Dinge wieder klarer sieht und neue Kreativität gewinnt (Wisman 2014, S. 181). Der CEO eines Internet-Unternehmens, das ich beraten habe, macht immer dann eine Wanderung, wenn er gedanklich an einem Problem nicht mehr weiterkommt. Er läuft dann so lange in eine Richtung, bis ihm eine interessante Idee zur Lösung des Problems kommt. Einige Wanderungen waren nach seinen Angaben sehr, sehr lang. Das Unternehmen Pimco hat diese strategischen Auszeiten institutionalisiert. In einem sogenannten Secular Forum beschäftigt sich das Unternehmen in regelmäßigen Abständen mit der Zukunft (http://global.pimco.com/EN/Insights/Pages/secular-outlook.aspx).

In den heutigen Unternehmen ist für Zäsuren und Pausen zum Nachdenken nur noch wenig Raum. Der allseits akzeptierte Imperativ des bedingungslosen »immer weiter« erlaubt kaum mehr ein Innehalten. Erneuerungsfähigkeit erfordert aber den Mut, Denk- und Atempausen einzulegen, Distanz zu gewinnen. Die Kraft zu einem wirklichen Aufbruch erwächst meist, wie die erwähnten Beispiele, verdeutlichen aus einer Phase der Ruhe und Besinnung, die sich vielleicht am besten mit dem etwas aus der Mode gekommenen Begriff der Muße umschreiben lässt. Das altgriechische Wort für Muße war *schole*, von dem sich auch unsere »Schule« ableitet. Es bezeichnete ursprünglich die Stätte, an der man sich aufhält, wenn man nicht arbeiten muss. Diese Muße war allerdings alles andere als ein Ort des Nichtstuns. Muße war keine leere Zeit, sondern die Zeit, über die man frei verfügte und die man konzentriert den Dingen des Lebens widmen konnte, die ihren Wert in sich trugen und nicht Mittel zum Zweck waren: Schönheit, Erkennen, Freundschaft und Erotik. Könnte es nicht reizvoll sein, die Muße neu zu definieren? Sie weder zu verachten noch als mentale Ressource zur Effizienzsteigerung zu missbrauchen, sondern als notwendigen Raum zum Nachdenken über das Grundlegende wiederzuentdecken?

Glaubt eine Organisation, sich diese Muße nicht mehr leisten zu können, wird ihr die Kraft zur Selbsterneuerung fehlen. Sie wird in Bewegung bleiben, aber nirgendwohin wirklich aufbrechen. Man könnte das auch mit »rasendem Stillstand« umschreiben, den wir leider allzu oft in unseren Unternehmen antreffen. »Wer nicht anhalten kann, kann auch nicht zu sich kommen«, besagt eine alte indische Weisheit. In unserer sich schnell wandelnden Zeit wird immer mehr Flexibilität und Anpassungsfähigkeit gefordert. Flexibilität und Anpassungsfähigkeit benötigen aber Raum und Leere, setzen ein zeitweises Anhalten voraus. Andernfalls bewegen wir uns mit Höchstgeschwindigkeit im Hamsterrad – ohne wirklich voranzukommen.

Erstes Prinzip:
Selbstreflexion stärken

Übung

Nehmen Sie sich jeden Abend zehn Minuten Zeit, blicken Sie auf den Tag zurück, so als ob Sie sich von außen betrachten. Achten Sie darauf, wie Sie mit anderen interagiert haben und was andere Leute von Ihnen wollten oder Ihnen zu tun vorgeschlagen haben. Tun Sie dies, ohne es zu bewerten. Lassen Sie den Tag aus der Perspektive des Beobachters vorüberziehen.

Schreiben Sie das beste Managementbuch aller Zeiten

In den von mir begleiteten Veränderungsprozessen rege ich alle Führungskräfte zu einem kontinuierlichen Reflexionsprozess an. Sie erhalten zu Beginn ein leeres »Erkenntnisbuch«, in dem sie all ihre positiven wie negativen Erfahrungen festhalten können. Jeder Workshop beginnt mit einer Reflexionsrunde, in der jeder Manager in aller Ruhe in sein »Erkenntnisbuch« schreibt, was für ihn im bisherigen Veränderungsprozess wichtig war, Ideen und Gedanken oder auch Sorgen, die ihm bezogen auf den Veränderungsprozess durch den Kopf gehen. Nach 20 Minuten tauschen sich die Führungskräfte in kleinen Gruppen eine halbe Stunde lang darüber aus. Dann werden im Plenum die zentralen Erkenntnisse diskutiert. Für die letzte Phase sehe ich normalerweise 20 Minuten vor, aber häufig zieht sie sich über eine Stunde hin. Ich schreite nicht ein, weil sich die Gruppe in diesen Diskussionen neu miteinander verbindet. Zwischen den Workshops sind die Führungskräfte dazu angehalten, ihre Erfahrungen einmal die Woche kurz zu reflektieren. 20 Minuten reichen in der Regel aus. Die Erfahrungen mit diesem »Erkenntnisbuch« sind äußerst positiv. Bei der Abschlussreflexion eines großen Veränderungsprozesses brachte es ein Manager auf den Punkt. Er hielt sein Buch hoch und verkündete: »Das ist das beste Managementbuch, das ich jemals gelesen habe!«

Ich empfehle Ihnen daher: Schreiben Sie Ihr eigenes Managementbuch. Kaufen Sie sich ein leeres »Erkenntnisbuch« und notieren Sie darin regelmäßig die Ergebnisse Ihrer Reflexionen. Ich bin mir sicher, dass es auch für Sie das beste Managementbuch aller Zeiten wird.

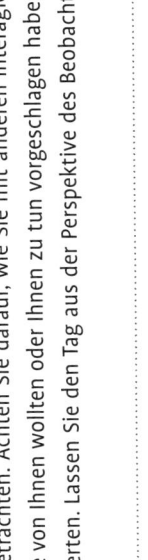

Assessment-Vorlage
»Selbstreflexionsfähigkeit der eigenen Person«

(in Anlehnung an Willkens/Süße/Voigt 2014)

Wie treffend beschreibt jede der folgenden Aussagen Ihr Verhalten? Tragen Sie neben jeder der unten aufgeführten Aussagen die Zahl ein, die Ihrer Meinung nach zutrifft:

1 = trifft überhaupt nicht zu
2 = trifft eher nicht zu
3 = teils/teils
4 = trifft eher zu
5 = trifft voll und ganz zu

1. Um mich weiterzuentwickeln, fordere ich von anderen Personen aktiv Feedback ein.
2. Ich nehme mir immer wieder Zeit, um zu überlegen, wie ich meine Arbeitsweise noch verbessern kann.
3. Es gelingt mir gut, mein vorhandenes Wissen auf neuartige Probleme zu übertragen.
4. Um neue Problemlösungen zu entwickeln, wende ich oft kreative Methoden an.
5. Ich kann mich gut in die Perspektiven anderer Personen hineindenken.
6. Ich kann mich gegenüber anderen Personen gut verständlich machen.
7. Es fällt mir leicht, mit anderen Personen außerhalb des Unternehmens (z. B. Kunden und Lieferanten) Probleme zu diskutieren.
8. Ich kann leicht und wirkungsvoll mit anderen Personen kommunizieren.

Gesamt

Ergebnis Addieren Sie die Punktezahl. Liegt das Ergebnis unter 17, ist Ihre gegenwärtige Fähigkeit zu gering ausgeprägt und Sie sollten überlegen, wie sie diese verbessern können. Liegt das Ergebnis zwischen 17 und 28, ist das Niveau mittelmäßig. Ergebnisse, die höher als 28 liegen, weisen auf ein gutes bis sehr gutes Reflexionsniveau hin.

Erstes Prinzip:
Selbstreflexion stärken

Assessment-Vorlage
»Selbstreflexionsfähigkeit der Organisation«

Wie treffend beschreibt jede der folgenden Aussagen Ihr Unternehmen oder Ihre Abteilung? (Bitte bewerten Sie entweder Ihr Unternehmen oder Ihre Abteilung.) Tragen Sie neben jeder der unten aufgeführten Aussagen die Zahl ein, die Ihrer Meinung nach zutrifft:

1 = trifft überhaupt nicht zu
2 = trifft eher nicht zu
3 = teils/teils
4 = trifft eher zu
5 = trifft voll und ganz zu

1. In unserem Unternehmen/unserer Abteilung gibt es eine gute Balance zwischen operativem Geschäft und gezielten Auszeiten zum gemeinsamen Nachdenken und Reflektieren.

2. Mitarbeitergespräche mit entsprechenden Zielvereinbarungen finden bei uns im Unternehmen/in der Abteilung regelmäßig statt und werden gut vorbereitet.

3. In unserem Unternehmen/unserer Abteilung erfolgen Rückmeldungen an Führungskräfte und Mitarbeiter regelmäßig und rechtzeitig.

4. In unserem Unternehmen/unserer Abteilung nehmen wir uns regelmäßig Auszeiten zur Standortbestimmung und Überprüfung unserer Kompetenzen, Ausrichtung etc.

5. Die Qualität der Kommunikation und der Zusammenarbeit wird in unserem Unternehmen/unserer Abteilung regelmäßig überprüft und wenn notwendig verbessert.

6. In unserem Unternehmen/unserer Abteilung wird Wert darauf gelegt, dass die Mitarbeiter/innen ihre eigene Persönlichkeit entwickeln können.

7. Jede Abteilung ist bei uns dazu angehalten, kontinuierlich die Arbeitsprozesse und Vorgehensweisen zu überprüfen.

Gesamt

Ergebnis Addieren Sie die Punktezahl. Liegt das Ergebnis unter 15, herrscht in Ihrem Unternehmen/Ihrer Abteilung ein geringes Niveau an Reflexivität vor und Sie sollten überlegen, wie sie dies verbessern könnten. Liegt das Ergebnis zwischen 15 und 28, ist das Niveau mittelmäßig. Ergebnisse, die höher als 28 liegen, weisen auf eine gutes bis sehr gutes Reflexionsniveau hin.

Zweites Prinzip: Kommunikation und Vernetzung intensivieren

»Richten Sie eine Informationsdemokratie ein!«, empfiehlt der Managementvordenker Gary Hamel in seinem Buch »Worauf es jetzt ankommt« (Hamel 2013, S. 180). Genau dies tun Unternehmen, die sich kontinuierlich erneuern, wie eine Reihe neuerer Untersuchungen zeigt (siehe hierzu die wissenschaftlichen Untersuchungen zum Prinzip der Transparenz von Frey et al. 2008, S. 249, und Brown/Eisenhardt 1998, S. 33). Unternehmen, die sich durch ein hohes Maß an Erneuerungsfähigkeit auszeichnen, weisen eine hohe Kommunikationsdichte auf. Leider sieht die Realität in der Mehrzahl der Unternehmen ganz anders aus. Die Macht der Manager beruht seit jeher darauf, dass sie eine hohe Kontrolle über die Information haben. Wer aber Informationen hortet, entmachtet die Mitarbeiter. Misstrauen wird geschürt und schnelle Entscheidungen an der Front werden verhindert. Informationen müssen jedoch auf breiter Basis geteilt werden, wollen Unternehmen ihre Erneuerungsfähigkeit verbessern. Nach Gary Hamel benötigen die Organisationen in Zukunft ein holografisches Informationssystem, das jeden Mitarbeiter mit den Daten und dem Wissen versorgt, das er braucht, um auch das große Ganze in den Blick zu bekommen. Denn nur wer ausreichend informiert ist, kann zukunftsorientiert handeln.

Hier kommen wir zum entscheidenden Problem: Den meisten Unternehmen fehlt es nicht an Informationen. Die Informationen befinden sich nur nicht an der richtigen Stelle. Sie bleiben irgendwo im machtpolitischen Dickicht der Organisation stecken und können aus diesem Grunde nicht rechtzeitig zur Kenntnis genommen, geschweige denn konsequent verarbeitet werden. Die interne Vernetzung im Unternehmen durch Kommunikation sicherzustellen, das Unternehmen kommunikativ zu durchdringen, ist daher eine der wichtigsten Führungsaufgaben in erneuerungsfähigen Unternehmen. Dabei müssen die Führungskräfte ihre Mitarbeiter weit über deren Arbeitsbereich hinaus informieren. In erneuerungsfähigen Unternehmen schafft das Management systematisch eine Vielfalt lateraler und hierarchieübergreifender Kommunikationsmöglichkeiten. Diese Gestaltung des betrieblichen Kommunikationsraums ist die vordringlichste Aufgabe des Managements. Es geht um das Design von Kommunikationsforen und Dialogplattformen innerhalb des Unternehmens, aber auch über die Grenzen des Unternehmens hinaus (»Open Innovation« und »Open Organizing«). Wer Innovationen in das Unternehmen bringen möchte, muss verstehen, wie man die Beziehungen der Mitarbeiter untereinander und mit dem für das Unternehmen relevanten Umfeld lebendig gestalten kann.

Die Mitarbeiter können dann auf diesen Kommunikations- und Dialogplattformen (offline und online) ihr Verständnis für die ineinandergreifenden Funktionen des komplexen Gesamtsystems vertiefen. Und das wiederum hilft ihnen, ganz

Zweites Prinzip:
Kommunikation und Vernetzung intensivieren

neue Ideen zu entwickeln und unerwartete Ereignisse effizient zu bewältigen. Alle Beteiligten sind über aktuelle Entwicklungen im Unternehmen und den Fortgang der Innovationsbemühungen informiert und in gutem Austausch mit dem Umfeld des Unternehmens. Ein Unternehmen, so schreibt der Kommunikationsberater Klaus Doppler, ist dem menschlichen Körper vergleichbar, der bis in die letzten Winkel über ein hoch differenziertes System von Adern und Nerven verfügt, das zu jeder Zeit mit allen notwendigen Informationen versorgt wird (vgl. Doppler/Lautenburg 2002). Das erreichen Sie aber nicht nur durch gute Führung und eine kommunikationsfreundliche Gestaltung der Organisation. Sie brauchen zudem die Bereitschaft der Mitarbeiter, sich an diesem Vernetzungsprojekt aktiv zu beteiligen. In erneuerungsfähigen Unternehmen sind die Mitarbeiter dazu bereit, ihr Wissen transparent zu machen und mit anderen zu teilen. Dies verdeutlicht, dass Erneuerungsfähigkeit immer eine Kulturfrage ist, in der es um Offenheit und ein hohes Maß an Vertrauen zwischen Mitarbeitern und Führungskräften sowie unter den Mitarbeitern geht.

Architektur befördert Kommunikation – Mauern bestimmen das Bewusstsein

Die Architektur eines Unternehmens hat entscheidenden Einfluss auf die Kreativität der Mitarbeiter. Räume können offene Kommunikation und Kreativität fördern – oder eben auch verhindern. Dem amerikanischen Unternehmer John Rockefeller wird der Ausspruch zugeschrieben: »Kleinliche Gebäude beherbergen kleinliche Gedanken.« Menschen, die morgens über einen gesichtslosen Büroflur laufen, um dann in ihrer Arbeitszelle zu verschwinden, werden nur unter Mühe kreative Höchstleistungen erbringen.

Wie sehr Architektur die Zusammenarbeit der Mitarbeiter unterstützen kann, zeigen mittlerweile viele positive Beispiele. Das Pharmaunternehmen Novartis hat mit dem Novartis-Campus in Basel eine innovative Gebäudegestaltung gewagt. Nicht nur die Büros, Besprechungsräume und Labore, sondern das gesamte Areal des Campus in Basel ist so konzipiert, dass sich Mitarbeiter und Mitarbeiterinnen aus verschiedenen Bereichen und über Hierarchiegrenzen hinweg zufällig begegnen, informell austauschen können, voneinander lernen und so neue Ideen entwickeln (eine Campus-Tour findet sich unter http://campus.novartis.com/#/tour/basel).

Google hat das Konzept des »total workspace« entwickelt. Dieses Konzept wird weltweit unterschiedlich von lokalen Architekten umgesetzt, weshalb das Büro von Google in New York völlig anders aussieht als das in London oder in Zürich. Anders als viele Unternehmen mit zukunftsweisenden Bürokonzepten verbindet Google die Idee der offenen Bürolandschaften (»open space«) mit eigenen Schreibtischen für jeden Mitarbeiter. So sitzen zum Beispiel in Hamburg immer 30 Mitarbeiter in einer Büroeinheit. Auf jedem Stockwerk gibt es Kommunikationsecken, ruhige Bereiche für

Besprechungen, Kreativräume und Räume für Videokonferenzen. Die weltweit unterschiedlichen Bürowelten kann man sich unter www.camenzindevolution.com/ger/Office ansehen.

In Zürich hat die Credit Suisse das Smart-working-Konzept, das ähnlich innovativ ist wie das von Google, sich von diesem aber in einem zentralen Punkt unterscheidet: Hier gehört alles allen. Der Chef muss sich genauso wie der Praktikant jeden Tag einen Platz zum Arbeiten suchen. Grundsätzlich wurden Schreibtische für jeden einzelnen abgeschafft. Stattdessen können die Mitarbeiter jetzt zwischen verschiedenen Angeboten wählen: Homezones, Think Tanks, Stand-up-Meeting-Points, Quiet Zones, Business Gardens, Lounge Area, Work-meets etc. Das Pilotprojekt mit diesen verschiedenen Arbeitszonen kam bei den Credit-Suisse-Mitarbeitern so gut an, dass die Bank das Konzept nun auf andere Standorte erweitert (www.camenzindevolution.com/ger/Office).

Erneuerung entsteht im Dialog

Einer alleine kann keine Kunst machen.
Kunst ist weitgehend davon abhängig,
dass man seine Ideen mit anderen austauschen kann.«

(Max Ernst)

In seinem bemerkenswerten Buch »Der Teil und das Ganze« formuliert der Physiker und Nobelpreisträger Werner Heisenberg den Gedanken, dass Wissenschaft immer im Gespräch entsteht. Im Vorwort präzisiert er diesen Gedanken weiter: »Naturwissenschaft beruht auf Experimenten, sie gelangt zu ihren Erkenntnissen durch die Gespräche der in ihr Tätigen, die miteinander über die Deutung der Experimente beraten« (Heisenberg 1972, S. 9). Dieses Zusammenwirken sehr verschiedener Menschen in Gesprächen könne, so Heisenberg weiter, zu wissenschaftlichen Ergebnissen von großer Tragweite führen. Heisenberg schildert eine ganze Fülle von Gesprächen, die er im Laufe seines Lebens mit den Physikern Pauli, Einstein, Bohr und anderen großen Wissenschaftlern geführt hat. Diese Gespräche, von denen Heisenberg schreibt, dass sie sein Denken nachhaltig geprägt hätten, haben viele bahnbrechende Theorien hervorgebracht. Dieses Beispiel verdeutlicht das enorme Potenzial des Dialogs. Neuere Forschungsbefunde des MIT-Professors Tom Malone bestätigen dies. Malone und seine Kollegen kommen zu dem Ergebnis, dass der IQ eines Teams in der Regel höher ist als der IQ der einzelnen Teammitglieder (vgl. Malone et al. 2010). Dabei hänge die Höhe des Team-IQ entscheidend von den sozialen Kompetenzen der Teammitglieder ab. Teams mit einem hohen Anteil an Frauen schneiden, so der empirische Befund, meist besser ab. Auch die neueren Ergebnisse der Science Studies zeigen eindrucksvoll, dass im Alltag der Wissenschaft nicht nur mentale Prozesse, sondern vor allem Dialoge mit Kollegen und Kolleginnen ganz wesentlich für die Entdeckung des Neuen sind. Der wissenschaftliche Fortschritt vollzieht sich den Ergebnissen dieser Forschung zufolge in offenen Dialogformen (Reichertz 2013, S. 30 ff.).

Der Dialog ist ein sehr altes Konzept, das schon im klassischen Griechenland hohes Ansehen genoss und auch heute noch in vielen Kulturen wie beispielsweise bei den nordamerikanischen Indianern praktiziert wird. In der modernen Welt wird die Kunst des Dialogs jedoch viel zu selten praktiziert, weshalb die Dialogkompetenz dort verloren zu gehen droht. Der Quantenphysiker David Bohm hat eine Theorie und Methode des Dialogs entwickelt (Bohm 1965; vgl. auch Senge 1996, S. 290 ff.). Der Begriff Dialog geht auf das griechische *dialogos* zurück. *Dia* bedeutet »durch«. *Logos* bedeutet »das Wort« oder allgemeiner »der Sinn«. Bohm zufolge bedeutet Dialog in seiner ursprünglichen Bedeutung »sich bewegender oder durchlaufender Sinn. Ein freies Fließen von Sinn zwischen Menschen, wie bei einem Strom, der zwischen zwei Ufern fließt« (Senge 1996, S. 293). Etwas anders formuliert, kann der Dialog auch als kollektive Erforschung von Alltagserfahrungen und scheinbaren Selbstverständlichkeiten verstanden werden. Beim Dialog erhält die Gruppe Zugang zu einem größeren Reservoir an gemeinsamem Sinn, der dem Einzelnen nicht zugänglich ist. Der Mehrwert des Dialogs besteht darin, über die Grenzen des individuellen Verstehens hinauszukommen, so David Bohm in einem Gespräch mit dem Organisationsforscher Peter Senge: »Bei einem Dialog versucht man nicht zu gewinnen. Alle gewinnen, wenn sie es richtig machen. Bei einem Dialog gelangt der einzelne zu Einsichten, die er allein einfach nicht erreichen könnte. Es entsteht eine neue Form des Denkens, die auf der Entwicklung eines gemeinsamen Sinns beruht. Die Menschen befinden sich nicht länger in Opposition zueinander, auch kann man nicht sagen, dass sie interagieren. Sie beteiligen sich vielmehr an diesem Reservoir gemeinsamen Sinns, der sich beständig weiterentwickeln und verändern kann.«

In diesem gemeinsamen Erforschen unterscheidet sich der Dialog vom Diskurs, in dem es darum geht, dass einer der Beteiligten recht hat. Beim Dialog, so Bohm, betrachtet eine Gruppe schwierige, komplexe Fragen unter vielen verschiedenen Blickwinkeln. Der Einzelne legt sich nicht auf seine Meinung fest, aber er teilt seine Annahmen offen mit. Das führt dazu, dass die Beteiligten die ganze Fülle der Erfahrungen und des Denkens ungehindert erforschen und an die Oberfläche bringen können, und dadurch weit über die individuelle Meinung hinausgelangen. Beim Dialog werden die Beteiligten zu Beobachtern ihres eigenen Denkens.

Erneuerung braucht formelle und informelle Netzwerke

Auf die zunehmende Dynamik und Komplexität der Umweltanforderungen haben die meisten Unternehmen mit einer Erhöhung ihrer Eigenkomplexität reagiert. Eine steigende funktionale Differenzierung der Organisation ist das Resultat dieser Erhöhung der Eigenkomplexität. Immer mehr Spezialfunktionen entstehen, da das Wissen immer differenzierter wird. Diese zunehmende funktionale Differenzierung erzeugt jedoch ein fundamentales Folgeproblem – nämlich das Problem, diese vielen Spezialfunktionen wieder zu einem großen Ganzen zu integrieren. Diese Integrationsleistung ist umso wichtiger, weil die funktionale Differenzierung mit einer steigenden Interdependenz der unterschiedlichen Teilbereiche einhergeht. Das bisherige Vorgehen, Integration durch Hierarchie herzustellen, überfordert die Organisation angesichts der hoch differenzierten Subsysteme zunehmend. Aus diesem Grunde sind neue Formen der horizontalen und lateralen Integration gefragt. Wenn wir daher über die Notwendigkeit des weiteren Aus- und Aufbaus einer Lern- und Innovationsinfrastruktur sprechen, die Selbstbeobachtung und Selbstthematisierung ermöglicht, dann muss diese Infrastruktur zwingend kollaborativ, das heißt die Gesamtorganisation verbindend konzipiert werden. Erneuerungsfähige Organisationen müssen viel Raum und Chancen für die Entwicklung formeller wie informeller Netzwerke bieten. Dies bestätigen die Forschungsergebnisse von Gerald Hüther (2009), Professor für Neurobiologie und Hirnforschung an der Universität Göttingen. Seiner Ansicht nach gleichen Unternehmen, die langfristig erfolgreich sind, lernfähigen Gehirnen. Lösungsversuche gelingen im Gehirn dann am besten, so die Forschungsergebnisse von Hüther, wenn viele und weit voneinander entfernt liegende neuronale Netzwerke gleichzeitig aktiviert werden. Zahlreiche bisher getrennt abgelegte Wissens- und Gedächtnisinhalte werden also gleichzeitig abgerufen. Und die regionalen neuronalen Netzwerke, die für die Aktivierung dieser Inhalte erforderlich sind, werden auf eine neue Weise miteinander verknüpft. Kreativ sein heißt demnach nicht in erster Linie, Neues zu erfinden, sondern vielmehr bislang getrenntes Wissen neu miteinander zu verbinden. Dabei gilt: Je mehr Zellen miteinander vernetzt sind, desto eher können sie neue Ideen hervorbringen.

Damit ein kreativer Prozess gelingt, muss man zum einen über ein möglichst reichhaltiges Spektrum unterschiedlicher Erfahrungen verfügen und zum anderen spielerisch mit diesem Wissen umzugehen verstehen. Für das Management bedeutet das, so die Schlussfolgerung Gerald Hüthers: Es muss versuchen, das unterschiedliche Know-how im Unternehmen immer wieder neu zu mischen, zum Beispiel indem es durch »Abteilungshospitanzen« Schnittstellen bildet, abteilungsübergreifende Teams aufstellt oder die Organisationsmitglieder in Großgruppenkonferenzen vernetzt.

Zweites Prinzip:
Kommunikation und Vernetzung intensivieren

»Optimierung durch maximale Beteiligung« heißt aus diesem Grunde die Devise in erneuerungsfähigen Unternehmen. Die Grundannahme, die dahinter steht, lautet: Erneuerung entsteht in einem evolutionären Prozess, der sich dem Willen einzelner Macher entzieht. Arbeiten muss daher zunehmend in Netzwerken erfolgen, was produktiv und aufregend sein kann, mitunter aber auch sehr anstrengend ist. Diese verstärkte Netzwerkarbeit darf ferner nicht auf das eigene Unternehmen beschränkt bleiben. Erneuerungsfähige Unternehmen weisen eine große Zahl sogenannter Boundary Spanner auf. Dabei handelt es sich um Mitarbeiter und Führungskräfte, die über ein Netzwerk verfügen, das weit über die Grenzen der eigenen Organisation hinausreicht. Über diese Boundary Spanner erhält das Unternehmen Zugang zu anderen sozialen Netzwerken. Boundary Spanner sind gewissermaßen Makler zwischen voneinander getrennten und nur intern verbundenen Gruppen – zum Beispiel zwischen Wissenschaft und Wirtschaft, zwischen Politik und Wirtschaft oder zwischen sehr unterschiedlichen Branchen, die zunächst nichts miteinander zu tun haben. Boundary Spanner übernehmen damit eine Brückenfunktion zwischen getrennten Bereichen und ermöglichen so einen äußerst fruchtbaren Austausch.

Der Medici-Effekt und der Mitarbeiteraustausch von Google und Procter & Gamble

Wie wir gesehen haben, zeichnen sich erneuerungsfähige Unternehmen dadurch aus, dass sie über reichhaltige formelle und informelle Netzwerke quer zu Funktionen, Hierarchien und Wissensbereichen verfügen. Der Forscher und Unternehmensberater Frans Johansson (2004) beschreibt dieses Phänomen in seinem jüngsten Buch als den »Medici-Effekt«. Er bezieht sich dabei auf die äußerst kreative Phase im Florenz der Renaissance, die sich der Tatsache verdankt, dass die Familie der Medici Menschen aus unterschiedlichsten Wissensbereichen zusammenbrachte: Bildhauer, Wissenschaftler, Schriftsteller, Philosophen, Maler und Architekten. Die Medici waren äußerst erfolgreiche Boundary Spanner. Als die sehr unterschiedlichen Persönlichkeiten aufeinandertrafen, entwickelten sich an den Schnittstellen ihrer jeweiligen Fachbereiche neue Ideen, die zusammengenommen die Renaissance begründeten, eine der erfindungsreichsten Epochen in der Geschichte der Menschheit. Für Johansson steht das Florenz der Medici exemplarisch für ein extrem »schöpferisches Klima«. Seine Kernthese lautet, dass grundlegende Innovationen immer dort entstehen, wo sich unterschiedliche Menschen, Kulturen und Disziplinen begegnen. Diese Schnittstellen bezeichnet er als »intersections«, was man auch mit »Überschneidungspunkte« übersetzen kann. Das Florenz der Medici war ein solcher Überschneidungspunkt, an dem verschiedene Kulturen, Denkweisen und Disziplinen zu einem Dialog zusammenströmten. Sie verbanden sich miteinander und bewirkten, dass etablierte Konzepte aufeinanderprallten, wodurch sich eine Vielfalt an neuen, bahnbrechenden Ideen zu entwickeln vermochte. Das Potenzial für unkonventionelle Ideen ist demnach umso höher, je mehr Personen aus komplett unterschiedlichen Bereichen zusammentreffen und eine sogenannte »kognitive Diversität« bilden.

Diese Idee der »kognitiven Diversität« haben zwei amerikanische Unternehmen aufgegriffen, wie sie unterschiedlicher nicht sein können: Google und Procter & Gamble. Das Internetunternehmen und der Konsumgüterhersteller haben erkannt, dass es äußerst wertvoll sein kann, wenn die Mitarbeiter eine Auszeit nehmen, um einen völlig anderen Unternehmenskontext zu erfahren. Deshalb haben Google und Procter & Gamble vor einiger Zeit eine Aktion ins Leben gerufen, die so einfach wie genial ist und das Potenzial von Boundary Spannern in beiden Unternehmen erhöht: Sie tauschen Mitarbeiter und manchmal auch ganze Arbeitsteams aus – immer für eine begrenzte Zeit mit dem Ziel, wechselseitig voneinander zu lernen (Förster/Kreuz 2014, S. 229). Was diese Idee so interessant macht, ist der Umstand, dass beide Unternehmen hinsichtlich ihrer Geschäftsmodelle und ihrer Unternehmenskultur unterschiedlicher kaum sein könnten. Procter & Gamble, 1837 gegründet, ist ein »Oldie« in der Old Economy und mittlerweile der weltweit größte Konsumgüterhersteller, der von der Zahnpasta über die Windel bis zum Wick-Hustenbonbon hunderte von Produkten des täglichen Lebens herstellt. Ganz anders Google: Der Internetgigant, 1998 gegründet, besitzt außer Google und YouTube keine bekannten Marken und hat bislang mit der Produktion von »Hardware« – in welcher Form auch immer – überhaupt nichts zu tun. Und genau dieser grundlegende Unterschied macht das Experiment des Mitarbeiteraustausches für beide Unternehmen so interessant. In Sonntagsreden sprechen viele Führungskräfte von Offenheit und dem Verlassen alter Denk- und Handlungsmuster. In der Realität haben immer noch wenige den Mut, sich für andere zu öffnen oder umgekehrt von anderen zu lernen. Google und Procter & Gamble sind hier unbestritten Vorreiter. Sie wagen es, Grenzen zu überschreiten, und versuchen dadurch den »Medici-Effekt« für sich zu nutzen.

Das amerikanische IT-Unternehmen IBM hat schon früh erkannt, welchen Nutzen formelle und informelle Netzwerke für die Erneuerungsfähigkeit des Unternehmens haben. Die Firma hat daher Settings entwickelt, die ein informelles Zusammenkommen ermöglichen. Seit 2006 unternimmt sie regelmäßig Versuche, um neue Entwicklungen der IT in solchen Netzwerken zu erkunden. Auf der Website IBM-»Jam Events« stehen die beindruckenden Zahlen (www.collaborationjam.com): 2006 nahmen mehr als 150 000 Mitarbeiter aus 104 Ländern an sogenannten »Innovation Jams« teil. Viele Themenseiten wurden in den Jams von Experten und Managern gehostet. Dabei galt es, die »Intelligenz der Vielen« systemisch zu nutzen. Aus alledem entstanden schließlich konkrete Innovationsprojekte. Natürlich gab es bei diesem Jam auch jede Menge kontroverse Diskussionen und unbe-

Zweites Prinzip:
Kommunikation und Vernetzung intensivieren

queme Meinungen. Das alles wurde aber nicht als unproduktiv unterdrückt, sondern als produktive Grundlage für eine kluge Strategie betrachtet. Der ehemalige Cheftechnologe von IBM, der Deutsche Gunter Dueck, schreibt zum Ertrag dieser Jam-Events: »Ich glaube, dass die Hoffnung verwegen wäre, in einer solchen Veranstaltung nobelpreisreife Ideen zu ernten (...). Ein Jam ist wohl eher nicht eine große Ernte von Ideen, aber eine wundervolle gigantische Möglichkeit, sich zu vernetzen, beizutragen und auch sofortiges Feedback zu bekommen. (...) Drei Tage Jam! Nur schwelgen im Neuen, in Diskussionen, in direktem Kontakt zum gesamten höheren Management und allen Top-Techies! Das gibt eine Art Bad in Neuem, eine innere Inspiration und eine Vernetzung bisher nur losen Wissens. Ein Jam stärkt das Bewusstsein für die Innovationskraft der eigenen Firma, die Mitarbeiter verstehen die neuen Entwicklungen und sehen sie in einem größeren Rahmen. (...) es geht in einem Jam mehr um den Spirit der Firma« (Dueck 2013, S. 252).

Ein Innovations-Jam ist eine Methode zur Arbeit mit großen Gruppen. In diesem Fall wird die Arbeit durch moderne IT-Systeme technisch unterstützt. Die Organisationsentwicklung hat seit den 90er Jahren eine ganze Reihe weiterer Großgruppenmethoden entwickelt, die man mittlerweile als die »Big Five« bezeichnet (eine hervorragende Darstellung dieser Methode findet sich bei Hinnen/Krummenacher 2012):

1. die Zukunftskonferenz (Weisbord 1995)
2. die »Open Space Technology« (Harrison Owen 1997, 2001)
3. Die Real Time Strategic Change Conference (Bonsen 2003)
4. das World Café (Brown/Isaacs 2007)
5. der Appreciative Inquiry Summit (Cooperrider/Whitney 1999)

Die Entwicklung der Großgruppenmethoden ist eine Antwort auf den erhöhten Integrationsbedarf komplexer Organisationen. Großgruppenmethoden ermöglichen, dass sich das System wieder »als Ganzes« sieht und »als Ganzes« interagiert. Großgruppenmethoden ermöglichen Führungskräften und Mitarbeitern die Überschreitung hierarchischer Strukturen und die Entwicklung einer Perspektive auf die Gesamtorganisation. Und bitte behalten Sie immer im Kopf: Die Visionäre von gestern werden aller Wahrscheinlichkeit nach nicht diejenigen sein, die Chancen und Veränderungen von morgen erkennen. In dem Maß, wie die wirtschaftliche Umgebung immer komplexer wird, wird es auch immer schwieriger für eine kleine Gruppe von Managern, die Erneuerung der Organisation alleine voranzutreiben. Aus diesem Grund muss die Verantwortung für die Zukunft der Organisation möglichst breit verteilt sein, was für den noch breiteren Einsatz von Großgruppen Events (offline und zukünftig noch stärker online) spricht.

Übung

Stellen Sie sich die folgenden drei Fragen:

- Wer in meiner Organisation sind die vier oder fünf Personen, mit denen ich eine Veränderung bewirken kann?
- Wie kann ich mich mit ihnen vernetzen?
- Welche Barrieren müsste ich beseitigen, damit diese Kerngruppe wirksam werden kann?

Empfohlene Websites

www.analytictech.com

Analyse der positiven Energie in den Netzwerken Ihres Unternehmens
Kim Cameron von der University of Michigan hat die UCINET-Software entwickelt, mit der Sie die positive Energie in Ihrem Unternehmen oder ihrer Abteilung messen können. Die Software kann unter dem oben angegebenen Link kostenlos heruntergeladen werden und ist sehr einfach zu bedienen.

www.HUMAXnetworks.com

- Analyse der bereichsübergreifenden Netzwerke Ihres Unternehmens
Unter diesem Link können Sie eine Software herunterladen, mit der Sie die bereichsübergreifende Zusammenarbeit in Ihrem Unternehmen messen können. Die Software wurde von Wayne Baker, Professor an der University of Michigan, entwickelt. Er beschäftigt sich mit der Bedeutung von sozialem Kapital in Unternehmen. Baker fand in seinen Forschungen heraus, dass die Erneuerungsfähigkeit mit der Zunahme der bereichsübergreifenden Zusammenarbeit in einem Unternehmen wächst.

www.collectivewisdominitiative.org

- Kollektive Weisheit im Unternehmen
Die Website wurde 2002 von der Collective-Wisdom-Initiative mit Unterstützung des Fetzer Institute entwickelt und dient dem Zweck, das Feld des kollektiven Wissens auszubauen. Auf der Website finden sich viele Hinweise zur einschlägigen Literatur über kollektive Weisheit und über die Methoden der Umsetzung in Veränderungsprozessen.

Zweites Prinzip:
Kommunikation und Vernetzung intensivieren

Assessment-Vorlage »Kommunikation und Vernetzung«

Wie treffend beschreibt jede der folgenden Aussagen Ihr Unternehmen *oder* Ihre Abteilung? (Bitte bewerten Sie entweder Ihr Unternehmen oder Ihre Abteilung.) Tragen Sie neben jeder der unten aufgeführten Aussagen die Zahl ein, die Ihrer Meinung nach zutrifft:

1 = trifft überhaupt nicht zu
2 = trifft eher nicht zu
3 = teils/teils
4 = trifft eher zu
5 = trifft voll und ganz zu

1. Informationen fließen bei uns im Unternehmen/in der Abteilung offen und schnell.	
2. Die Mitarbeiter in meinem Unternehmen/meiner Abteilung bekommen alle wichtigen Informationen, die sie für die Verrichtung ihrer Arbeit benötigen.	
3. In meinem Unternehmen/meiner Abteilung kann ich vertrauensvoll über Probleme bei der Arbeit sprechen, ohne dass meine Aussagen später zu meinem Nachteil verwendet werden.	
4. Ich erhalte von meinen Kollegen eine angemessene Rückmeldung darüber, wie sie die Qualität meiner Arbeit sehen.	
5. Wenn ich ein Problem zu lösen habe, kann ich bei uns im Unternehmen/in der Abteilung in Erfahrung bringen, wer mir dabei helfen kann.	
6. Die Mitarbeiter in unserem Unternehmen/unserer Abteilung verfügen über viele formelle und informelle Kontakte.	
7. Die Führungskräfte in meinem Unternehmen/meiner Abteilung sind für mich leicht erreichbar.	
8. In meinem Unternehmen/meiner Abteilung gibt es ein hohes Maß an bereichsübergreifender Kommunikation.	
9. Die Grenzen zwischen Abteilungen und Bereichen sind in unserem Unternehmen durchlässig.	
Gesamt	

Ergebnis Addieren Sie die Punktezahl. Liegt das Ergebnis unter 19, findet in Ihrem Unternehmen/ihrer Abteilung wenig Kommunikation und Vernetzung statt und Sie sollten überlegen, wie Sie dies verbessern könnten. Liegt das Ergebnis zwischen 19 und 36, ist die Kommunikation und Kooperation in Ihrem Unternehmen/ Ihrer Abteilung mäßig ausgeprägt. Ergebnisse, die höher als 36 liegen, weisen auf eine gute bis sehr gute Kommunikation und Vernetzung hin.

Drittes Prinzip: Vielfalt zulassen und Paradoxien pflegen

»*Das Gleiche lässt uns in Ruhe,
aber der Widerspruch ist es, der uns produktiv macht.*«

(Johann Wolfgang Goethe)

Entwickeln Sie Vielfalt und fördern Sie Diversität

Die anpassungsfähigsten Erscheinungsformen auf diesem Planeten sind seine Lebewesen. Sie haben Meteoriteneinschläge überstanden und Naturkatastrophen überlebt. Obwohl die Lebewesen mit Ausnahme des Menschen weder planen noch Vorhersagen treffen, haben sie es geschafft, all dies zu überleben. Für unser Thema der kontinuierlichen Erneuerungsfähigkeit können wir daraus lernen, dass es auf Vielfalt ankommt. Genetische Vielfalt ist die Versicherung der Natur gegen das Unerwartete. Die Natur stellt mit einem hohen Grad an biologischer Diversität sicher, dass es immer ein paar Organismen gibt, die sich den veränderten Umständen anpassen vermögen. Doch Evolutionsbiologen sind nicht die einzigen, die bestätigen, dass ein System umso unempfindlicher gegenüber Veränderungen in seiner Umwelt ist, je mehr Handlungsmöglichkeiten es hat. Anpassungsfähigkeit hängt demnach entscheidend von Vielfalt ab. Es wird Vielfalt benötigt, um Vielfalt zu beherrschen, so sagt uns die Systemtheorie wie auch die moderne Kybernetik. Nach Williams Ross Ashby, einem britischen Psychiater und Pionier der Kybernetik, kann ein System umso mehr Störungen in seiner Umwelt ausgleichen, je größer seine Handlungsmöglichkeiten sind (vgl. Ashby 1974). Auch die Fähigkeit einer Organisation, sich Veränderungen anzupassen, hängt von der Anzahl ihrer Handlungsmöglichkeiten ab. Diese Handlungsmöglichkeiten vergrößern sich mit der Zahl der unterschiedlichen Perspektiven, die in der Organisation präsent sind. Für die Erneuerungsfähigkeit von Organisationen sind daher nicht Integration und Angleichung der Perspektiven im Management und bei den Mitarbeitern erforderlich, sondern im Gegenteil: Unterschiedlichkeit. Die Managementsysteme der Zukunft müssen Diversifizierung, Meinungsverschiedenheiten und Abweichungen von der Norm als ebenso wertvoll erachten wie Konformität, Konsens und Zusammenhalt.

Erneuerungsfähige Unternehmen achten darauf, eine große Vielfalt an Erfahrungen, Werten und Fähigkeiten unter ihrem Dach zu versammeln, um unkonventionelle Ideen hervorzubringen und Neues auszuprobieren. Meinungsvielfalt und Diversität sind für sie die zentrale Quelle für kontinuierliche Veränderung. Wenn

Drittes Prinzip:
Vielfalt zulassen und Paradoxien pflegen

sich Gleich zu Gleich gesellt, springt kein kreativer Funke über, sagt der Volksmund. Wenn hingegen ungleiche Pole aufeinandertreffen, kommt es oft zu einer inspirierenden Friktion, aus der das Neues entstehen kann. Sie wissen: Wer in einem dynamischen Umfeld arbeitet, braucht mannigfaltige, komplexe Sensoren, um die sich ständig ändernden Umweltanforderungen zu erkennen. Einfache Erwartungen führen zu vereinfachten Wahrnehmungen. Erneuerungsfähige Organisationen zeichnen sich aber gerade dadurch aus, dass sie eine deutliche Abneigung gegen vereinfachende Interpretationen haben.

Der gezielte Aufbau von Varietät entspricht der Idee, die Nassim Taleb, der große Skeptiker unter den Zukunftsforschern, seinem Opus Magnum »Antifragilität« (2014) zugrunde legt. Hochgezüchtete Monokulturen sind, so Nassim Taleb, anfällig für externe Shocks. Diversifizierte Ökotope könnten solche externen Shocks nicht nur besser verarbeiten, sondern sogar noch daran wachsen, was sie weniger verwundbar mache. Weil die Zukunft, so Taleb, immer noch etwas unerwarteter ist als wir annehmen, braucht es ein breit aufgestelltes Portfolio an Zukunftsoptionen. Umgekehrt macht zu viel Planung Unternehmen verwundbar für sogenannte »schwarze Schwäne«, unwahrscheinliche Entwicklungen und außerplanmäßige Innovationsschocks. Im Unterschied zur Zunft der Trend- und Zukunftsforscher sowie der Strategieberater ist Taleb deshalb auch kein großer Freund strategischer Planung. Diese mache das Unternehmen blind für Optionen, indem es sich selbst fessele und auf einen inopportunen Pfad festlege. Ähnlich hatte das viele Jahre vor Nassim Taleb schon der Schweizer Dichter Friedrich Dürrenmatt am Ende seines Romans »Die Physiker« formuliert und zur Grundlage seiner Dra-

Abb. 6: Think different (© Randy Glasbergen)

mentheorie gemacht. In seinen 21 Punkten zu dem Theaterstück »Die Physiker« schreibt Dürrenmatt: »Je planmäßiger die Menschen vorgehen, desto wirksamer vermag sie der Zufall zu treffen«. Und: »Planmäßig vorgehende Menschen wollen ein bestimmtes Ziel erreichen. Der Zufall trifft sie dann am schlimmsten, wenn sie durch ihn das Gegenteil ihres Ziels erreichen: das, was sie befürchteten, was sie zu vermeiden versuchten« (Dürrenmatt 1962, S. 78).

Daher bemühen sich erneuerungsfähige Unternehmen, ein Klima zu schaffen, das zu vielfältigen Analysen und Ansichten in Bezug auf die eigene Organisation, das eigene Managementsystem, die eigenen Produkte und das bisherige Geschäftsmodell anregt. Sie führen Prozesse ein, um unterschiedliche Meinungen zu hören. Sie schulen ihre Mitarbeiter darin, widersprüchliche Meinungen zu äußern und konstruktiv mit Meinungsverschiedenheiten umzugehen (vgl. Weick/Sutcliffe 2003, S. 79). Sie pflegen eine Kultur, die sich am besten mit einem Zitat von Albert Einstein beschreiben lässt: »Ein Abend, an dem sich alle Anwesenden einig sind, ist ein verlorener Abend.«

Leider finden sich abweichende Meinungen unverhältnismäßig oft auf den unteren Hierarchieebenen der Organisation, und das bedeutet auch: Diejenigen, die am ehesten unvorhergesehene Warnsignale aus dem Umfeld des Unternehmens erhalten, besitzen den geringsten Einfluss. Das ist nicht weiter tragisch, solange die kommunikativen Fähigkeiten und der gegenseitiger Respekt im Unternehmen sehr hoch sind. Überheblichkeit und Selbstgefälligkeit der Führung dagegen niedrig. In solchen Unternehmen finden nämlich auch die widersprechenden Meinungen der Basis Gehör. Skeptiker und Bilderstürmer sind in einem erneuerungsfähigen Unternehmen immer willkommen, selbst wenn sie ein wenig lästig sind. Erneuerungsfähige Unternehmen haben sogar Verfahren, die sicherstellen, dass diese Leute Zugang zum Topmanagement haben und nicht von Mitarbeitern abgeblockt werden, die ihre Aufgabe darin sehen, das Management vor unangenehmen Wahrheiten zu schützen.

Sie haben viele Möglichkeiten, die Höflinge und die sich selbst absichernden Bürokraten in ihrem Unternehmen zu umgehen. Bilden Sie zum Beispiel, wie Willibert Schleuter, der ehemalige Leiter der Elektronikentwicklung der Audi AG, ein Schatten-Managementteam, dessen Mitglieder im Schnitt 20 Jahre jünger sind als die Mitglieder des echten Managementteams. Schleuter gab diesen »jungen Wilden« die Möglichkeit, in fest institutionalisierten Feedback-Meetings (den sogenannten »Frühstücksrunden«) das Managementsystem, die Organisationsstrukturen und die Produktstrategien seines Bereichs zu beurteilen. Er fasste den Ertrag dieser Gespräche wie folgt zusammen: »Ich bohrte nach. Ich hörte mir alles an, und saugte das Feedback auf wie ein Schwamm. Bei diesen Gesprächen bekam ich extrem gute Hinweise« (Schleuter 2009, S. 137). Oder machen Sie es wie Hala Modelmog, die ehemalige Präsidentin der in Atlanta ansässigen Arby's Restaurant

Drittes Prinzip:
Vielfalt zulassen und Paradoxien pflegen

Group, die Restaurants an mehr als 3 400 Orten in den USA betreibt. Sie bildete ein Diversity-Team, das sich sowohl aus Mitarbeitern unterschiedlicher ethnischer, geografischer und sozialer Herkunft als auch aus verschiedenen Persönlichkeitstypen zusammensetzte. Von diesem »Rat der Weisen« ließ sie sich regelmäßig beraten.

Der kanadische Autor und Unternehmensberater Malcom Gladwell hat bei seinen Recherchen festgestellt, dass die besten und innovativsten Unternehmen in der Regel deshalb lang erfolgreich bleiben, weil sie Debatten und Widersprüche geradezu kultivieren. Vor dem Hintergrund dieses Befundes sieht er die Rolle des Topmanagements »in creating an atmosphere of innovation which is allowing people to be disagreeable.« Ermutigen Sie daher »Dissidenten«, ihre Meinung zu äußern, auch wenn dies im ersten Moment unangenehm für Sie ist. Meist bringen die Unzufriedenen und nicht die »Platzhirsche« Innovationen in das Unternehmen. Warum? Weil die altgedienten Führungskräfte ihre Glaubenssätze selten hinterfragen. Ein interessanter Lösungsansatz scheint also zu sein: Entwickeln Sie Managementsysteme, die ketzerische Gedanken fördern und Abweichungen legitimieren. Und verhindern Sie, dass mächtige Manager unbequeme Ideen sofort abwürgen. Auch dies ist kein grundsätzlich neuer Gedanke, wie ein Blick in die Wirtschaftsgeschichte verdeutlicht. Von Alfred P. Sloan, der von 1923 bis 1937 CEO von GM war, wird berichtet, dass er Vorstandssitzungen, in denen man sich schnell einig wurde, wie folgt beendete: »I take it we are all in complete agreement on the decision here ... Then I propose we postpone further discussion of this matter until our next meeting to give ourselves time to develop disagreement and perhaps gain some understanding of what the decision is all about« (zit. nach Schoemaker/Krupp 2015, S. 4).

»Groupthink« oder wenn Konsens zum Problem wird

*Ein König soll einen Minister entlassen,
der ihm nicht widerspricht.«*

(Konfuzius)

Der Begriff »Groupthink« stammt von dem Psychologen Irving Janis, der an der University of California in Berkeley forschte. Janis fragte sich, warum Gruppen mit kompetenten und intelligenten Mitgliedern manchmal desaströse Entscheidungen treffen. Er entwickelte seine Theorie, als er eines der größten Fiaskos der amerikanischen Außenpolitik analysierte: die Invasion der Schweinebucht im Jahr 1961. Exilkubaner wollten damals mit Unterstützung der CIA in Kuba landen und die revolutionäre Regierung Castros stürzen. Doch die Invasion scheiterte völlig.

Erstaunlich sei weniger, so die Forschungsergebnisse von Janis, dass die Invasion schieflief, als dass ein so absurder Plan überhaupt entwickelt und umgesetzt werden konnte. Janis arbeitete heraus, dass sämtliche Annahmen falsch waren, die für diese Invasion sprachen.

Das Fiasko ist seiner Ansicht nach auf dysfunktionale Interaktionsmuster innerhalb des Planungsstabs des amerikanischen Militärs zurückzuführen, die er als »Gruppendenken« bezeichnet. Beim Gruppendenken versucht die Gruppe, Konflikte gar nicht erst aufkommen zu lassen. Sie will einen Konsens erreichen, ohne Ideen angemessen kritisch zu bewerten, zu analysieren und zu testen. Unterschiedliche Sichtweisen und kreative Ansätze gehen dabei völlig verloren. Querdenken ist unerwünscht. Dabei ist es nicht etwa so, dass die Gruppenmitglieder sich unter Zwang fühlen. Sie wollen sich vielmehr der Gruppe so sehr verbunden, dass sie es von vornherein vermeiden, in eine Konfliktsituation zu geraten. Neben einer hohen Gruppenkohäsion wird Gruppendenken durch zwei weitere Faktoren verursacht: zum einen durch strukturelle Fehler der Organisation bei der Personalauswahl (z. B. gleicher sozialer und ideologischer Hintergrund der Gruppenmitglieder) und zum anderen durch einen provokativen Kontext (z. B. hoher psychischer Stress). Diese Faktoren bewirken ein starkes Streben nach Einmütigkeit und können in drei Kategorien unterteilt werden:

o »Selbstüberschätzung der Gruppe« (z. B. die Illusion der Unverwundbarkeit)
o »Engstirnigkeit« (z. B. kollektive Rationalisierungen)
o »Druck in Richtung Uniformität« (Druck auf Abweichler ausüben)

Alle diese Faktoren können zu gravierenden Fehlern im Entscheidungsprozess führen.

Es gibt eine ganze Reihe konkreter Maßnahmen, um Gruppendenken in Organisationen zu verhindern. Janis nennt folgende Möglichkeiten:

o Ermuntern Sie jeden, ein kritischer Gutachter zu sein. Das ermöglicht allen Gruppenmitgliedern, ihre Bedenken offen zu äußern.
o Halten Sie sich als Führungskraft mit Ihrer eigenen Meinung zurück, wenn Sie der Gruppe Aufgaben geben.
o Bilden Sie voneinander unabhängige Gruppen, die an demselben Problem arbeiten.
o Untersuchen Sie alle aussichtsreichen Optionen gründlich und unvoreingenommen.
o Jedes Gruppenmitglied bespricht die Ideen der Gruppe vertrauensvoll mit Menschen außerhalb der Gruppe und meldet das Ergebnis dieser Gespräche zurück in die Gruppe.

Drittes Prinzip:
Vielfalt zulassen und Paradoxien pflegen

- Laden Sie externe Experten zu Ihren Meetings ein. Sie dürfen bzw. sollen die Sicht der Gruppe kritisieren.
- Weisen Sie einem Gruppenmitglied die Rolle des Advocatus Diabolus zu. Die Rolle wechselt mit jedem Meeting.

Lernen Sie, Widersprüche zu lieben – Denken Sie im Sowohl-als-auch

»Es gibt zwei Arten von Wahrheit.
Bei der flachen ist das Gegenteil von einer wahren Aussage falsch.
In der tieferen ist das Gegenteil von einer wahren Aussage ebenso wahr.«

(Niels Bohr)

Bereits vor gut 20 Jahren hat der Managementtheoretiker und Organisationsforscher Charles Handy in einem seiner bekanntesten Bücher »Die Fortschrittsfalle« (1994) selbstkritisch eingeräumt: »Ich selbst habe Bücher geschrieben, in denen ich behauptete, es müsse eine richtige Methode zur Führung von Organisationen und unseres Lebens geben, auch wenn wir noch nicht so genau wüssten, wie diese auszusehen hätte. Ich war fasziniert vom Mythos der Wissenschaft, von der Vorstellung, dass man theoretisch alles verstehen, vorhersagen und daher auch in den Griff bekommen könne. Heute glaube ich nicht mehr an eine ›Theory of Everything‹ oder an die Möglichkeit der absoluten Perfektion. Ich verstehe Paradoxie heute als unvermeidlich, allgegenwärtig und nie endend. Je turbulenter die Zeiten, um so komplexer die Welt, desto mehr Paradoxien« (S. 24). Paradoxien seien wie das Wetter, wie etwas, mit dem man leben müsse, auch wenn man es nicht lösen könne, wie etwas, dessen schlimmste Seiten man lindern, dessen beste Seiten man genießen und als Schlüssel auf dem Weg in die Zukunft benutzen müsse. »Paradoxien müssen akzeptiert werden, man muss sich mit ihnen beschäftigen und ihnen im Leben, in der Arbeit, in der Gesellschaft Sinn geben« (Handy 1994, S. 25).

In der heutigen Welt mit ihrer steigenden Komplexität und der damit verbundenen Vervielfachung des Mehrdeutigen und Widersprüchlichen sind die Ausführungen von Charles Handy von höchster Aktualität. Die Illusion eindeutiger Gewissheiten – ein alter Traum der Moderne – lässt sich immer weniger aufrechterhalten. Die Fähigkeit, mit Widersprüchen umzugehen, wird so zu einer Kernkompetenz für Führungskräfte, aber auch für Mitarbeiter. Die Wahrung des inneren Gleichgewichts angesichts von Paradoxien ist nicht nur der Schlüssel zu größerer Effektivität, sondern auch Voraussetzung dafür, dass wir nicht irrewerden in einer sich immer schneller wandelnden Welt. Die Wissenschaft nennt diese Fähigkeit, mit Widersprüchen und Ungewissheiten umzugehen, Ambiguitätstoleranz.

Ambiguitätstoleranz, auch Widerspruchs- oder Unsicherheitstoleranz genannt, bezeichnet die Fähigkeit, mit widersprüchlichen Informationen und Doppeldeutigkeiten umzugehen. Ungewissheitstolerante Menschen können Widersprüche besser wahrnehmen und adäquat bewältigen. Sie können Dinge bewusst in der Schwebe halten. Ambiguitätstolerante Menschen umgeben sich gerne mit Menschen, die eine andere Meinung vertreten. Sie sehen diese als Bereicherung und Herausforderung an. Aus ihrer Sicht gibt es für einen Sachverhalt stets mehrere Erklärungen (vgl. Starecek 2013, S. 154).

Im Umgang mit Widersprüchen und Ungewissheit können wir viel von Leonardo da Vinci (1452–1481), einem der großartigsten Künstler der Menschheitsgeschichte, lernen. Der amerikanische Forscher und Berater Michael Gelb hat in seinem Buch »Das Leonardo Prinzip« (1998) sieben Prinzipien aus der Arbeitsweise von Leonardo da Vinci herausgearbeitet. Eines der sieben Prinzipien ist das Prinzip »Sfumato« (wörtlich: sich in Rauch auflösen) im Sinne von »Aufgeschlossenheit gegenüber Paradoxien«. Kunsthistoriker beschreiben mit ihm die verschwommene, mysteriöse Qualität, die Leonardos Gemälde auszeichnen. Das Prinzip Sfumato betont die Bedeutung der Fähigkeit, Widersprüche beziehungsweise kreative Spannungen nicht nur auszuhalten, sondern aktiv zu suchen.

Die Spannung zwischen Gegensätzen durchzieht das Werk Leonardos und gewann im Laufe seines Schaffens immer größere Bedeutung. Auf der Suche nach Schönheit erforschte Leonardo da Vinci bewusst das Hässliche in all seinen Formen. Seine Zeichnungen von Schlachten, grotesken Gestalten und Überschwemmungen stehen häufig neben Skizzen von Blumen und schönen Jünglingen. Mit wachsendem Wissen tauchte er immer tiefer in die Welt des Mehrdeutigen ein. Je bewusster sich Leonardo da Vinci des Geheimnisvollen und Widersprüchlichen wurde, desto ausdrucksvoller vermochte er es darzustellen. Ohne Zweifel erreicht die Darstellung des Paradoxen in einem seiner bedeutendsten Meisterwerke, der Mona Lisa, ihren Höhepunkt. Das Geheimnis ihres Lächelns hat im Laufe der Jahrhunderte wahre Interpretationsstürme entfesselt. Sigmund Freud schrieb, die Mona Lisa sei »die vollkommenste Darstellung der Widersprüche, die das Liebesleben der Frau bestimmen«. Betrachten Sie das Bild der Mona Lisa einmal in Ruhe und Sie werden feststellen, dass ihr Lächeln exakt auf der Grenze zwischen Gut und Böse, Mitleid und Grausamkeit, Verführung und Unschuld, Flüchtigkeit und Ewigkeit liegt.

Drittes Prinzip:
Vielfalt zulassen und Paradoxien pflegen

Abb. 7: Mona Lisa von Leonardo da Vinci

Gegensätze und Widersprüche werden in modernen Organisationen erst einmal als unangenehm und unpassend wahrgenommen. Die klassische Organisation hat einen Drang zur Standardisierung, zum Ausmerzen von Mehrdeutigkeiten und Widersprüchen. Die Herstellung von Eindeutigkeit war auch einer der großen Erfolge der Pioniere der modernen Organisation, wie Frederic Taylor, Henry Ford, Henry Fayol oder Alfred Sloan. Doch diese Pionierzeit der modernen Organisation liegt mittlerweile mehr als 100 Jahre zurück. Wie ich im ersten Kapitel dieses Buches herausgearbeitet habe, hat sich die Welt im Verlaufe dieser 100 Jahre deutlich verändert. Die steigende Komplexität bringt eine Vielzahl von Paradoxien und Widersprüchen mit sich, weshalb viele Sozialwissenschaftler vom Ende der Eindeutigkeit sprechen. In den meisten Business Schools wird diese Veränderung aber immer noch ausgeblendet. Es wird nach wie vor gelehrt, dass gute Führungskräfte Widersprüche und Ambiguitäten aus dem Weg räumen und in Eindeutigkeit transformieren, das heißt in klare Ziele und Umsetzungspläne überführen. Die Bilder von Leonardo da Vinci lehren uns dagegen, Widersprüche als spannungsreiches und kreatives Gedankenspiel zu betrachten. Übertragen auf die Erneuerungsfähigkeit von Unternehmen bedeutet dies: Gegensätze und Widersprüche sind zentrale Quellen für Innovation und Kreativität. Erneuerungsfähige Unternehmen zeichnen sich darin aus, dass sie bewusst Spannungsfelder durch

Widerspruch erzeugen, diese pflegen und Paradoxien nicht als Störung, sondern als unausweichliche Normalität betrachten. Erneuerungsfähige Unternehmen etablieren Mechanismen und Prozesse, um vorhandene Widersprüchlichkeiten an die Oberfläche zu bringen. Dadurch erhalten sie ihre Offenheit und erhöhen ihre Variationsfähigkeit. Widersprüche sind für sie nichts anderes als ein Motor für Veränderungen. Das Zulassen von Dilemmata und in letzter Konsequenz auch von Konflikten fördert den Aufbau von Komplexität. Dieser Vorstellung im Umgang mit Paradoxien und Widersprüchen stimmen auch die renommierten Managementvordenker Jim Collins und Jerry Porras zu. Sie warnen Manager davor, sich von der »Tyrannei des Entweder-oder« treiben zu lassen, und raten ihnen dazu, die Genialität des »Sowohl-als-auch« zu nutzen. Auch der Organisationsforscher Roger Martin kommt auf der Grundlage seiner Untersuchungen zu dem Ergebnis, dass innovative Denker über die Fähigkeit verfügen, zwei diametral entgegengesetzte Ideen zur gleichen Zeit zu denken. Sie verfallen nicht in Panik, so Martin weiter, wenn sie sich mehrdeutigen Entscheidungssituationen gegenübersehen, und begnügen sich nicht einfach mit der einen oder anderen Alternative. Es gelingt ihnen vielmehr, eine Synthese zu bilden, die jeder der beiden einander widersprechenden Ideen überlegen ist. Zusammengefasst hat Martin diese Ergebnisse in seinem lesenswerten Buch »The opposable mind« (Martin 2009).

Alle diese Forschungsergebnisse unterstreichen, dass wir lernen müssen, die Paradoxien zu nutzen, die Widersprüchlichkeiten und Unwägbarkeiten auszuhalten und als Aufforderung zu betrachten, einen besseren Weg einzuschlagen. Der amerikanische Schriftsteller Scott Fitzgerald sagte einmal sinngemäß, dass sich erstklassige Köpfe durch die Fähigkeit auszeichnen, zwei entgegengesetzte Theorien im Kopf zu haben und trotzdem handlungsfähig zu bleiben. Genau dies scheint mir eine Kernkompetenz des modernen Managements zu sein.

Übung

Schätzen Sie Ihre Fähigkeit im Umgang mit Paradoxien und Widersprüchen ein:

- Es macht mir in meiner Arbeit nichts aus, wenn ich zu Beginn nicht weiß, was am Ende herauskommt.
- Unübersichtliche Entscheidungssituationen empfinde ich als positive Herausforderung.
- Bei Veränderungen blühe ich auf.
- Ich mag Rätsel, Puzzle und knifflige Fragestellungen.
- Es macht mir keine Mühe, auch widersprüchlich zu denken.
- Ich habe Spaß an Paradoxien und bin für Ironie empfänglich.
- Ich weiß, dass Konflikte die Kreativität anregen.

Drittes Prinzip:
Vielfalt zulassen und Paradoxien pflegen

Übung

Lernen Sie, Widersprüche auszuhalten und Ihren Sinn für Paradoxie zu schärfen. Wählen Sie einen folgenden Gegensätze für eine Kontemplation:

- Freud und Leid: Denken Sie zunächst an den traurigsten Augenblick in Ihrem Leben. Dann denken Sie an den Moment, an dem Sie die größte Freude empfunden haben. Welche Beziehung besteht zwischen dem Zustand der Freude und dem des Leids?
- Stärken und Schwächen: Zählen Sie mindestens drei Ihrer Stärken auf, und stellen Sie diese Stärken mindestens drei Ihrer Schwächen gegenüber. Welche Verbindung besteht zwischen ihnen? Sind Sie manchmal stark und schwach zugleich?
- Veränderung und Beständigkeit: Notieren Sie drei der bedeutendsten Veränderungen in Ihrem Leben und fragen Sie zugleich, was in Ihrem Leben beständig ist. Wie hängen Wandel und Beständigkeit zusammen?
- Demut und Stolz: Erinnern Sie sich an die stolzesten Momente Ihres Lebens. Denken Sie an die Augenblicke, in denen Sie größte Demut empfanden. Wie unterscheiden sich diese Momente? Gibt es unerwartete Parallelen zwischen dem Empfinden von Demut und Stolz?

Entwickeln Sie die Konfliktfähigkeit Ihrer Organisation weiter

Vielfalt und Widersprüche haben ihren Preis. Der Preis besteht darin, dass es in Ihrem Unternehmen mehr Konflikte und Diskussionen über den einzuschlagenden Weg geben wird. Innovationen entstehen häufig dann, wenn unterschiedliche Menschen zusammenkommen und gemeinsam Ideen entwickeln. Das geschieht aber oft in hitzigen Debatten; Meinungsverschiedenheiten gehören bei diesem Prozess einfach dazu. Es kommt dabei in Gruppen mit talentierten und erfahrenen Mitarbeitern zu Spannungen, und das Aufeinanderprallen unterschiedlicher Ideen ist mitunter schwer zu ertragen. Oft fällt dann das Sprichwort »Zu viele Köche verderben den Brei«. Es ist die Aufgabe der Führungskräfte, diese Spannungen zu managen und ein Umfeld zu schaffen, das offen für Vorschläge von Mitarbeitern ist und sich zugleich einer Streitkultur verpflichtet weiß, in der Ideen auf den Prüfstand gestellt werden. Stärken Sie daher die Konfliktlösungs- und Verhandlungsfähigkeit der Führungskräfte und der Mitarbeiter. Fördern Sie ferner eine Kultur des Respekts vor Unterschieden. Sorgen Sie dafür, dass Spielregeln etabliert werden, um Konflikte und Meinungsverschiedenheiten zu klären. Schlagen Sie Regeln für den Umgang mit Verhandlungsdifferenzen vor und entwickeln Sie Verfahren, mit denen Widersprüche in der Organisation versöhnt werden. Diese Investition in die Konfliktfähigkeit Ihrer Organisation wird sich früher oder später auszahlen.

Assessment-Vorlage »Ambiguitätstoleranz der eigenen Person«

(in Anlehnung an Clampitt/Williams 2005, S. 321)

Wie treffend beschreibt jede der folgenden Aussagen Ihr Verhalten? Tragen Sie neben jeder der unten aufgeführten Aussagen die Zahl ein, die Ihrer Meinung nach zutrifft:

1 = trifft überhaupt nicht zu
2 = trifft eher nicht zu
3 = teils/teils
4 = trifft eher zu
5 = trifft voll und ganz zu

1. Ich bin dazu bereit, Entscheidungen auf Basis einer Vorahnung zu treffen.
2. Ich fühle mich sicher, Entscheidungen schnell zu treffen.
3. Ich treffe häufig Entscheidungen auf der Grundlage meiner Intuition.
4. Zu Beginn einer Aufgabe/eines Projektes muss ich nicht genau wissen, wo sie/es hinführt.
5. Ich brauche keinen detaillierten Plan, wenn ich an einer Aufgabe arbeite.
6. Es beunruhigt mich nicht, wenn ich nicht genau weiß, was mich bei einer Aufgabe/einem Projekt erwartet.
7. Ich schaue mich aktiv nach Veränderungssignalen in meinem Umfeld um.
8. Ich erkenne wechselnde Trends problemlos.
9. Ich erkenne sich verändernde Umstände schnell.
10. Ich beschäftige mich stets mit neuen Ideen zur Lösung von Problemen.

Gesamt

Ergebnis Addieren Sie die Punktezahl. Liegt das Ergebnis unter 21, ist Ihre Ambiguitätstoleranz gering ausgeprägt und Sie sollten sich überlegen, wie Sie diese erhöhen könnten. Liegt das Ergebnis zwischen 22 und 40, ist Ihre Ambiguitätstoleranz mittelmäßig ausgeprägt. Ergebnisse, die höher als 40 liegen, weisen auf eine hohe bis sehr hohe Ambiguitätstoleranz hin.

Drittes Prinzip:
Vielfalt zulassen und Paradoxien pflegen

Assessment-Vorlage
»Ambiguitätstoleranz der Organisation«

Wie treffend beschreibt jede der folgenden Aussagen Ihr Unternehmen *oder* Ihre Abteilung? (Bitte bewerten Sie entweder Ihr Unternehmen oder Ihre Abteilung.) Tragen Sie neben jeder der unten aufgeführten Aussagen die Zahl ein, die Ihrer Meinung nach zutrifft:

1 = trifft voll und ganz zu
2 = trifft eher zu
3 = teils/teils
4 = trifft eher nicht zu
5 = trifft überhaupt nicht zu

1. In meinem Unternehmen/meiner Abteilung werden unklare Situationen vermieden.
2. Bei uns im Unternehmen/in der Abteilung werden Probleme vermieden, für die es möglicherweise mehrere Lösungen gibt.
3. In meinem Unternehmen/meiner Abteilung mag man es nicht, wenn unvorhergesehene Dinge passieren.
4. In meinem Unternehmen/meiner Abteilung wird Unsicherheit vermieden.
5. Wenn in meinem Unternehmen/meiner Abteilung ein Projekt/Vorhaben initiiert wird, müssen die Ziele und Vorgehensweisen genau feststehen.
6. In meinem Unternehmen/meiner Abteilung gibt es eine klare Unterscheidung zwischen richtig und falsch.
7. In meinem Unternehmen/meiner Abteilung wird Bekanntes Neuem eindeutig vorgezogen.
8. Bei uns im Unternehmen/in der Abteilung verlangen die Mitarbeiter Aufgaben, von denen sie genau wissen, wie sie zu lösen haben.
9. In meinem Unternehmen/meiner Abteilung ist Spontaneität nicht besonders gern gesehen.
10. Eine gute Führungskraft gibt bei uns immer genaue Anweisungen.

Gesamt

Ergebnis Addieren Sie die Punktezahl. Liegt das Ergebnis unter 21, ist die Ambiguitätstoleranz gering ausgeprägt und Sie sollten sich überlegen, wie Sie diese in Ihrem Unternehmen/Ihrer Abteilung erhöhen könnten. Liegt das Ergebnis zwischen 21 und 37, ist Ihre Ambiguitätstoleranz mäßig ausgeprägt. Ergebnisse, die höher als 37 liegen, weisen auf eine hohe bis sehr hohe Ambiguitätstoleranz hin.

Viertes Prinzip: Bezweifeln und Vergessen

»Kühner als das Unbekannte zu erforschen, kann es sein, das Bekannte zu bezweifeln.«

(Alexander von Humboldt)

Der englische Philosoph und Politiker Francis Bacon lebte vor vier Jahrhunderten in einer Zeit großer Veränderung. England befand sich damals in einem gewaltigen gesellschaftlichen und wirtschaftlichen Umbruch. Die Königin Elisabeth I hatte es geschafft, das Land, das von äußeren Feinden bedroht und von inneren Konflikten zerrissen war, einigermaßen zu stabilisieren. Francis Bacon, der unter Elisabeth I zum Lordkanzler aufstieg, leistete dazu einen wichtigen Beitrag. Er ging von der Annahme aus, dass die Dinge nicht so sind, wie sie zu sein scheinen. Ihre »Natur«, so Bacon, müsse daher immer wieder aufs Neue hinterfragt werden. Was heute normal klingt, das systematische Bezweifeln und das Suchen nach neuen Antworten auf alte Fragen, war zu jener Zeit die Ausnahme. Unter den führenden Denkern galt die Parole: »Das ist so, weil es immer schon so war.« Der französische Philosoph und Mathematiker René Descartes war noch radikaler als Bacon. Er gab den Rat aus: »Zweifle an allem!« Descartes hatte wie Bacon begriffen, dass die Natur der Dinge nicht so bleibt, wie sie ist. Wer das Wissen erweitern möchte, muss daher kontinuierlich dazu bereit sein, seinen Standpunkt zu verändern. Das Zeitalter der großen Erfindungen ist ohne Bacons und Descartes' Grundzweifel kaum vorstellbar.

Noch heute haben wir mit dem Bezweifeln so unsere Probleme. Organisationen neigen dazu, Fähigkeiten zu verbessern, die sie bereits in hohem Maße beherrschen. Sie tendieren dazu, den eingeschlagenen Weg weiter zu verfolgen. Je häufiger Kompetenzen benutzt werden, desto besser wird die Organisation in der Ausführung eben jener Kompetenzen. Dadurch überzeugt sie sich selbst davon, auf dem richtigen Weg zu sein. Die Kompetenzen werden immer weiter verfestigt. Die noch verbliebenen Zweifler an den bestehenden Kompetenzen werden an den Rand oder gar aus der Organisation gedrängt. Das geht solange gut, wie sich das Unternehmen in einem stabilen Umfeld bewegt. Ändern sich die Anforderungen, werden verfestigte Kompetenzen schnell zu Fesseln. Dies ist ihre dunkle Seite: Aus Kern-Kompetenzen werden dann Kern-Rigiditäten. Das Unternehmen tappt in die Kompetenzfalle.

Der amerikanische Organisationsforscher Danny Miller bezeichnet dies als »Ikarus-Paradox« (1990). Ikarus und sein Vater Dädalus wurden von König Minos im Labyrinth des Minotauros auf Kreta gefangen gehalten – als Strafe, weil Dädalus dem Theseus hilfreiche Hinweise zur Verwendung des Ariadnefadens gegeben hatte. Um der Gefangenschaft im Labyrinth zu entfliehen, baute Dädalus aus Vo-

Viertes Prinzip:
Bezweifeln und Vergessen

gelfedern Flügel und befestigt sie mit Wachs an den Schultern seines Sohnes. Vor dem Start schärfte er Ikarus ein, nicht zu hoch und nicht zu tief zu fliegen, da sonst die Hitze der Sonne beziehungsweise die Feuchte des Meeres zum Absturz führen würde. Doch nachdem Ikarus die Inseln Samos und Delos erfolgreich passiert hatte, wurde er übermütig und stieg so hoch hinauf, dass die Sonne das Wachs seiner Flügel zum Schmelzen brachte. Die Federn lösten sich und Ikarus stürzte ins Meer.

Danny Miller überträgt diese Geschichte auf das Geschäftsleben. Der Ikarus-Mythos beschreibe anschaulich, wie die wachsende Selbstüberschätzung und Borniertheit erfolgreicher Unternehmen ihren späteren Absturz vorbereite. Erfolg verleite dazu, so das zentrale Ergebnis von Millers Forschungsarbeiten, an (vermeintlich dauerhaften) Erfolgsrezepten festzuhalten und alle schwachen, aber auch starken Warnsignale einer Veränderung zu missachten. Ikarus wurde zum Opfer seines eigenen Erfolgs, genauso wie die früheren Weltkonzerne Polaroid, Kodak oder Nokia.

Wie schnell sich Erfolgsfaktoren verflüchtigen, verdeutlicht die Studie der beiden McKinsey-Berater Tom Peters und Robert Waterman »In Search of Excellence« (1982), die seinerzeit weltweite Beachtung fand und millionenfach verkauft wurde. Alle wollten wissen, was das Erfolgsrezept der darin untersuchten Unternehmen sei. Bereits zwei Jahre nach der Veröffentlichung des Bestsellers publizierte die amerikanische Zeitschrift Business Week eine Titelgeschichte mit der Überschrift: »Oops! Who's Excellent Now?« Von den 43 vermeintlich exzellenten Unternehmen aus der Studie von Peters and Waterman war inzwischen ein Drittel in beträchtliche finanzielle Schwierigkeiten geraten. Weitere drei Jahre später verschwanden etliche Vorbildunternehmen wie Atari oder Revlon ganz vom Markt (vgl. Harford 2011, S. 8). Der Absturz großer Unternehmen ist sehr eindrücklich in dem Buch »How the Mighty Fall« (Collins 2009) beschrieben worden. Die erste Stufe des späteren Untergangs heißt dort bezeichnenderweise »Hubris Born of Success« (Collins 2009, S. 27 ff.).

Wie Menschen in lebensbedrohliche Kompetenzfallen geraten

Der amerikanische Organisationsforscher Karl Weick wurde unter anderem durch seine Untersuchungen von Krisenfällen und Unfällen in Organisationen bekannt. In diesem Zusammenhang wurden seine Studien zu den tragischen Todesfällen bei der Bekämpfung von Waldbränden zur unübertroffenen Allegorie für das Phänomen der Kompetenzfalle. Im Jahr 1994 kamen zwei Feuerwehrmannschaften bei der Bekämpfung von Waldbränden auf tragische Weise ums Leben (Weick 1996). Bei der Untersuchung der Unglücksfälle fand Weick heraus, dass der lebensrettende Rückzug der Feuerwehrleute in beiden Fällen durch ihre schweren Werkzeuge wie Schaufeln, Feuerspritzen und Rucksäcke (insgesamt circa 30 kg schwer) verlangsamt wurde, was schließlich für viele zum Tode führte. Karl Weick geht in seinen Studien der Frage nach, warum die Feuerwehrleute ihr schweres Werkzeug nicht fallengelassen haben und um ihr Leben rannten, obwohl sie mehrfach von der Einsatzleitung dazu explizit aufgefordert wurden. Ohne das schwere Werkzeug hätten die Feuerwehrleute einige Meter pro Minute zurückgelegen können, was einem Großteil von ihnen das Leben gerettet hätte. Weick schlussfolgert daraus: »Drop your tools or you will die« Das Fallenlassen von Werkzeugen ist für ihn eine Allegorie für Verlernen und rechtzeitige Anpassung.

Weick fand in seinen Studien folgende Erklärungen für das Verhalten der Feuerwehrleute:

- *Rechtfertigung*: Das gewohnte Verhalten wird beibehalten, wenn es keine klaren und einsichtigen Gründe für Veränderung gibt. Der Vorgesetzte der Feuerwehrleute, so hat Weick in seinen Untersuchungen herausgefunden, hat während des gesamten Einsatzes nur sehr wenig mit seinen Leuten gesprochen. Sein Befehl zum Wegwerfen der Werkzeuge war eine der wenigen Anweisungen. Problematisch war allerdings, dass er keine Gründe für seinen Befehl angab. Darauf befragt sagte er später: »It wasn't necessary. You could see the fire pretty close and we had to increase our rate of travel some way.« Dabei vergaß er, dass er selbst den Überblick über die Gesamtsituation hatte, seine Feuerwehrleute jedoch nicht.
- *Vertrauen*: Die Feuerwehrleute befolgten den Befehl nicht, weil sie den Vorgesetzten nicht gut kannten und aus diesem Grund seine Erfahrung nicht einschätzen konnten.
- *Kontrolle*: Für die Feuerwehrleute war das Beibehalten der Werkzeuge eine Voraussetzung für ihr Überleben. Sie hatten in ihrer Ausbildung eingebläut bekommen, dass ihre Werkzeuge sie vor dem Feuer schützen. Hinzu kommt: Schon das Wissen, ein Werkzeug bei sich zu haben, reduziert die Angst, egal ob das Werkzeug nützlich oder unnütz ist.
- *Fähigkeit zum Fallenlassen*: Dass die Feuerwehrleute nicht dazu fähig waren, ihre Werkzeuge in dieser lebensbedrohlichen Situation einfach fallen zu lassen, mag absurd klingen. Aber etliche der Überlebenden berichteten, dass sie erst nach geeigneten Stellen suchten, um ihr Werkzeug sorgsam abstellen zu können, damit es nicht zerstört würde. Hierdurch verloren sie sehr wertvolle Zeit. In ihrer Ausbildung hatten sie immer wieder gelernt, dass sie mit den teuren Werkzeugen sorgfältig umgehen müssen. Das taten sie dann auch geflissentlich in der Krisensituation und verloren dadurch weiter Zeit.
- *Scheitern*: Seine Werkzeuge fallen zu lassen, kann als Eingeständnis des eigenen Scheiterns betrachtet werden. Seine Werkzeuge zu behalten, verschiebt dieses Eingeständnis: Man fühlt sich nach wie vor auf der Erfolgsspur.
- *Soziale Dynamik*: Wenn die Feuerwehrleute in einer Reihe laufen und sich gegenseitig im Blick haben, kann es passieren, dass sie ihre Werkzeuge aus einer Grup-

pendynamik heraus behalten, die man »pluralistische Ignoranz« nennt. Wenn der Vordermann sein Werkzeug weiter bei sich trägt, steigt die Wahrscheinlichkeit, dass dies auch der Hintermann und alle anderen tun.

- *Identität:* Für die Feuerwehrleute waren Werkzeug und Mensch eine Einheit und untrennbar miteinander verbunden. In ihrer Ausbildung hatten sie gelernt: Feuer kann man nicht mit bloßen Händen, sondern nur mit Werkzeugen bekämpfen. Die Werkzeuge sind ein wesentliches Merkmal der Feuerwehrleute und Teil ihrer Identität.

Was können wir aus diesen Unfällen für unseren Alltag in Unternehmen und Organisationen lernen? Das Beispiel der Feuerwehrleute verdeutlicht die Paradoxie von Tools und Kompetenzen. Beide werden in der Praxis mit Machbarkeit und erfolgreichem Management assoziiert. Weick zeigt jedoch die andere Seite der Medaille. Der Feuerwehrmann, der mit seinem Werkzeug in der Hand zugrunde geht, steht für die Unfähigkeit des Managers, bislang erfolgreiche Tools, Methoden und Kompetenzen loszulassen. Die zentrale Frage, warum die Feuerwehrleute in der lebensbedrohlichen Situation nicht ihre Gerätschaften fallen ließen, beantwortet Weick ganz einfach: Sie konnten nicht anders. Sie »litten« unter einer geschulten Unfähigkeit. Die Instrumente hatten ihnen hundertmal geholfen. Warum sollten sie ausgerechnet in dieser Notsituation auf etwas verzichten, das bislang ihr Überleben gesichert hat? Sie hatten keine Übung im Abwerfen ihrer Werkzeuge und dachten zudem, dass die Gerätschaften zu wertvoll seien, um sie einfach aufzugeben. Weicks Erklärungen für die schrecklichen Unfälle spiegeln die innovationsfeindliche Kraft von herrschenden Routinen und Denkmustern in einer Organisation wider. Grundüberzeugungen, Vorlieben und Wahrnehmungsmuster lässt man sich nur schwer los. Wenn sich die Welt aber permanent ändert und die alten Werkzeuge und Denkmuster nicht mehr greifen oder sogar hinderlich und gefährlich sind, dann muss man sie loswerden.

Das Bezweifeln und Loslassen von Altem ist besonders für Führungskräfte nicht ganz einfach, da sie immer wieder vor zwei großen Schwierigkeiten stehen, wie die Innovationsforscher Jeff Dyer, Hal Gregersen und Clayton Christensen schreiben (2011). Die erste Schwierigkeit besteht darin, dass Führungskräfte für die Entwicklung erfolgreicher Strategien und Zielsetzungen belohnt werden, andererseits jedoch dafür bestraft werden, wenn sie öffentlich zugeben, dass ihre bisherige Strategie falsch gewesen sei. Einer der befragten CEOs brachte dies wie folgt auf den Punkt: »If I openly question our strategy or key initiatives, this could create a crisis of confidence within the company. People don't like this kind of uncertainty« (Dyer/Gregersen/Christensen 2011, S. 81). Noch dramatischer ist das Eingeständnis einer falschen Strategie gegenüber der Öffentlichkeit, das heißt gegenüber Investoren oder Kunden. Die zweite Schwierigkeit besteht darin, dass sich Mitarbeiter in hierarchischen Unternehmen häufig nicht trauen, das Unternehmen vor den Führungskräften zu kritisieren, da der Status quo auf den bisherigen Erfolgen der Führungskräfte beruht. In einer Art vorauseilenden Gehorsams werden kritische Fragen erst gar nicht gestellt oder systematisch von den Führungskräften ferngehalten. Um diese zweite Schwierigkeit zu umgehen, bauen sich innovative Unternehmer ein informelles Netzwerk mit Personen auf, von denen sie glauben, dass sie offen ihre Kritik am Unternehmen äußern werden.

Übung

Nehmen Sie sich fünf Minuten Zeit und denken Sie über folgende Fragen nach:

- Was sind Ihre erfolgreichen Werkzeuge und Denkmuster?
- Was würden Sie ungern loslassen?
- Welche Ihrer Denkmuster und Tools behindern Sie und könnten für die Zukunft gefährlich werden?

Vom Nutzen des Vergessens

»Man kann die Elastizität eines Menschen an der Kunst, zu vergessen, messen.«

(Sören Kierkegaard)

Nicht nur das Fallenlassen von Werkzeug, sondern auch das Vergessen oder bewusste Ignorieren bisherigen Wissens ist ein wichtiges Merkmal einer sich kontinuierlich erneuernden Organisation. Der Wirtschaftswissenschaftler John Maynard Keynes behauptet, dass das Schwierige für den Menschen nicht darin liege, immer wieder neue Ideen aufzunehmen, sondern alte Ideen auch wieder zu vergessen. Dies sei die Gefahr eines zu guten Gedächtnisses (vgl. Weick 1985, S. 320).

Nur wenige Organisationen sind gescheitert, weil sie etwas Wichtiges vergessen haben. Sie sind in der Regel daran gescheitert, dass sie Vieles zu lange im Gedächtnis behalten haben und deshalb fortfuhren, die Dinge so zu tun, wie es bisher mit Erfolg getan hatten. Der bekannte Organisationsforscher James March empfiehlt daher: »Treat memory as an enemy« (March 1971, S. 263) Für viele Organisationen ist ein gutes Gedächtnis hilfreich. Aber die Fähigkeit zu vergessen, zu übersehen oder bewusst zu ignorieren ist seiner Ansicht nach mindestens ebenso nützlich.

Ein gutes Gedächtnis ist einer der Gründe, weshalb viele Leute mit fortschreitendem Alter immer weniger lernen: Sie wissen einfach zu viel. Das Gleiche gilt für Organisationen. In diesem Mechanismus liegt der Schlüssel zum Lernen. Wer die

Idee aufgibt, er wüsste, verliert seine Lernbehinderung. Er kann neugierig seine alten Unterscheidungen infrage stellen, um zu »ent-lernen«. Wer das schafft, eröffnet sich abermals den Blick auf das Neue.

Der Mann, dessen Welt in Scherben ging

Es war an einem Tag im Jahr 1920, als sich der Chefredakteur einer russischen Zeitung zur morgendlichen Redaktionsbesprechung mit seinen Redakteuren traf. Er las eine lange Liste der an diesem Tag anstehenden Aufgaben vor. Dabei fiel ihm ein neuer Mitarbeiter auf, der sich keine Notizen machte. Der Chefredakteur wollte ihn zurechtweisen in der Annahme, dass er nicht aufpasse, als dieser begann, die gesamte Aufgabenliste detailgenau zu wiederholen. Der Reporter hieß Schereschewski. Der Fall wurde schnell bekannt, und auch der Psychologe Alexander Lurija (1991) interessierte sich dafür. Lurija las Schereschewski bis zu dreißig Wörter und Zahlen vor und forderte ihn auf, sie zu wiederholen. Während Menschen sich im Durchschnitt rund sieben Wörter merken können, merkte sich der Reporter alle dreißig. In weiteren Experimenten konnte er fünfzig, dann siebzig Wörter einwandfrei wiederholen. Lurija untersuchte ihn über einen Zeitraum von mehr als dreißig Jahren, ohne an die Grenzen dieses Gedächtnisses zu stoßen. Er forderte Schereschewski fünfzehn Jahre nach ihrer ersten Begegnung auf, Sequenzen von Wörtern und Zahlen aus ihrem ersten Treffen zu wiederholen. Schereschewski schloss die Augen und wiederholte die Sequenz fehlerfrei. Er war zum damaligen Zeitpunkt bereits ein berühmter Gedächtniskünstler.

Doch dieses unglaubliche Erinnerungsvermögen hat seine Schattenseiten. Schereschewski wurde von Bildern aus seiner Kindheit überflutet. Er war ob seines mit Details vollgestopften Gedächtnisses unfähig, abstrakt zu denken. Wenn er eine Geschichte las, konnte er sie Wort für Wort wiedergeben, doch wenn man ihn aufforderte, den Kern dieser Geschichte zusammenzufassen, tat er sich sehr schwer. Im Allgemeinen stand Schereschewski auf verlorenem Posten, wenn es eine Aufgabe erforderte, über die reinen Informationen hinauszugehen, etwa Metaphern, Gedichte oder Synonyme zu verstehen. Details, die normale Menschen schnell vergessen, setzten sich in seinem Gedächtnis fest und erschwerten es ihm, dem Strom der Bilder und Empfindungen Bedeutung und Sinn beizumessen.

Mehr Gedächtnis ist also nicht immer besser, schlussfolgert der bekannte Psychologe Gerd Gigerenzer (2008, S. 32) aus dem Fall Schereschewski. Das Vergessen verhindere, dass die große Menge an Einzelheiten den Abruf der wenigen relevanten Erfahrungen verlangsamt und die Fähigkeit des Verstandes beeinträchtigt, zu abstrahieren, zu schlussfolgern und zu lernen. Ein vollkommenes Gedächtnis hätte nur in einer Welt Vorteile, in der alles vorhersagbar wäre, in einer Welt ohne jegliche Ungewissheit. Angesichts der zunehmenden Unsicherheit in der Welt wird die Fähigkeit des Vergessens damit immer wichtiger.

Die Fähigkeit, »Bekanntes und Bewährtes« zu suspendieren

»Ein Maler, der den Zweifel nicht kennt, wird wenig erreichen.«
(Leonardo da Vinci)

Die entscheidende Leistung der Renaissance bestand in der Transformation fundamentaler Glaubenssätze, Annahmen und Vorurteile. Leonardo da Vinci hatte als einer ihrer wichtigsten Vertreter erkannt, dass die Hinterfragung der herrschenden Weltsicht mit der Hinterfragung der eigenen Ansicht beginnt: »Die größte Täuschung, unter der der Mensch leidet, liegt in seiner eigenen Ansicht« (zit. nach Gelb 1998, S. 80). Leonardo da Vinci fordert sich und uns auf, die eigenen Ansichten, Meinungen und Überzeugungen kontinuierlich infrage zu stellen. Und genau dies tun Führungskräfte wie auch Mitarbeiter in erneuerungsfähigen Organisationen. Sie zweifeln kontinuierlich und in produktiver Weise an ihren bislang erfolgreich angewandten Werkzeugen und Denkmustern. Diesen Prozess des systematischen »Suspendierens« von bekanntem Wissen gilt es zu gestalten. Dies ist eine zentrale Herausforderung für Führungskräfte.

Ein Blick in die Wissenschaftsgeschichte zeigt, dass Forscher immer dann große Entdeckungen gemacht haben, wenn sie bekanntes Wissen radikal infrage gestellt oder schlichtweg ignoriert haben. Charles Darwin, der Nestor der modernen Evolutionstheorie, hatte immer ein Notizbuch bei sich, um Beobachtungen und Fakten, die seiner Theorie widersprechen, zu notieren. Er war sich bewusst, dass der menschliche Verstand alles, was nicht in den vertrauten Bezugsrahmen passt, schnell verdrängt. Darwin wusste, dass die widersprechenden Daten von heute das Rohmaterial für die Theorien von morgen sind. Der Wissenschaftstheoretiker Thomas Kuhn hat dies in seinem Buch »Die Struktur wissenschaftlicher Revolutionen« (1991) eindrucksvoll herausgearbeitet. In Anlehnung an Otto Scharmer nennen wir das die »Fähigkeit des Suspendierens«.

Suspendieren ist ein produktiver Prozess. Suspendieren heißt nicht, unsere bisherigen Denkmuster gewaltsam zu zerstören oder zu ignorieren – was ohnehin nicht möglich wäre. Vielmehr geht es darum, von unseren bisherigen Hypothesen und Annahmen über die Welt bewusst Abstand zu nehmen. Der Physiker David Bohm nennt dies: »Hanging our assumptions in front of us« (vgl. Bohm/Edward 1991). Durch diese bewusste Distanzierung beginnen wir erstaunlicherweise, viele unserer mentalen Modelle erst zu verstehen. Wir werden uns dieser Modelle bewusst, was zur Folge hat, dass sie unsere Wahrnehmung der Welt weniger beeinträchtigen.

Viertes Prinzip:
Bezweifeln und Vergessen

»Künstliche Dummheit«

Die Idee, das bisherige Wissen im Forschungsprozess zu suspendieren, ist nicht neu: Sie findet sich bereits bei den empirischen Philosophen des beginnenden 18. Jahrhunderts. John Locke oder der bereits erwähnte Francis Bacon waren Vertreter des induktivistischen Forschungsmodells, demzufolge der Forscher unvoreingenommen an die Untersuchung empirischer Phänomene herangehen soll, um sicherzustellen, dass er die Realität so wahrnimmt, wie sie »tatsächlich« ist. Dieses Konzept haben später die beiden Sozialwissenschaftler Barney Glaser und Anselm Strauss (1974) in ihrer »Grounded Theory« ausgearbeitet. Sie sprechen vorweg vom Postulat der Offenheit. Offenheit bedeutet nicht, das untersuchte Feld vorweg mit fixen Hypothesen zu überziehen, sondern offen für mögliche neue Hypothesen zu sein. In der qualitativen Sozialforschung bezeichnet man dies als die Fähigkeit zur »künstlichen Dummheit«. Anders als der »tatsächlich Dumme« weiß der »künstliche Dumme« viel, weil er sich vorher umfassend darüber informiert hat, was er untersuchen will. Er klammert lediglich die Gültigkeit dieses Vor-Wissens bewusst aus und bleibt so offen für Neues.

Suspendieren heißt also, die Haltung eines Forschenden einzunehmen. Es geht darum, in ein unbekanntes Territorium einzudringen und diese fremde Welt zu erkunden oder auch ein bekanntes Territorium mit dem Blick des Naiven neu zu betrachten. Der Zen-Buddhismus nennt dies »Beginners Mind«. Wer eine solche forschende Haltung einnimmt, wird plötzlich überrascht oder von etwas Spannendem ergriffen. Wir kommen ins Staunen, und unser Denken beginnt sich zu öffnen. Das Staunen ist eine Begabung, die große Forscher auszeichnet. Und genau diese Fähigkeit zum Staunen kultivieren erneuerungsfähige Unternehmen.

Das Suspendieren lässt sich aktiv vorantreiben, indem Sie zum Beispiel gezielt Menschen in Ihr Unternehmen holen, die das Bekannte anzweifeln. Die Firma Pixar war an den leitenden Trickfilmzeichner von Disney Brad Bird mit folgendem Vorschlag herangetreten: »Das Einzige, was wir fürchten, ist Selbstgenügsamkeit. Wir müssen Leute von außen ins Unternehmen holen, die uns immer wieder aus dem Gleichgewicht bringen« (zit. nach Hamel 2007, S. 219). Angetan von dieser Idee der Selbstbeunruhigung wechselte Bird zu Pixar. Kurze Zeit später erläuterte er die Gründe für seine Entscheidung im Gespräch mit einem Journalisten: »Ich bin in dieses Unternehmen geholt worden, um ein gewisses Maß an Störung zu verursachen. Ich wurde schon mehrfach dafür gefeuert, dass ich den regulären Betrieb store, aber dies ist das erste Mal, dass man mich dafür einstellt« (ebd.). Pixar ist hier keine Ausnahme. Die meisten Organisationen werden von Führungskräften geleitet, die danach streben, Zweifel und Zweifler auszumerzen. Natürlich können Abweichungen von der Norm gravierende Auswirkungen auf die Qualität der

Produkte und Prozesse haben. Aber einem Unternehmen, das nichts anderes als Regelmäßigkeit im Sinne hat, fällt es schwer, zwischen Abweichungen, die einen Wert zerstören, und Abweichungen, die einen Wert schaffen, zu unterscheiden. Erneuerungsfähigkeit wird so nicht entwickelt.

Auch hier können wir wieder von Leonardo da Vinci lernen. Er machte es sich zur Gewohnheit, seine Bilder aus der Distanz, aus unterschiedlichen Perspektiven anzusehen. Versuchen Sie, Ihre Überzeugungen ebenfalls aus der Distanz zu betrachten. Stellen Sie sich die Frage: Wäre ich anderer Ansicht, wenn ich in einem anderen Land lebte, einen anderen religiösen, ethischen oder ökonomischen Hintergrund hätte, zwanzig Jahre jünger oder älter wäre oder dem anderen Geschlecht angehörte?

Die Hilti-Gruppe, ein Unternehmen für Produkte und Dienstleistungen der Baubranche und Gebäudeinstandhaltung aus Lichtenstein, ist ein weiteres sehr gutes Beispiel für das kontinuierliche Hinterfragen des Status quo. Obwohl die Firma seit jahrzehnten Marktführer ist, gelingt es dem Unternehmen, eine hohe produktive Energie in seinen Teams zu erhalten und Trägheit zu verhindern. Eine wichtige Rolle nimmt dabei der »Competition Radar« ein. Er wird zur systematischen Marktbeobachtung und zur kontinuierlichen Überprüfung des eigenen Produktportfolios genutzt. Alle Mitarbeiter des Unternehmens werden dazu aufgefordert, die unterschiedlichen Märkte von Hilti laufend auf neue Entwicklungen hin zu analysieren. Die Ergebnisse dieser kontinuierlichen Marktbeobachtung der Mitarbeiter werden in zentralen Abteilungen ausgewertet und dienen dem Unternehmen als eine weitere Informationsquelle zur Erneuerung des Produktprogramms. Hilti hat mit diesem Vorgehen äußerst positive Erfahrungen gemacht. Der »Competition Radar« wird von rund zwei Dritteln aller Mitarbeiter genutzt. So kann Hilti auch schwache Signale der Marktveränderung aufnehmen und zusätzlich die strategische Perspektive eines Großteils seiner Mitarbeiter fördern (vgl. Bruch/Bieri 2003).

Von der Schwierigkeit des Suspendierens – Der Hysteresis-Effekt

Der Begriff »Hysteresis« stammt aus dem Griechischen (»hysteros«). Er bedeutet »zurückbleiben«, »hinterher« und beschreibt »das Fortdauern einer Wirkung nach Wegfall der Ursache«. Als Hysteresis-Effekt wird z. B. die Fähigkeit des Gehirns verstanden, so lange wie möglich an bekannten Mustern festzuhalten, um Instabilität zu vermeiden. Dies führt dazu, dass Menschen dazu tendieren, erfolgreiche Entscheidungen und Handlungen zu wiederholen, obwohl sich die Umstände geändert haben. Die folgende Abbildung veranschaulicht den Hysteresis-Effekt. Wenn Sie die Bilderfolge oben links beginnen, schlägt die Wahrnehmung von einem Männerkopf zum Frauenkörper

Viertes Prinzip:
Bezweifeln und Vergessen

erst in der unteren Reihe um. Beginnen Sie unten rechts, schlägt die Wahrnehmung von einem Frauenkörper zu einem Männergesicht erst in der oberen Reihe um. Dieses Beispiel verdeutlicht, dass unsere Wahrnehmung immer von vorherigen Eindrücken beeinflusst ist und sich nur verzögert zu einem neuen Ordnungsmuster verändert. Die Übergänge bei den Bildern vollziehen sich nicht abrupt, was daran liegt, dass die ersten Eindrücke bestehen bleiben, auch wenn sie nicht mehr wahrgenommen werden.

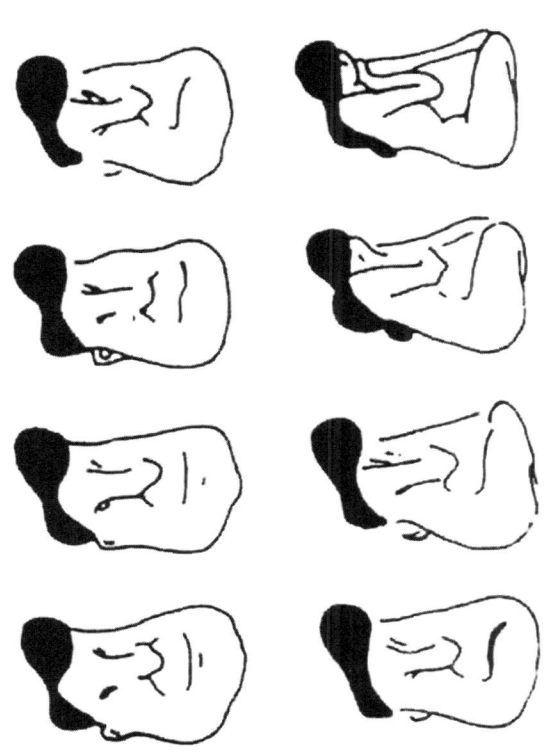

Abb. 8: Die Illusion des Sehens (nach Fisher 1967)

Übung: Bewusst bezweifeln

Nehmen Sie sich etwas Zeit, um sich darüber klarzuwerden, welche Rolle das Bezweifeln und Suspendieren in Ihrem gegenwärtigen Leben spielt und wie Sie ihm noch mehr Platz einräumen können.

- Halten Sie häufig an Annahmen fest, die Sie nicht durch Erfahrung bestätigen können?
- Wann haben Sie das letzte Mal tiefverwurzelte Überzeugungen revidiert?
- Wie ist es Ihnen damit ergangen?
- Aus welchen Quellen speisen sich Ihre Ansichten und Überzeugungen?
- Wer ist der unabhängigste und originellste Denker, den Sie kennen? Was zeichnet diesen Menschen aus?

Übung: Drei Betrachtungsweisen

- Bringen Sie zunächst ein starkes Argument gegen Ihre Annahme vor.
- Nehmen Sie dann eine distanzierte Betrachtungsweise zu Ihrer Annahme ein (so als ob Sie in einer anderen Kultur lebten) und überdenken Sie sie von diesem Standpunkt aus.
- Suche Sie sich Freunde, die Ihnen weitere Perspektiven liefern können.

Empfehlenswerte Videos

www.ted.com/talks/tim_harford

- Tim Harford: *Trial, error and the God complex*
  Der britische Ökonom und Journalist Tim Harford bezeichnet die Unfähigkeit, die eigenen Wahrnehmungen und Vorstellungen zu hinterfragen, als den »God complex«. In dem Vortrag verdeutlicht er, welche fatalen Konsequenzen dies zur Folge haben kann und wie wichtig Versuch und Irrtum für die Entwicklung von Organisationen und Produkten sind.

www.youtube.com/watch?v=iiny7Ly6vhQ

- Tim Harford: *Management lessons from the war in Iraq*
  In diesem TED-Talk arbeitet der britische Ökonom und Journalist Tim Harford am Beispiel des Vietnamkriegs und des zweiten Irakkriegs sehr eindrucksvoll heraus, was passieren kann, wenn die politische und die militärische Spitze andersartige Meinungen zu unterdrücken versuchen bzw. systematisch ausblenden. In beiden Fällen war dies eine der zentralen Ursachen für das spätere Scheitern.

Viertes Prinzip:
Bezweifeln und Vergessen

Assessment-Vorlage »Bezweifeln«

Wie treffend beschreibt jede der folgenden Aussagen Ihr Unternehmen *oder* Ihre Abteilung? (Bitte bewerten Sie entweder Ihr Unternehmen oder Ihre Abteilung.) Tragen Sie neben jeder der unten aufgeführten Aussagen die Zahl ein, die Ihrer Meinung nach zutrifft:

1 = trifft überhaupt nicht zu
2 = trifft eher nicht zu
3 = teils/teils
4 = trifft eher zu
5 = trifft voll und ganz zu

1. Die Mitarbeiter/innen in unserer Abteilung/unserem Unternehmen halten nichts für selbstverständlich.
2. Die Mitarbeiter/innen werden von den Führungskräften und ihren Kollegen immer wieder dazu motiviert, Fragen zu stellen.
3. Die Führungskräfte und Mitarbeiter/innen in unserem Unternehmen/unserer Abteilung stellen den Status quo kontinuierlich infrage.
4. Die Mitarbeiter/innen in diesem Unternehmen/dieser Abteilung werden dazu aufgefordert, Probleme und schwierige Fragen offen zu thematisieren.
5. Die Mitarbeiter/innen werden in unserem Unternehmen/unserer Abteilung dazu aufgefordert, bei der Lösung von Problemen bewusst unterschiedliche Perspektiven einzunehmen.
6. In unserem Unternehmen/unserer Abteilung sind Skeptiker und Querköpfe geschätzt.
7. Wenn jemand in unserem Unternehmen/unserer Abteilung Zweifel oder Bedenken zum Ausdruck bringt, wird dies nicht als unwichtig abgetan.
8. Wenn etwas Unerwartetes passiert, sind die Führungskräfte und Mitarbeiter/innen in unserem Unternehmen/unserer Abteilung eher daran interessiert, zuzuhören und die Situation zu analysieren, als ihre Ansichten zu verteidigen.

Gesamt

Ergebnis Addieren Sie die Punktezahl. Liegt das Ergebnis unter 17, wird in Ihrem Unternehmen/Ihrer Abteilung wenig angezweifelt und Sie sollten überlegen, wie Sie Ihre Fähigkeit zum Bezweifeln und Hinterfragen des Bestehenden verbessern könnten. Liegt das Ergebnis zwischen 17 und 24, ist diese Fähigkeit mäßig ausgeprägt. Ergebnisse, die höher als 24 liegen, weisen auf eine gute bis sehr gute Fähigkeit des kritischen Hinterfragens hin.

Fünftes Prinzip: Erkunden

»*Ich habe keine besondere Begabung, sondern bin nur leidenschaftlich neugierig.*«

(Albert Einstein)

Nach Platon beginnt die Erkenntnis mit dem Staunen, und zwar auch mit dem Staunen über das, was man bereits kennt. Der klinische Psychologe Henry Cloud greift diese Idee Platons auf und weist auf die energetisierende Funktion der Neugierde hin: »Certainty is one of the weakest positions in life. Curiosity is one of the most powerful Certainty prohibits learning, curiosity fuels change« (zit. nach Wiseman 2014, S. 150). Neugierige Menschen wollen von ihrer Umwelt lernen. Sie sind an anderen Menschen und anderen Ideen interessiert. Neugier setzt die Bereitschaft voraus, sich irritieren zu lassen. Erneuerungsfähigkeit könnte daher auch als die Fähigkeit definiert werden, sich selbst überraschen zu lassen. Das Neue ist immer eine Abweichung vom Bestehenden. In der Phase des Erkundens geht es daher zunächst um das genaue Beobachten von Abweichungen und Unterschieden. Und genau dies tun erneuerungsfähige Organisationen. Sie nehmen eine forschende Haltung ein und zeigen Entdeckerqualitäten.

Bei der Verbesserung Ihrer Entdeckerqualitäten können Sie viel von Künstlern lernen. Für ihre Skepsis gegenüber festen Vorstellungen haben Künstler einen triftigen Grund: Sie gehen immer davon aus, dass das, worüber man bereits eine Vorstellung hat, prinzipiell nicht neu sein kann. Gerhard Richter, einer der wohl bekanntesten Gegenwartskünstler, bringt dies wie folgt auf den Punkt: »Ich möchte am Ende ein Bild erhalten, das ich gar nicht geplant hatte (...). Ich möchte gerne etwas Interessanteres erhalten als das, was ich mir ausdenken kann« (zit. nach Brater et al. 2011, S. 127). Was es schon gibt oder was bereits als Idee existiert, ist für den Künstler uninteressant. Die radikale Offenheit des künstlerischen Arbeitsprozesses ist die entscheidende Voraussetzung dafür, wirklich Neues zu schaffen. Nur wenn er ohne eine Vorstellung vom eigenen Vorgehen und seinem Ergebnis an die Arbeit geht, hat er die Chance, etwas wirklich Neues zu erschaffen.

Was diese Vorgehensweise von Zufall und Planlosigkeit unterscheidet, ist die innere Haltung des Künstlers. Er geht mit weit geöffneten Sinnen und der Bereitschaft, sich beeindrucken zu lassen, durch die Welt. Künstler haben die Fähigkeit, Dinge unbefangen wahrzunehmen, ohne vorherige Erwartungen, ohne vorausgehende Hypothese, aber mit der Bereitschaft, sich überraschen zu lassen. Oder wie es Marcel Proust beschreibt: »Die wirkliche Entdeckungsreise besteht nicht im Besuch neuer Länder, sondern im Besitz anderer Augen, in der Fähigkeit, durch die Augen eines anderen, ja hundert anderer, das Universum zu sehen« (Proust 2004, S. 366).

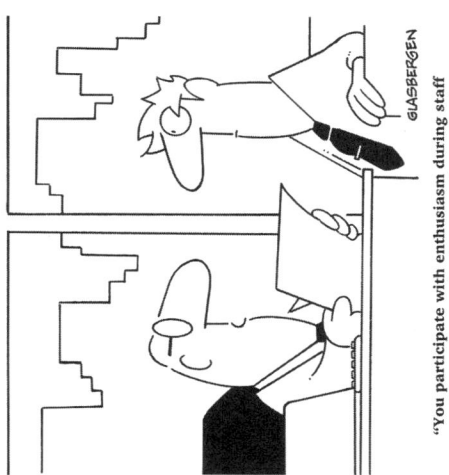

Abb. 9: Zu viel Kreativität ist nicht erwünscht (© Randy Glasbergen)

Dies war eines der Grundprinzipien, nach denen auch Leonardo da Vinci arbeitete. Er nannte es »Curiosità«, also schlicht und ergreifend »Neugier«. Leonardo da Vinci hat vorgemacht, wie weit ein Mensch kommen kann, der ohne Ziel forscht: Von Neugier getrieben, arbeitet er allein aus der Lust, die Welt zu verstehen (Gelb 1998, S. 57 ff.). Die Curiosità war sein ganzes Leben hindurch Quelle und Antriebskraft seines Schaffens. Und gerade in dieser Absichtslosigkeit stieß er auf grundlegend Neues. Weil er nirgendwohin wollte, war er stets frei, sich nicht für den schnellsten, sondern für den interessantesten Weg zu entscheiden. Leonardos gesamtes Leben war eine Übung in kreativer Problemlösung auf höchstem Niveau. An dessen Anfang stehen intensive Neugier, aufgeschlossenes Denken und offenes Fragen. Das Universalgenie hat sein Forschen immer durch Fragen aufgerollt. In seinen Notizbüchern stehen aus diesem Grunde am Anfang immer Fragen zur Konstruktion bestimmter Maschinen, Fragen zu den Grundprinzipien der Dynamik und schließlich Fragen, die noch nie zuvor gestellt worden waren: nach den Wolken, dem Alter der Erde oder der Menschheit. Leonardo da Vinci wusste um die enorme Bedeutung beständigen Lernens (vgl. Klein 2008, S. 260).

Übung: »Ich frage mich ...«

Schreiben Sie einen Monat lang ein Tagebuch. Nehmen Sie das Buch mit, wo auch immer Sie hingehen, und verwenden Sie es häufig. Schreiben Sie alle Ihre Ideen und Gedanken in dieses Buch. Versuchen Sie täglich, verschiedene Feststellungen aufzuschreiben, und beginnen Sie immer mit »Ich frage mich ...«.

Übung: Bewusstseinsstrom

Suchen Sie sich eine für Sie wichtige Frage und schreiben Sie die Gedanken und Assoziationen, die Ihnen dazu einfallen, so auf, wie sie Ihnen spontan in den Sinn kommen. Wichtig ist dabei, dass Sie nicht aufhören zu schreiben. Man nennt diese Technik auch freies Schreiben.

Selbsteinschätzung Ihrer eigenen Neugierde bzw. »Curiosità«

- Ich nehme mir häufig Zeit zum Nachdenken und zur Kontemplation.
- Ich liebe es zu lernen.
- Wenn ich vor einer wichtigen Entscheidung stehe, betrachte ich die Angelegenheit bewusst aus verschiedenen Blickwinkeln.
- Ich verschlinge Bücher geradezu oder liebe es, im Internet zu recherchieren.
- Ich lerne von kleinen Kindern.
- Meine Freunde würden mich als neugierig beschreiben.
- Wenn ich ein unbekanntes Wort oder einen unbekannten Ausdruck höre, recherchiere ich sofort dessen Bedeutung im Internet.
- Ich weiß viel über andere Kulturen und lerne beständig.

Fangen Sie mit Fragen an

»Wenn ich eine Stunde Zeit hätte, ein Problem zu lösen, von dem mein Leben abhängt, würde ich die ersten 55 Minuten damit verbringen, die richtige Frage zu stellen. Kenne ich diese, könnte ich das Problem in weniger als fünf Minuten lösen.«

(Albert Einstein)

Wenn es ums Fragen geht, kann man viel von Kindern lernen. Denken Sie über die Art von Fragen nach, die Kinder häufig stellen. Sicher, viele Fragen mögen töricht, naiv oder gar tabu sein. Aber Kinder sind gnadenlos neugierig und unvoreingenommen. Weil sie noch so wenig verbildet sind, behindern sie sich nicht durch vorgefasste Meinungen. Wenn es ums Problemlösen geht, ist das ein Vorteil. Vorgefasste Meinungen veranlassen uns dazu, eine Vielzahl möglicher Lösungen bereits im Vorfeld zu verwerfen. Kinder würden dies nicht tun. Sie konfrontieren uns häufig mit einem anhaltenden Strom von Fragen, wie: Wo lebt Gott? Warum ist der Rasen grün? Warum werden Menschen alt? Ganz anders stellt sich die Situation in Wirtschaft und Politik dar. Die drei Wörter, die dort am schwersten über die Lippen kommen, lauten: »Ich weiß nicht«. Und so mogelt man sich durch, ohne jemals offen zuzugeben, dass man etwas nicht weiß. Das ist problematisch, denn so lange man nicht zugeben kann, was man noch nicht weiß, ist es praktisch unmöglich, danach zu fragen, was man eigentlich dringend wissen müsste.

Erkundende Fragen sind der zentrale Schlüssel zu neuen Erkenntnissen. Sie sind eines der wichtigsten Instrumente der kontinuierlichen Erneuerung. Erkundende Fragen eröffnen neue Perspektiven. Viele der wichtigsten Forscher sind wie Einstein davon überzeugt, dass die Formulierung des Problems oft wichtiger ist als die der Lösung und dass immer neue Fragen dabei hilfreich sind. Man weiß in der Wissenschaft nie, wann der nächste Durchbruch kommt, wo man enden wird. Man beginnt mit einer Frage und erhält eine Antwort, die zur nächsten Frage führt. Interessant sind vor allem die unbeantworteten Fragen. Der Managementvordenker Peter Drucker arbeitet in seinem zentralen Werk »Practice of Management« (1954) heraus, dass die häufigste Fehlerquelle im Management die Suche nach den richtigen Antworten statt nach den richtigen Fragen sei. »The important and difficult job«, so Drucker, »is not to find the right question. For there are few things as useless – if not dangerous – as the right answer to the wrong question« (Drucker 1954, S. 352). Die Forschungsergebnisse von Mihaly Csikzentmihalyi bestätigen diese Annahme. Er kommt in einer Untersuchung der Arbeitsweisen von Nobelpreisträgern zu dem Schluss, dass den Forschern der wissenschaftliche Durchbruch gelang, weil sie neue Fragen fanden, mit denen sie ihr Problem neu zu fassen vermochten (vgl. auch Dyer et al 2011, S. 68). In Unternehmen geschieht jedoch häufig das Gegenteil. Weder bewerten wir Mitarbeiter und Führungskräfte nach der Qualität ihrer Fragen noch sind Fortbildungen darauf ausgerichtet, die Kompetenz des Fragens systematisch zu entwickeln. Meist ist das Gegenteil der Fall: Wir sind auf schnelle Antworten trainiert. Doch in einer sich schnell verändernden Umwelt werden diejenigen Unternehmen einen Vorsprung haben, deren Mitarbeiter gelernt haben, Fragen zu stellen.

Bei Google fordert Larry Page die Führungskräfte kontinuierlich dazu heraus, Fragen über die Zukunft zu stellen (Schoemaker 2014, S. 2). Folgen Sie seinem Beispiel: Fangen Sie mit Fragen an! Seien Sie neugierig auf das, was in der Zukunft kommen mag. Lassen Sie sich auf neue Informationen ein, um die Dinge, die innerhalb und außerhalb des Unternehmens passieren, besser zu verstehen. Nehmen Sie eine sokratische Haltung ein: »Ich weiß, dass ich nichts weiß«. Der Organisationsforscher Chris Agyris führt aus, dass die meisten Manager einen gemeinsamen Prozess des Fragens insgeheim als bedrohlich empfinden. Bereits in der Schule lernen wir, dass wir unsere Unwissenheit nicht eingestehen dürfen, und die meisten Unternehmen bestärken diese einmal gelernte Lektion, indem sie nur solche Führungskräfte belohnen, die glänzende Plädoyers für ihre Standpunkte halten, und nicht diejenigen, die sich auf das Erforschen komplexer Sachverhalte einlassen.

Genau dieser Prozess verhindert neue Erkenntnisse. Die Folge daraus bezeichnet Agyris als »geschulte Inkompetenz«: Teams, die unglaublich kompetent darin sind, das eigene Lernen zu verhindern (vgl. Senge 1996, S. 37).

»Computer sind nutzlos, sie können uns nur Antworten geben« (Pablo Picasso)

Erik Brynjolfsson und Andrew Macafee, die beide am MIT Center for Digital Business in Boston forschen, kommen in ihrem sehr lesenswerten Buch »The Second Machine Age« (2015, S. 229 ff.) zu dem Schluss, dass es bislang nicht gelungen sei, eine wirklich kreative Maschine zu entwickeln. »Wir haben Software gesehen, die englische Wortzeilen in Reimform bilden konnte, aber keine, die in der Lage gewesen wäre, ein richtiges Gedicht zu schreiben (...). Programme, die fehlerfrei Prosa verfassen können, sind erstaunliche Errungenschaften, aber bislang gibt es noch keine, die sich ausdenken können, worüber sie als Nächstes schreiben wollen. Eine Software, die gute Software erzeugen kann, ist uns bislang noch nicht untergekommen; und alle bisherigen Versuche in dieser Richtung waren erbärmliche Misserfolge«. Brynjolfsson und Macafee führen dies darauf zurück, dass Computer nicht in der Lage sind, Bekanntes zu bezweifeln und neue Fragen aufzuwerfen. Das Zitat des Malers Pablo Picasso: »Computer sind nutzlos, sie können uns nur Antworten geben« trifft ihrer Ansicht nach aber nur zur Hälfte zu. Computer seien nicht nutzlos und erwiesen sich dem Menschen bei analytischen Vorgängen als weitaus überlegen. Doch seien sie und blieben sie immer Maschinen, die exakte Antworten generieren, aber keine interessanten neuen Fragen zu stellen vermögen. Diese Fähigkeit scheint nach wie vor ausschließlich dem Menschen vorbehalten. Die beiden Forscher prognostizieren denn auch, dass Menschen, die viele gute Ideen haben und viele neue Fragen stellen, auch künftig einen Vorteil gegenüber digitalen Technologien haben werden (ebd., S. 230). Arbeitgeber sollten bei der Talentsuche dem Rat folgen, der dem großen Aufklärer Voltaire zugeschrieben wird: »Beurteile die Menschen eher nach ihren Fragen als nach ihren Antworten.«

Wer Fragen stellt, ...

- geht auf den anderen zu,
- öffnet sich und gibt zu, dass er nicht alles weiß,
- bringt sich und seine Gefühle in den Prozess ein und erzeugt damit Energie,
- stellt eine Beziehung zu anderen her,
- schließt den anderen für ein gemeinsames Vorgehen auf.

Fünftes Prinzip:
Erkunden

100-Fragen-Übung

Schreiben Sie eine Liste mit hundert Fragen in ein Notizbuch. Ihre Liste kann alle möglichen Fragen beinhalten, wenn diese nur eine Bedeutung für Sie haben. Stellen Sie Ihre Liste ohne Unterbrechung in einem Zug auf.

Warum gerade hundert Fragen? Die ersten zwanzig Fragen behandeln in der Regel Probleme, die Sie zurzeit vordergründig am meisten beschäftigen. Die nächsten dreißig oder vierzig Fragen werden Sie auf wichtige, aber nicht so präsente Themen aufmerksam machen. Und in den letzten Fragen werden Sie so manch Unerwartetes entdecken.

Wenn Sie fertig sind, lesen Sie Ihre Liste noch einmal durch und unterstreichen die zentralen Themengebiete, die sich darin abzeichnen.

Gehen Sie dann die Liste mit den hundert Fragen noch einmal durch. Wählen Sie die zehn Fragen aus, die Ihnen am wichtigsten erscheinen, und nummerieren Sie diese nach ihrer Bedeutung von eins bis zehn durch.

Entwickeln Sie Achtsamkeit

Haben Sie schon einmal einen geführten Spaziergang durch Ihre Stadt gemacht? Und sich dabei gewundert, dass Sie schon hundert Mal an dem herrlichen Relief über der Tür vorbeigegangen sind, ohne es je bemerkt zu haben? Oder haben Sie sich schon mal in ein neues Thema eingearbeitet, das Ihnen fortan überall begegnet ist, obwohl es Ihre Aufmerksamkeit zuvor nie erregt hat?

Ähnlich verhält es sich mit Trends. Es ist unmöglich, zukünftige Entwicklungen genau vorherzusagen. Dennoch sind erneuerungsfähige Organisationen eher in der Lage, das Neue zu erspüren. Sie verfügen über eine sensiblere Wahrnehmung für das, was gerade im Entstehen begriffen ist. Anfangs sind das oft unmerkliche Dinge, und meist liegen sie außerhalb dessen, was wir gerade auf der Agenda haben. Auf diese Weise nehmen erneuerungsfähige Organisationen auch die »stillen Wandlungen«, die graduellen und kontinuierlichen Richtungsänderungen in ihrem Umfeld wahr.

Soll das Management bei ersten Anzeichen für ein verändertes Umfeld mit Maßnahmen warten, bis klare Beweise vorliegen? Wer auf eindeutige Beweise wartet, verpasst zumeist die Chance und reagiert zu spät auf Veränderungen. Erneuerungsfähige Unternehmen sind in der Lage, schwache Signale in ihrem Umfeld wahrzunehmen. Sie zeichnen sich durch ein hohes Maß an Achtsamkeit aus. Die Organisationsforscher Karl Weick und Kathleen Sutcliffe stellen diesen Begriff der Achtsamkeit in den Mittelpunkt ihres Buches »Das Unerwartete managen: Wie Unternehmen aus Extremsituationen lernen« (Weick/Sutcliffe 2003). Dass

Organisationen achtsam sein sollten, mag selbstverständlich klingen. Aber Organisationen, die stark auf Pläne, standardisierte Verfahren, Rezepte und Routinen setzen, so die beiden Forscher, investieren häufig unfreiwillig in Unachtsamkeit. Ein starkes Engagement für Pläne schränke die Wahrnehmung und damit die Reaktionsfähigkeit einer Organisation ein. Das Ergebnis ist ein System, das weniger fähig ist, Neues zu erspüren, das weniger in der Lage ist, Verstehen und Lernen zu aktualisieren oder neue Handlungskombinationen für den Umgang mit dem Unerwarteten zu entwickeln. Die Menschen in solchen unachtsamen Organisationen folgen bewährten Rezepten. Sie schalten sozusagen auf Autopilot und stempeln unbekannte Kontexte fälschlicherweise als vertraute und altbekannte ab. Dies hat zur Folge, so die Schlussfolgerung von Weick und Sutcliffe, dass zukünftige Chancen wie auch Probleme von der Organisation nicht wahrgenommen werden (Weick/Sutcliffe 2003, S. 55 ff.).

Anders sieht die Situation in erneuerungsfähigen Organisationen aus. Sie bekommen das Unerwartete besser in den Griff, weil sie vielfältige Signale aus einer Vielzahl von Quellen sammeln und diese Informationen zusammenbringen, um zu sehen, wo sich neue Muster erkennen lassen. Die Erweiterung der bewussten Wahrnehmung ist dabei das Entscheidende.

Vielleicht ist Ihnen aufgefallen, dass ich den Begriff der Fokussierung in meiner Argumentation nicht benutzt habe. Von diesem Begriff halte ich mich aus gutem Grund fern. Fokussieren schließt etwas aus, erweitern schließt etwas ein. Und genau dies tut das Personal in erneuerungsfähigen Organisationen: Es schließt vieles in seine Betrachtung mit ein. Es interpretiert achtsam auch kleine, kaum wahrnehmbare Veränderungen im Unternehmensumfeld, die Hinweise auf zukünftige Entwicklungen geben können. Was in der jüngeren Managementdiskussion als »disruptiv« bezeichnet wird, sind meist Entwicklungen, die schon länger im Gang sind. Wir hätten sie längst entdecken können, wären wir achtsamer gewesen und hätten wir nur den Willen gehabt, die Veränderungen aufzuspüren und uns auf sie einzulassen. Wenn es dann so weit ist, jagt man die Mitarbeiter durch einen Change-Prozess, der dann in der Tat disruptiv ist.

»Flirte mit Deinen Hypothesen, aber heirate sie nie!« oder »Die Wahrheit ist die Erfindung eines Lügners!« (Heinz v. Foerster)

Wir bilden in dieser Phase der Exploration erste Hypothesen. Eine Hypothese ist eine vorläufige, im weiteren Verlauf zu überprüfende Annahme. In der klassischen Wissenschaftstheorie dient die Hypothese als Erkenntniswerkzeug, das je nach Verlauf beizubehalten oder zu verwerfen ist. Es geht nicht darum, die eine richtige Hypothese zu finden. Vielmehr führt gerade die Vielfalt an Hypothesen zu einer Perspektiven und Möglichkeiten. Hypothesenbildung ist sozusagen ein Mittel, um eine neugierige Haltung aufrechtzuerhalten. Aber flirten Sie lediglich mit Ihren Hypothesen, heiraten Sie sie nie! Klammern Sie sich nicht an Ihre Hypothesen und Erwartungen. Es ist dann weniger schmerzlich, eine Hypothese fallen zu lassen, wenn sie sich nicht bestätigt. Und denken Sie immer an den Erkenntnistheoretiker Heinz von Foerster, der treffend formulierte: »Die Wahrheit ist die Erfindung eines Lügners.«

So entwickeln Sie Neugier

Führen Sie eine »Ich-weiß-nicht-Liste«

Shane Atchinson, Vorstandsvorsitzende der amerikanischen Kreativ-Agentur Possible, führt kontinuierlich eine Liste von sieben Dingen, die sie nicht weiß. Sie schreibt dazu selbst, dass eines ihrer zentralen Führungswerkzeuge eine »Ich-weiß-nicht-Liste« ist. Das kontinuierliche Erweitern dieser Liste, so Atchinson, zwinge sie dazu, quer zu denken und eine kritische Perspektive auf das eigene Handeln und Entscheiden zu gewinnen. Es sei ein bisschen wie das englische Sprichwort: »If you don't admit you have a problem, you'll never find a solution« (zit. nach Wiseman 2014, S. 171).

Gehen Sie regelmäßig an Orte des Wandels

»Besuche einmal im Jahr einen Ort, den Du nicht kennst.«

(Zen-Weisheit)

Führungskräfte sollten es sich zur Gewohnheit machen, dort zu sein, wo Veränderungen vor sich gehen. Oder Sie sollten sich die Veränderung bewusst ins Haus holen. Wie oft haben Sie zum Beispiel im vergangenen Jahr Umbrüche unmittelbar erlebt, anstatt darüber in einem Wirtschaftsmagazin zu lesen, durch einen Berater davon zu hören oder von einem Mitarbeiter einen Bericht zu erhalten? Haben Sie schon einmal ein Nanotechnik-Labor besucht? Eine Nacht in einem trendigen Londoner Klub verbracht? Einen Nachmittag lang mit Umweltaktivisten diskutiert? Haben Sie schon einmal einen Jugendlichen unter 16 Jahren ernsthaft gefragt, was ihm wichtig ist? Fakten aus zweiter Hand lassen sich immer leichter ignorieren. Gehen Sie dorthin, wo sich Veränderungen ereignen. Kultivieren Sie solche »Ortswechsel des Denkens«.

Übung

Fragen Sie sich in Bezug auf die Zukunft, die Sie gestalten wollen: Welches sind die Menschen und Orte mit dem größten Potenzial, von denen Sie am meisten über die Zukunft lernen können und darüber, wie man sie gestaltet?

Sprechen Sie mit Fremden – Erweitern Sie Ihr Netzwerk und Ihre Perspektiven

»Wenn ich einen Strauß zusammengestellt habe,
um ihn zu malen, wähle ich bewusst die Ansicht,
die ich nicht vorgesehen habe.«

(Pierre-Auguste Renoir)

Führungskräfte und Experten in erneuerungsfähigen Organisationen verfügen über ein reichhaltiges Netzwerk außerhalb ihrer eigenen Organisation und ihrer Branche. »Knowledge is elsewhere«, sagt der Managementvordenker Paul Iske. Überraschende Informationen zu gewinnen ist seiner Ansicht nach nicht planbar. Wer jedoch zu lange im eigenen Saft schmort, bestätigt zumeist das, was er bereits weiß. Durch die Erweiterung Ihres internen wie externen Netzwerks gewinnen Sie vollkommen neue Blickwinkel. Scheuen Sie keine Mühen, um Menschen mit ganz unterschiedlichen Ideen und Einstellungen zu treffen und so Ihr eigenes Wissen zu erweitern. Arbeiten Sie bewusst darauf hin, andersartigen Menschen mit völlig anderen Lebenswegen zu begegnen. Besuchen Sie Seminare und Fortbildungskurse zu Themen, die nicht in Ihr Fachgebiet fallen. Robert Shiller, der 2013 den Nobelpreis für Wirtschaftswissenschaften erhielt, beschreibt das wie folgt: »It's like having a good friend who is a devout believer in another religion. You can learn a lot from a friend like that, even if you don't pray in his church« (zit. nach Wiseman 2014, S. 95).

Nutzen Sie das Nichtwissen von Neulingen und Außenseitern

Erfahrung ist wichtig. Sie kann aber zur Bürde werden, wenn sich die Umweltbedingungen schnell ändern. Die Unternehmensberaterin Liz Wiseman geht davon aus, dass Anfänger durchaus einen Wettbewerbsvorteil gegenüber neuer Experten haben können. Der Markt ist voll mit Beispielen erfolgreicher neuer Unternehmen, deren Führungskräfte keine einschlägige Branchenerfahrung hatten: Amazon, Ebay, Netflix, Twitter, Cirque du Soleil. In ihrem Buch »Rookie Smarts« (2014) arbeitet Liz Wiseman an vielen Beispielen heraus, dass es in einem dynamischen Umfeld von großem Vorteil sein kann, mit nicht allzu altem Wissen belastet zu sein. In diesem Zusammenhang schlägt sie die Methode des »Reverse Mento-

Fünftes Prinzip: Erkunden

ring« vor: Suchen Sie junge Kollegen und Kolleginnen, von denen Sie sich als erfahrener Experte beraten lassen. Lernen Sie von den Jungen. Lassen Sie sich neue Technologien und neue Denkweisen beibringen. Jack Welch, der frühere CEO von GE, machte »Reverse Mentoring« zur Chefsache. In seiner Amtszeit ließ sich jeder Vorstand von GE eine Woche lang von jungen Auszubildenden in den Umgang mit den damals neu aufkommenden Social Media einweisen.

Suchen Sie die Freigeister in Ihrer Organisation auf

Es gibt sicher Leute in Ihrem Unternehmen, die zukunftsorientiert denken und die verstehen, wo eine Bedrohung für Ihr Geschäftsmodell lauert, denen bislang aber wenig Gehör geschenkt wird. Diese Leute müssen Sie finden. Deren Meinung darf nicht der Zensur zum Opfer fallen. Stellen Sie sicher, dass diese Leute Zugang zu Ihnen haben. Verabreden Sie sich mit den Freigeistern unter Ihren Mitarbeitern zum Mittagessen. Bilden Sie einen »Schattenvorstand«, dessen Mitglieder im Durchschnitt 20 Jahre jünger sind als die Mitglieder des eigentlichen Vorstandes und in dem Frauen und Angehörige verschiedener Kulturen vertreten sind.

Suchen Sie nach positiven Abweichungen

Um einen Blick in die Zukunft zu werfen, kann es sinnvoll sein, nach positiven Abweichungen Ausschau zu halten, das heißt Organisationen zu besuchen, die gegen die Norm der herkömmlichen Praxis verstoßen. In der Wissenschaft gilt der Grundsatz: Es sind die Anomalien, die Abweichungen von der Norm, die uns zu neuen Erkenntnissen führen. Diese Einsicht können Sie auf das Management übertragen. Identifizieren Sie zunächst ein vertracktes Managementproblem, das Sie gerne lösen würden. Halten Sie dann nach ungewöhnlichen Organisationen Ausschau, die einen neuartigen Lösungsansatz ausprobiert haben (vgl. www.managementexchange.com).

Übung: Lernen von positiven Abweichlern

- Welches Ihrer Probleme (etwa die Frage, wie Kreativität geweckt oder Selbstorganisation verstärkt werden kann) hat ein anderes Unternehmen oder eine andere Person auf unkonventionelle Art und Weise gelöst?
- Welche Methoden, Anreize und Infrastrukturelemente sind Bestandteil dieser atypischen Lösung? Wie genau hat es der Abweichler geschafft, neue Lösungen zu entwickeln?
- Welche Prinzipien liegen dem Ansatz des Abweichlers zugrunde? Welche wichtigen Lehren sollten wir aus diesem Fall ziehen?

Stärken Sie die Fantasie Ihrer Mitarbeiter und machen Sie Lust auf Zukunft. Stärken Sie die Fantasie Ihrer Mitarbeiter als Instrument zur Erforschung der Zukunft. Erneuerungsfähige Organisationen malen sich ständig neue Szenarien aus, beschäftigen sich mit den Wechselwirkungen unterschiedlicher Variablen, stellen neue Hypothesen über die Wirklichkeit und die zukünftige Entwicklung auf. Sie können sich zum Beispiel bei Managementtreffen Zeit dafür nehmen, Zukunftsmodelle zu simulieren, oder sich von einem hypothetischen Ergebnis an dem Auslöser zurückarbeiten. Alternativ können Sie einzelnen Gruppen die Aufgabe übertragen, sich Szenarien auszumalen und diese schriftlich festzuhalten. Wenn Managementteams ein breites Spektrum an Zukunftsalternativen denken können, achten sie aufmerksamer auf Veränderungen in der Unternehmensumwelt und gehen besser darauf ein (Senge 1990, S. 229).

Übung: Die wichtigsten Erkenntnisse in meinem Leben

Versuchen Sie herauszufinden, mit welchen Mitteln und Methoden, an welchen Orten und in welcher Atmosphäre Sie zu den wichtigsten Erkenntnissen Ihres Lebens gelangt sind. Wie kamen diese Erkenntnisse zustande? Haben Sie aus Büchern oder von Menschen gelernt? Haben Sie bewusst darüber nachgedacht oder kam die Erkenntnis plötzlich? Wie war Ihr Gefühlszustand? Schreiben Sie stichwortartig nieder, was Ihnen spontan dazu einfällt.

Empfehlenswerte Websites und Videos

- www.rookiesmarts.com
  Auf der Website können Sie testen, wie offen Sie für neue Entwicklungen sind.

- www.trend-update.de/neugier-test
  Der Link führt zu einem Neugiertest, den der Psychologe Patrick Mussel von der Universität Würzburg entwickelt hat. Mit diesem Test lässt sich speziell die berufsbezogene Neugier messen. Der Test besteht aus zehn Fragen, ist aber auf Validität getestet.

- http://bit.ly/1FaIzKD
  Carl Naughhton: *Neugier ist ein Garant für gute Job-Performance*
  Wie man andere dazu bringt, neugierig zu sein und zu bleiben, erläutert Carl Naughton in einem Interview, das er auf den Petersberger Trainertagen 2014 gegeben hat.

- www.youtube.com/watch?v=4CaWKQmPQFI
  Gerald Hüther: *Discover your potentials*
  In diesem Vortrag arbeitet der Hirnforscher Gerald Hüther heraus, wie wichtig Neugier und Begeisterung für das Lernen sind. Hüther fordert dazu auf, eine Kultur der Neugier und Begeisterung in Schulen, aber auch in Unternehmen zu schaffen.

Fünftes Prinzip:
Erkunden

Assessment-Vorlage
»Neugier und Erkunden«

Wie treffend beschreibt jede der folgenden Aussagen Ihr Unternehmen *oder* Ihre Abteilung? (Bitte bewerten Sie entweder Ihr Unternehmen oder Ihre Abteilung.)
Tragen Sie neben jeder der unten aufgeführten Aussage die Zahl ein, die Ihrer Meinung nach zutrifft:

1 = trifft überhaupt nicht zu
2 = trifft eher nicht zu
3 = teils/teils
4 = trifft eher zu
5 = trifft voll und ganz zu

1. Wir beschreiten in unserer Abteilung/unserem Unternehmen gerne neue Wege.
2. Bei uns im Unternehmen/in der Abteilung wird Neues dem Bekannten vorgezogen.
3. Bei uns in der Abteilung/im Unternehmen haben die meisten Mitarbeiter Spaß daran, an neuen Problem-/Aufgabestellungen zu arbeiten.
4. In unserer Abteilung/unserem Unternehmen suchen wir kontinuierlich nach neuen Lösungen und Vorgehensweisen.
5. In meinem Unternehmen/meiner Abteilung werden alle Möglichkeiten genutzt, von anderen zu lernen (z. B. Wettbewerbern, Lieferanten, Kunden, Unternehmen aus anderen Branchen, etc.).
6. Wir versuchen Prozesse und Vorgehensweisen in unserer Abteilung/unserem Unternehmen kontinuierlich zu verbessern.
7. Die Mitarbeiter werden in unserer Abteilung/unserem Unternehmen dazu motiviert, Fragen zu stellen.
8. Die Mitarbeiter in unserer Abteilung/unserem Unternehmen kann man als wissbegierig beschreiben.

Gesamt

Ergebnis Addieren Sie die Punktezahl. Liegt das Ergebnis unter 17, herrscht in Ihrem Unternehmen/Ihrer Abteilung ein geringes Niveau an Neugier vor und Sie sollten überlegen, wie Sie dies verbessern könnten. Liegt das Ergebnis zwischen 17 und 24, ist die Neugier mäßig ausgeprägt. Ergebnisse, die höher als 24 liegen, weisen auf eine hohes bis sehr hohes Niveau an Neugier hin.

Sechstes Prinzip: Experimentieren

»*Nicht alles, was wir ausprobieren, funktioniert – aber alles, was funktioniert, wurde ausprobiert.*«

Die Organisation kontinuierlich mit Variation versorgen

Die Natur macht es uns vor: Sie bringt in einem kontinuierlich anhaltenden Prozess immer wieder neue Arten hervor. Biologen zufolge stellt die Artenvielfalt, wie sie heute auf dem Planeten vorherrscht, nur etwa ein Prozent dessen dar, was die Evolution bisher insgesamt hervorgebracht hat. Damit ist die Natur genauso verschwenderisch wie kreativ. Denn obwohl sie 99 Prozent aller von ihr selbst hervorgebrachten Arten ausselektiert hat, finden sich immer noch höchst unterschiedliche und skurrile Formen: zum Beispiel der Weißkopfsaki-Affe (White-faced Saki), der rosafarbene Gürtelmull (Pink Fairy Armandillo), das Fingertier (Aye-Aye) oder der Tiefsee-Tintenfisch Grimpoteuthis, dessen Flossen an die riesigen Ohren des Disney-Elefanten Dumbo erinnern, weshalb er auch »Dumbo-Oktupus« genannt wird.

Oder betrachten wir eine Eiche: Bei einer Wanderung durch den herbstlichen Wald finden Sie Stellen, an denen der Boden mit Eicheln übersät ist. Wie kann man diese Verschwendung der Natur erklären? Ganz einfach: Die Eiche weiß nicht, wo der Boden fruchtbar ist. Die großflächige Ausbringung der Eicheln ist nichts anderes als eine »Suchstrategie«, die dazu dient, die beste Kombination von Erdreich, Licht und Feuchtigkeit zu finden. Ähnlich ist es in einem Unternehmen: Man kann nicht vorhersehen, welcher Samen keinem wird und welcher nicht. Wer hätte beispielsweise im Jahr 1996 ahnen können, dass ein völlig unbekanntes Unternehmen namens eBay eines Tages einen Marktwert von mehr als 70 Milliarden Dollar haben würde oder dass sich Google, das zwei Jahre später gegründet wurde, zur marktbeherrschenden Suchmaschine und damit zum zentralen Player in der Internetwirtschaft entwickeln würde?

Aus der Systemtheorie und Kybernetik wissen wir, dass die Funktionsfähigkeit eines Systems maßgeblich von seiner Fähigkeit abhängt, die eigene Varietät zu erhalten bzw. zu erweitern. Bereits 1956 hat ein Pionier der kybernetischen Forschung, W. R. Ashby, das Gesetz der erforderlichen Varietät formuliert: »Nur Vielfalt kann Vielfalt absorbieren.« Dies bedeutet, dass zur Bewältigung der gestiegenen Unternehmenskomplexität nicht weniger, sondern mehr Varietät erforderlich ist. Der Biokybernetiker Heinz von Foerster hat diesen Zusammenhang in Bezug auf soziale System wie folgt auf den Punkt gebracht: »Handle stets so, dass du die Anzahl der Möglichkeiten vergrößerst« (Foerster, S. 49). Dieser Imperativ hat weitreichende Konsequenzen für die Managementpraxis: Alles, was die Zahl der Möglichkeiten einschränkt (Tabus, Denkverbote, Dogmen etc.), steht der Erneuerungsfähigkeit sozialer Systeme entgegen. Das bringt uns in Konflikt mit gewohnten Denkregeln und Routinen. Gleichzeitig kann es viel Spaß machen, das Gewusste infrage zu stellen und das kaum Gedachte zum Thema zu machen. Die Natur macht es uns vor: Sie lässt im Prozess der Variation das Unkalkulierbare zu und bringt dabei auch verrückte Formen hervor. Es gibt einen beeindruckenden Satz von Albert Einstein über die Entdeckung seiner Relativitätstheorie, nach der er bekanntlich nicht gezielt gesucht hatte. Einstein sagte sinngemäß: »Ich war mir nicht sicher, ob das genial ist oder verrückt.«

Was für die Natur gilt, gilt auch für die Wirtschaft und für Unternehmen: Ein Mangel an Varietät an unterschiedlichen, teils verrückten Ideen beschränkt die Fähigkeit von Unternehmen, sich an veränderte Umweltbedingungen anzupassen. Ohne neue Optionen werden sich Unternehmen immer auf die bislang erfolgreichen Handlungsmuster beschränken. Erneuerungsfähige Organisationen starten demgegenüber laufend Experimente, um neue Chancen zu erkunden. Google ist ein hervorragendes Beispiel hierfür. Innerhalb des Kerngeschäftes experimentiert Google jedes Jahr mit mehr als 5 000 Veränderungen der Software. Davon werden jedoch nur 500, also nur ein Zehntel, tatsächlich implementiert. Die Tatsache, dass Google über die letzten Jahre hinweg der unangefochtene Marktführer im Geschäft der Suchmaschinen geblieben ist, lässt sich im Wesentlichen auf diese starke Experimentierfreude zurückführen. Google arbeitet wie viele Internet-Unternehmen nach folgender Daumenregel: Von 1 000 verrückten Ideen eignen sich lediglich 100 für ein Experiment. Von diesen 100 Experimenten sind wiederum nur zehn für eine ernsthafte Investition geeignet, und von diesen zehn haben allerhöchstens zwei das Potenzial, ein Geschäftsfeld zu verändern oder ein attraktives neues Geschäftsfeld zu schaffen.

Das Beispiel Google macht aber noch auf einen weiteren Aspekt aufmerksam: Das Scheitern gehört zur Logik des Experimentierens. Bei Google scheitern immerhin neun von zehn Experimenten. Dennoch wird das Scheitern nicht tabuisiert, sondern ist gewissermaßen Teil des Geschäftsmodells.

Das Experiment ist die Basis der modernen Wissenschaft

»Wenn Sie in der Medizin oder in den Naturwissenschaften einen Pfad hinuntergehen und dieser sich als Sackgasse herausstellt, haben Sie tatsächlich einen Beitrag geleistet, weil wir wissen, dass wir diesen Pfad nicht mal hinunterzugehen brauchen«, sagte Michael Bloomberg, ehemaliger Bürgermeister von New York. Dieses produktive Prinzip der Wissenschaft gelte zu seinem großen Bedauern weder in der Wirtschaft noch in der Politik. »In den Zeitungen«, so Bloomberg weiter, »nennen sie das Versagen. Und folglich sind die Leute nicht gewillt, Neuerungen vorzunehmen, nicht gewillt, in der Regierung Risiken zu übernehmen« (vgl. Levitt/Dubner 2014, S. 191). Außerhalb von Laboren und technischen Versuchsanordnungen sind Experimente negativ belegt. Sie scheinen gefährlich und erzeugen Unsicherheit, da ihr Ausgang ungewiss ist. In Organisationen sind die unsichtbaren Plakate mit der Aufschrift »Keine Experimente bitte!« allgegenwärtig. Organisationen wollen uns ein Gefühl der Sicherheit, Verlässlichkeit und Wiederholbarkeit vermitteln – da stören Experimente nur. Und das Management versteht sich als Garant von Kontinuität, Stabilität und einer Null-Fehler-Kultur.

Ganz anders sieht die Situation in der Wissenschaft aus. Kary Mullis, Nobelpreisträger für Chemie, sieht das Experiment als zentrale Basis der modernen Wissenschaft. Er ist davon überzeugt, dass das experimentelle Denken die Wissenschaft in den letzten 350 Jahren geprägt hat. Ohne den Mut, neue Fragen zu stellen, wären die vielen Innovationen nicht möglich gewesen. Der berühmte französische Physiologe François Jacob nannte das Experiment denn auch den »Brustkasten der Hoffnung. Eine Maschinerie zur Herstellung von Zukunft« (Jacob 1988, S. 11f.). Das Experiment ist ein Erkundungsgang, eine Möglichkeit, Neuland zu erschließen und auf künftiges Wissen zuzugreifen, das einem noch gar nicht zur Verfügung steht. Das Experiment ist, wenn man so will, eine Suchmaschine mit einer allerdings merkwürdigen Struktur: Sie erzeugt Dinge, von denen man immer nur im Nachhinein sagen kann, dass man sie gesucht hat. Um es mit den Worten des deutschen Experimentalphysikers und Schriftstellers Christoph Lichtenberg zu sagen: »Man muss etwas Neues machen, um etwas Neues zu sehen.« Der große französische Physiologe Claude Bernard hat bereits im 19. Jahrhunderts in seinem Notizbuch notiert: »Man hat behauptet, ich würde finden, was ich gar nicht suchte.« Mit dieser Bemerkung traf der begnadete Experimentator den entscheidenden Punkt. Das Forschungsexperiment ist darauf angelegt, etwas zum Vorschein zu bringen, von dem man noch keine genaue Vorstellung hat. Aber ohne eine zumindest vage Vorstellung kann man andererseits auch nicht von etwas Neuem überrascht werden. Im Experiment treten Forscher und untersuchter Gegenstand in eine enge Beziehung (vgl. Rheinberger 2011).

Dabei ist von zentraler Bedeutung, dass in der experimentellen Anordnung das Risiko bewusst begrenzt wird: Es handelt sich ja nur um ein Experiment! Im Experiment ist das Scheitern daher keine Frage von Leben und Tod. Das Experiment ist vielmehr eine intelligente Versuchsanordnung, um systematisch aus Misserfolg klug zu werden. Dieses Vorgehen durch Irrtum stellt in der Wissenschaftsgeschichte einen gewaltigen Schritt nach vorn dar. Man kann sich mit Experimenten dem Komplexen nähern, ohne dass man untergehen droht. Und es gibt kein Experiment, das keine Erkenntnis mit sich bringt. Was herauskommt, ist immer

»richtig«. Jeder Versuch bringt uns der Lösung näher, denn auch das Wissen darüber, was nicht funktioniert, ist wertvolles Wissen, wie Bloomberg in dem eingangs zitierten Satz sehr eindrücklich formuliert hat.

Gescheiterte Experimente und Zufälle, die Großes hervorbrachten

Wer sich bei seinem Vorhaben auf Ungewissheiten einlässt, muss früher oder später mit unerwarteten Umständen und Zufällen rechnen. Dabei zeigen viele Beispiele, dass Zufälle oder gar Unfälle große Chancen bieten. Der Zufall mischte bei einer ganzen Reihe bedeutender Entdeckungen mit. In der Wissenschaft bezeichnet man dieses Phänomen als »Serendipität« (*serendipity*). Darunter versteht man eine zufällige Beobachtung von etwas ursprünglich nicht Gesuchtem, das sich später als höchst interessante Entdeckung erweist.

Viagra Anfang der 1990er Jahre suchte ein Team des Pfizer-Forschungsinstituts ein Mittel gegen Herzbeschwerden. Das dabei gefundene Mittel UK-92480 blockierte das Enzym PDE-5. Während erste Versuche an Patienten vielversprechend verliefen, berichteten einige Männer von mehreren Erektionen ein paar Tage nach Einnahme des Medikaments. Der zuständige Versuchsleiter sah in dieser Wirkung kein Potenzial. Erst Jahre später wurde die sexuelle Wirkung des Wirkstoffs genauer untersucht. 1998 erhielt Pfizer von der US-Gesundheitsbehörde die Genehmigung, Viagra zu verkaufen.

Post-it Im Jahr 1968 beschäftigte sich Spencer Silver von der Minnesota Mining and Manufacturing Company (3M) mit der Entwicklung eines neuen Superklebers, der stärker als alle bekannten Klebstoffe werden sollte. Das Ergebnis seiner Arbeit war jedoch nur eine klebrige Masse, die sich zwar auf allen Flächen auftragen ließ, jedoch genauso leicht wieder ablösen war. Das einzige Produkt, das sich daraus entwickelte, war eine Art Pinnwand ohne Pins. Das Board wurde mit dem Klebstoff bestrichen, sodass sich Zettel einfach hin kleben und wieder ablösen ließen. Da sich dieses Board nur schlecht verkaufte, wurde es vom Markt genommen und die Erfindung von Spencer Silver geriet in Vergessenheit. Sechs Jahre später ärgerte sich Art Fry, ebenfalls ein Mitarbeiter von 3M, der ehrenamtlich Mitglied eines Kirchenchors war, darüber, dass ihm seine Lesezeichen im Stehen ständig aus den Notenheften herausfielen. Er erinnerte sich an die Erfindung seines Arbeitskollegen und holte sich eine Probe des Klebers aus dem Labor. Er trug ihn auf kleine Zettel auf und erprobte seine Erfindung gleich beim nächsten Konzert. Und tatsächlich hafteten seine Lesezeichen zuverlässig, ließen sich aber dennoch leicht lösen, ohne die Notenblätter zu zerstören. Die Post-its waren erfunden.

Luftpolsterfolie Alfred Fielding und Marc Chavannes tüftelten im Jahr 1957 in ihrer Garage in New Jersey an einer skurrilen Idee: Die Apollo-Missionen und die Eroberung des Weltraums waren zu dieser Zeit eines der zentralen gesellschaftlichen Themen. Die Erfinder wollten diesen Hype nutzen und mit Plastiktapeten in Weltraumoptik den Markt erobern. Dafür klebten sie zwei Duschvorhänge zusammen, zwischen denen sich kleine Luftblasen sammelten, trugen noch eine Schicht Papier hinten auf und fertig war die Trendtapete. Doch diese Idee kam bei den Kunden überhaupt nicht gut an. Aus Verzweiflung versuchten die beiden Erfinder, die Tapete als Isoliermaterial für Gewächshäuser zu verkaufen. Auch dieser Ansatz erwies sich als erfolglos. Schließlich kam ihnen der Gedanke, ihre Erfindung als Transportschutz zu verwenden. Sie gründeten die Firma Sealed Air, meldeten ein Patent an und verkauften die »Tapete« von nun an als Verpackungsmaterial. Heute erzielt Sealed Air mit den durch Zufall erfundenen Luftpolsterfolien weltweit Umsätze in Milliardenhöhe.

Teebeutel Der amerikanische Teehändler Thomas Sullivan war äußerst überrascht, als er erfuhr, was seine Kunden mit den Verpackungen seiner Teelieferungen machen. Um das Gewicht der Verpackung für den Versand von Teeproben zu reduzieren, füllte Sullivan um das Jahr 1900 erstmals Teeproben in kleine Seidenbeutel statt in Blechdosen ab. Die Kunden fanden das sehr praktisch und tauchten diese Beutel in siedendes Wasser – im Glauben, dass das von Sullivan so vorgesehen war. Der Teebeutel war erfunden.

Haben Sie Mut zum Experimentieren!

»Wir können keine neuen Kontinente entdecken, wenn wir Angst haben, die Küste aus den Augen zu verlieren.«

(André Gide)

Wo finden wir diesen Mut zum Experimentieren im heutigen Management? Die Organisationsforscher Kaduk, Osmetz und Wüthrich (2014) haben sich mit dieser Frage intensiv beschäftigt. Sie kommen auf der Grundlage von mehr als 600 narrativen Interviews mit Führungskräften aus unterschiedlichsten Branchen zu dem Ergebnis: Mit dem Mut ist es in den Führungsetagen nicht besonders gut bestellt. Experimente werden heute in Unternehmen kaum noch gewagt. Ein Grund dafür könnte mangelndes Wissen darüber sein, wie man Experimente im Management produktiv nutzt. Experimentieren ist weder Bestandteil der universitären Management-Curricula noch der Führungskräfteweiterbildung. Es ist zwar nicht schwer, ein simples Experiment durchzuführen, aber den meisten Leuten hat man nie beigebracht, wie das konkret geht. Die Ausbildung und vor allem das Selbstverständ-

Sechstes Prinzip: Experimentieren

nis des Managements schließt das Experimentieren per Definition aus. Es geht um die Gestaltung und Lenkung nach anerkannten Prinzipien, die primär die Effizienz sicherstellen sollen.

Die Führungskraft der Zukunft ist aber nicht diejenige, die alles weiß oder vorgibt alles besser zu können, sondern diejenige, die Experimente wagt. In Zeiten, in denen man nicht so genau weiß, wohin es geht, und in denen auch nicht sicher ist, wie es gehen kann, helfen Experimente. »Probing into the future«, so überschreibt der Managementvordenker Gary Hamel ein zentrales Kapitel in seinem Buch »Worauf es jetzt ankommt« (2013). Und genau dies tun erneuerungsfähige Unternehmen. Sie experimentieren genau wie Wissenschaftler, indem sie Prototypen erschaffen oder Pilotprojekte durchführen. Erneuerungsfähige Unternehmen schaffen gezielt Räume und Plattformen für Experimente. Diese (Wieder-)Einführung des Experiments in die Unternehmenspraxis ist meiner Ansicht nach eine der wichtigsten Führungsaufgaben der Zukunft.

Ein hervorragendes Beispiel für eine experimentierfreudige Firma ist das Technologie-Unternehmen Gore. Hier gilt der Grundsatz: »Experimente erwünscht«. Der wichtigste Antrieb für Gores Innovationsmotor ist die zweckfreie Zeit seiner Mitarbeiter. Jedem Mitarbeiter steht ein halber Tag pro Woche zur Verfügung, um zu experimentieren. Diese Experimentierzeit kann er einer Initiative seiner Wahl widmen. Jeder Mitarbeiter weiß, dass die meisten bahnbrechenden Produkte von Gore in dieser Experimentierzeit entstanden sind. Gore ist im Grunde ein Markt von Experimenten, auf dem herausragende Produktentwickler um die frei verfügbare Arbeitszeit ihrer talentiertesten Kollegen wetteifern. Mitarbeiter, die darauf brennen, etwas Neues zu erschaffen, ergreifen jede Gelegenheit, um sich dem vielversprechenden Experiment eines Kollegen anzuschließen. Die Anwerbung von Mitstreitern für ein Experiment ist in Grunde ein Prozess, in dem das Eigentum an einer Idee in Teams geteilt wird. Projekte, die keine Mitstreiter finden, verlaufen im Sande. Das Anwerben von Mitstreitern ist somit der erste Praxistest für ein Experiment.

Die Grameen Bank – Das Resultat vieler Experimente

»As empiricist, I was willing to learn by my mistakes and those of others.«
(Muhammad Yunus)

Ein bekanntes Beispiel dafür, was aus vielen kleinen Experimenten entstehen kann, ist die Grameen Bank in Bangladesch. Ihr Gründer Muhammad Yunus war mit der Grameen Bank entscheidend daran beteiligt, die Idee des Mikrokredits weltweit zu verbreiten – dafür wurde er 2006 mit dem Friedensnobelpreis ausgezeichnet. Yunus kam allerdings nicht als erster auf den Gedanken, die Armut mit Krediten zu bekämpfen.

Auch war er nicht der erste, der die Möglichkeit von Krediten ohne Sicherheiten auf die arme Landbevölkerung ausdehnte. Er war nicht der Erfinder des Mikrokredits, er fand »lediglich« eine Methode, Mikrokredite kosteneffizient in einem großen Umfang an die arme Landbevölkerung zu vergeben. Die Grameen Bank hat heute 2,8 Millionen Kreditnehmer, die auf 42 000 Dörfer verteilt sind. Es liegt auf der Hand, wie schwierig es ist, alle Kredite auszugeben und wieder einzuholen. Yunus entwickelte hierzu unterschiedlichste Zahlungsformen: Gruppenkredite, wöchentliche Abzahlungen, Notfonds, Bonussysteme und so fort. Er führte eine Reihe kleiner Experimente durch. Es dauerte fast ein Jahrzehnt, bis die Grundprinzipien der Grameen Bank entwickelt waren. Bis dahin beschritt Yunus viele Irrwege. Er musste zum Beispiel ein frühes System zur Organisation von Gruppensystemen fallenlassen. Sein erstes Rückzahlungssystem erwies sich als undurchführbar. Ein früher Plan, die staatlichen Banken zur Übernahme des Projektes zu bewegen, beruhte auf einer großen Fehleinschätzung. »Der Kurs des besten Schiffes ist eine Zickzacklinie von zahlreichen Kursänderungen«, besagt ein indisches Sprichwort. Dies trifft auch auf die Entwicklung der Grameen Bank zu. Doch der Social Entrepreneur Muhammad Yunus führte seine Experimente nach der Logik des erleidbaren Verlustes. Mit jedem Experiment lernte er dazu. Er war offen für negatives Feedback und besaß die Fähigkeit, Rückschläge produktiv zu nutzen.

Treiben Sie mit Experimenten die Unternehmensentwicklung voran

Experimente können aber nicht nur zur Entwicklung neuer Produkte und Dienstleistungen, sondern auch zur Entwicklung der Führungskultur und Organisation eines Unternehmens beitragen. Diesbezüglich sind die von den Organisationsforschern Wüthrich, Osmetz und Kaduk (2006) angeregten »Musterbrecher-Experimente« von großem Nutzen. Hier sind einige Beispiele für Führungs- beziehungsweise Organisationsexperimente aus der Beratungspraxis aufgelistet:

- Mit einem Beraterkollegen habe ich ein Organisationsexperiment in einer kleineren Bank durchgeführt. Der Vorstand gab einer Gruppe von jungen Mitarbeitern das Thema »Zukunft Vertriebsweg Filiale« als Experimentierfeld. Die Gruppe erhielt ein frei verfügbares Budget und einen definierten Zeitraum für die Umsetzung. Gleichzeitig wurde festgelegt, dass die bestehenden Regeln der Bank nicht eingehalten werden müssen, sehr wohl aber die gesetzlichen Vorschriften. Innerhalb dieses Rahmens konnten sich die Mitarbeiter/innen völlig frei bewegen. Sie konnten losgelöst von bestehenden Hierarchien ein neues Vertriebskonzept für die Filialen der Bank entwickeln. Das Ergebnis war ein interessantes Konzept, das nun in einer Testfiliale umgesetzt und erprobt wird.

Sechstes Prinzip:
Experimentieren

○ Bei einem großen Automobilhersteller erhielt eine Gruppe junger Mitarbeiter vom Topmanagementteam den Auftrag, eine Jahresabschlussveranstaltung für die 1 500 Beschäftigten des Bereichs zu organisieren. Form und Inhalt der Veranstaltung durften völlig frei von der Gruppe festgelegt werden, lediglich das Budget war vorgegeben. Das Managementteam bestand darauf, auf die Veranstaltung zu gehen, ohne das Konzept zu kennen – ein bislang nicht für möglich gehaltenes Vorgehen. Das Ergebnis war die aus Sicht der Beschäftigten wie auch des Managements beste Jahresabschlussveranstaltung seit Jahren.

○ Wenn neue Mitarbeiter beim amerikanischen Online-Schuhhändler Zappos eingearbeitet werden – man hat sie bereits bei der Rekrutierung genau durchleuchtet, ihnen eine Stelle angeboten und sie haben ein paar Wochen Schulung hinter sich –, bietet ihnen die Firma die Chance, zu kündigen. Diejenigen Mitarbeiter, die kündigen, werden für ihre Schulungszeit bezahlt und erhalten zudem eine Sondervergütung, die ihr erstes Monatsgehalt darstellt – ungefähr 2 000 US-Dollar. Alles, was sie dafür tun müssen, ist die Teilnahme an einem Entlassungsgespräch. Zappos stellt die Mitarbeiter in diesem Experiment vor die Wahl: »Liegt Dir mehr am Geld oder liegt Dir mehr am Unternehmen und an einer dauerhaften Beschäftigung?« Der Personalleiter von Zappos kalkuliere für dieses Experiment, dass jeder Beschäftigte, der die leicht verdienten 2 000 Dollar nimmt, die Firma wegen schlechter Arbeitsmoral auf lange Sicht noch viel mehr kosten würde. Interessant ist das bisherige Ergebnis des Experiments: Zurzeit nimmt nur ein Prozent der neu eingestellten Mitarbeiter das vermeintlich lukrative Angebot einer Kündigung an (vgl. Levitt/Dubner 2014, S. 152).

In all diesen Experimenten haben Führungskräfte ernsthaft damit begonnen, sich von typischen Grundannahmen zu lösen. Ein Experiment ist aber auch eine Methode, um Grundeinstellungen von Mitarbeitern zu verändern, sie neue Erfahrungen machen zu lassen. Setzen Sie Experimente bewusst dort ein, wo Sie verkrustete Denkstrukturen bei Führungskräften und Mitarbeitenden aufbrechen wollen. Das Experiment ermöglicht es, bestehende Denkmuster und Grundannahmen sichtbar und bearbeitbar zu machen.

Worin unterscheidet sich das Führungs- und Organisationsexperiment von einem Projekt:
Das Experiment ...
- beginnt mit einer Frage,
- ist ergebnisoffen und verlangt keine Rechtfertigung,
- baut auf Freiwilligkeit statt auf Fremdverpflichtung,
- verläuft parallel zu festverankerten Prozessen und setzt diese nicht außer Kraft,

- ist mutig, begrenzt aber bewusst das Risiko,
- erzeugt neue Perspektiven und Erfahrungswelten,
- setzt auf Beziehung statt auf Systemkontrolle,
- irritiert im positiven Sinne
- und verläuft spielerisch.

(vgl. Kaduk/Osmetz/Wüthrich 2014, S. 6)

Beachten Sie dabei immer, dass Experimente einen Schutzraum brauchen. Als Charles Darwin im September 1835 die Galapagosinseln betrat, fand er eine Vielzahl unterschiedlicher Pflanzen und Tiere, die es auf keinem anderen Ort der Welt gab. Die Galapagosinseln waren der Geburtsort so vieler unterschiedlicher Spezies, weil sie besonders isoliert vom Festland waren. Dort gab es nicht mehr Mutationen als anderswo, aber Mutationen hatten hier den Raum, sich zu entwickeln. Wenn das Neue in einer feindlichen Umwelt wachsen muss, dann passiert in Organisationen wie auch in der Natur Folgendes: Das Immunsystem tut das, wozu es da ist: Es tötet den Fremdkörper ab. Warum? Weil das Neue anders ist. Weil es den Status quo herausfordert. Deswegen braucht der Fötus die Gebärmutter, deswegen braucht die Raupe einen Kokon. Der Kokon bietet einen Schutzraum, in dem das Neue auf die Welt kommen kann. Experimente gehorchen einer anderen Ökonomie als normale Produktionsprozesse. Das Labor ist eine Werkstatt, in der »Basteln« stattfinden darf und stattfinden muss. Das Experiment braucht zeitliche und finanzielle Freiräume, geschützte Labore oder Bastelwerkstätten (Rheinberger 2012, S. 13).

Was haben TAZ und der internationale Konzern 3M gemeinsam?

Den Begriff »Temporäre Autonome Zone« (TAZ) hat der Schriftsteller und Philosoph Hakim Bey geprägt (vgl. Boyd/Mitchell 2014, S. 195). Hakim Bey definiert eine TAZ als eine Situation, in der herrschende Gesetze und Ordnungen zeitweise und lokal außer Kraft treten. Autoritäten und tradierte Strukturen verlieren in der TAZ ihre Macht, wodurch neue, nicht vorhersehbare Begegnungen und gemeinsame Erfahrungen möglich werden. Während Staaten auf feste Strukturen bauen müssen, so die Idee Hakim Beys, können sich Temporäre Autonome Zonen schnell Räume schaffen, in denen eine andere Gesellschaftsform gedacht oder (voraus)gelebt werden kann. Eine TAZ ist also eine soziale und politische Aktionsform, die für kurze Zeit einen Freiraum schafft, der der Kontrolle der Herrschenden entzogen ist – und zwar in räumlicher, zeitlicher und gedanklicher Hinsicht. Dieser Freiraum erlaubt es, außerhalb der herrschenden Gesetze und Ordnungen neue Ideen auszuprobieren.

Sechstes Prinzip: Experimentieren

Was aber hat nun diese Vorstellung der temporären Befreiung von alten politischen Machtstrukturen mit dem Thema Erneuerungsfähigkeit in Unternehmen zu tun? Das Unternehmen 3M hat sich das Ziel gesetzt, 30 Prozent des Jahresumsatzes mit Produkten zu erwirtschaften, deren Markteinführung nicht länger als vier Jahre zurückliegt. Zur Verwirklichung dieses ambitionierten Ziels erhalten die Mitarbeiter in Forschung und Entwicklung 15 Prozent ihrer Arbeitszeit für kreative Projekte ihrer Wahl zur Verfügung gestellt. Nicht rigide Vorschriften, sondern Freiräume führen dazu, dass 3M über 60 000 Produkte in 40 Produktsparten verfügt. Das ist nichts anderes als eine TAZ.

Empfehlenswerte Websites und Videos

- **www.managementexchange.com**
  Auf dieser Website von Gary Hamel finden Sie interessante Führungs- und Organisationsexperimente sowie aktuelle Veröffentlichungen und Videos zum Thema Führung im 21. Jahrhundert.

- **www.youtube.com/watch?v=857Q6sE3b0A**
  Muhammad Yunus: *Social Business*
  In diesem Video stellt der Nobelpreisträger Muhammad Yunus vor, wie er sein Social Business gegründet hat.

- **www.youtube.com/watch?v=Uli69erOxjO**
  In ihrem Film »Musterbrecher« stellen die Forscher Wüthrich/Osmetz/Kaduk Unternehmen dar, die mit den gängigen Managementformen bewusst gebrochen haben.

Assessment-Vorlage »Experimentierfreudigkeit«

Wie treffend beschreibt jede der folgenden Aussagen Ihr Unternehmen oder Ihre Abteilung? (Bitte bewerten Sie entweder Ihr Unternehmen oder Ihre Abteilung.) Tragen Sie neben jeder der unten aufgeführten Aussagen die Zahl ein, die Ihrer Meinung nach zutrifft:

1 = trifft überhaupt nicht zu
2 = trifft eher nicht zu
3 = teils/teils
4 = trifft eher zu
5 = trifft voll und ganz zu

1. In meinem Unternehmen/meiner Abteilung wird Neues regelmäßig in Experimenten bzw. Pilotversuchen erprobt.
2. Bei uns werden Mitarbeiter/innen dazu ermutigt, neue Ideen zu entwickeln.
3. Das Unternehmen/die Abteilung stellt Ressourcen (Zeit/Geld) für die Entwicklung und Erprobung neuer Ideen bereit.
4. Das Belohnungssystem in unserem Unternehmen/unserer Abteilung fördert Innovation, Experimentieren und Lernen.
5. Die Bereitschaft des Managements, sich auf Experimente einzulassen, ist bei uns sehr hoch.
6. In unserem Unternehmen/unserer Abteilung dürfen Vorhaben/Projekte auch scheitern.
7. Wir nehmen uns in unserem Unternehmen/unserer Abteilung genügend Zeit, um neue Produkte, Leistungen oder Prozesse zu entwickeln.
8. In unserem Unternehmen/unserer Abteilung werden neue Ideen verfolgt, auch wenn man am Anfang noch nicht sagen kann, ob diese Ideen später erfolgreich sein werden.

Gesamt

Ergebnis Addieren Sie die Punktezahl. Liegt das Ergebnis unter 17, ist Ihr Unternehmen/Ihre Abteilung wenig experimentierfreudig und Sie sollten überlegen, wie Sie dies verbessern könnten. Liegt das Ergebnis zwischen 17 und 24, ist die Experimentierfreudigkeit mittelmäßig ausgeprägt. Ergebnisse, die höher als 24 liegen, weisen auf eine sehr hohe Experimentierfreudigkeit hin.

Siebtes Prinzip: Fehler- und Feedbackkultur etablieren

»*Wer noch nie Fehler gemacht hat,
hat sich noch nie an etwas Neuem versucht.*«

(Albert Einstein)

Zum 50. Geburtstag von Angela Merkel trug der Hirnforscher Wolf Singer seine Thesen zur Irrtumskultur vor. Die versammelte politische Elite zeigte sich wenig einsichtig, ja sogar etwas amüsiert angesichts des von Merkel gewählten Referenten. Im Land der Null-Fehler-Kultur gilt das Eingestehen von Irrtümern offenbar immer noch als Fehler. Der Soziologe Richard Sennet hat dann auch das »Scheitern als das große Tabu der Moderne« bezeichnet (zit. nach Osten 2006, S. 9). Immerhin könnte man, wenn man sich in der deutschen Literatur umschaut, durchaus eines Besseren belehrt werden. Kein Geringerer als Johann Wolfgang von Goethe richtete an seine Landsleute den Appell: »Kinderchen, ihr müsst lernen, mit Vergnügen irren sehen.« Und im Faust spricht Mephisto: »Wenn Du Dich irrst, kommst Du zu Verstand.«

Auch für Leonardo da Vinci war der Irrtum ein produktives Prinzip. Er nannte die Bereitschaft, sein Wissen mittels neuer Erfahrungen zu überprüfen und aus Fehlern zu lernen, *Dimostrazione*. Leonardo ging davon aus, dass Erfahrung die Quelle allen Wissens ist. Er wusste, dass Lernen durch Erfahrung auch Lernen aus Fehlern bedeutete. »Erfahrung irrt nie«, schrieb er, »einzig unser Urteil irrt, wenn es Ergebnisse verspricht, zu denen unsere Experimente nicht führen« (Gelb 1998, S. 79). Auch ihm unterliefen fatale Fehler, zum Beispiel die erfolglosen Versuche, die Farben des Gemälde »Schlacht von Anghiari« und »Abendmahl« zu fixieren, oder die Konstruktion einer Flugmaschine, die nie abhob. Er selbst profitierte von den negativen wie positiven Erfahrungen, die er im Atelier seines Lehrmeisters Andrea del Verocchio machte.

All diese Fehler, Fehleinschätzungen und Enttäuschungen hinderten Leonardo da Vinci nicht daran, beständig weiter zu lernen, zu forschen und zu experimentieren. In einem seiner Notizbücher finden sich die Sätze: »Hindernisse brechen mich nicht« und »Jedes Hindernis lässt sich durch Beharrlichkeit beseitigen« (zit. nach Gelb 1998, S. 80). Der Philosoph Bernd Guggenberger erinnert uns in seinem Buch »Das Menschenrecht auf Irrtum« daran, dass fast alles, was wir geworden sind und erworben haben, unserer Irrtumsfähigkeit, dem Prinzip von Versuch und Irrtum geschuldet ist (vgl. Guggenberger 1987, S. 49). »Das Leben ›lebt‹ von Problemen. Wir bewegen uns mehr von Problem zu Problem als von Lösung zu Lösung. Wir irren uns voran.«

Wie nützlich Fehler sind, kann man bei Kindern beobachten. Nehmen Sie einen Dreijährigen, der »ich gebte« sagt statt »ich gab«. Das Kind weiß noch nicht, welche Verben regelmäßig und welche unregelmäßig sind. Da unregelmäßige Verben selten sind, geht das Kind von der regelmäßigen Form aus, bis es eines Besseren belehrt wird. Wenn das Kind dagegen beschlösse, auf Nummer sicher zu gehen und nur jene Verben zu verwenden, die es bereits gehört hat, würde es viel langsamer lernen. Der Risikoforscher Gerd Gigerenzer vom Max-Planck-Institut für Bildungsforschung bezeichnet dies als »gute Fehler«, weil sie das Lernen beschleunigen. Er schreibt: »Wir müssen durch Misslingen lernen oder es wird uns misslingen zu lernen« (Gigerenzer 2013, S. 67).

Fehlleistungen, aus denen Großes entstand

Amerika: Im 15. Jahrhundert träumt Christopher Kolumbus davon, Vizekönig in einer der indischen Kolonien zu werden, die alle reich an kostbaren Bodenschätzen und exotischen Gewürzen sind. Nach umfangreichen Recherchen kommt er zu dem Schluss, dass die Überfahrt nach Ostasien möglich sein müsse. Seiner Berechnung nach beträgt die Strecke nur knapp 5 000 Meilen. Kolumbus stellt sein Vorhaben bei großen Königshäusern vor. Nach langen Verhandlungen erklärt sich endlich das spanische Königshaus bereit, die Überfahrt zu finanzieren. Am 3. August 1492 begibt sich Kolumbus auf die Reise. Am 12. Oktober ist Land in Sicht. Die Freude ist groß, doch was Kolumbus nicht weiß: Er ist mehr als 13 000 Kilometer von seinem eigentlichen Ziel entfernt. Seine ursprünglichen Annahmen erweisen sich als völlig falsch. Er beging einen fatalen Fehler, indem er den Erddurchmesser unterschätzte. Andere erfahrene Seefahrer hatten ihn dafür kritisiert und hielten ihn für töricht. Sie hatten recht behalten. Doch dank seines Fehlers entdeckte Kolumbus etwas anderes: Amerika.

Penicillin: Auch die Entdeckung des Penicillins ist einer Fehlleistung geschuldet. Alles begann mit einer verschimmelten Bakterienkultur. 1928 experimentierte der Mikrobiologe Alexander Fleming in seinem Labor mit Staphylokokken, das sind Krankheitserreger, die beispielsweise bei einer Lungenentzündung vorkommen. Der schottische Bakteriologe hatte vor seinem Sommerurlaub eine Agarplatte mit Staphylokokken beimpft und dann beiseitegestellt und vergessen. Nach seinem Urlaub entdeckte er, dass eine dieser Bakterienkulturen von den Sporen eines Schimmelpilzes befallen worden war. Als er die verunreinigte Probe wegwerfen wollte, fiel ihm auf, dass sich überall dort, wo sich der Pilz ausbreitete, keine Bakterien ansiedelten; und dort, wo welche vorhanden waren, gingen sie sogar ein. Das Phänomen regte ihn zu weiteren Versuchen an, bei denen er herausfand, dass der Pilz eine für manche Bakterienarten tödlich wirkende Substanz produziert. Besonders fasziniere ihn aber die Tatsache, dass diese Substanz die weißen Blutkörperchen nicht angreift und für Tiere ungiftig war. Er nannte dieses Stoffwechselprodukt des Schimmelpilzes »Penicillin«.

Siebtes Prinzip:
Fehler- und Feedbackkultur etablieren

Der Biophysiker Max Delbrück hat aus der Geschichte der erfolgreichen Fehlleistungen das »Prinzip der begrenzten Schlampigkeit« abgeleitet. Schlamperei alleine, so Delbrück, lasse keine reproduzierbaren Erkenntnisse zu. Aber kleine Nachlässigkeiten lassen kleine Auffälligkeiten zu, die zu höchst interessanten, neuen und unerwarteten Erkenntnissen führen können. Konkret heißt dies: Handhabt man ein Experiment zu perfekt, das heißt fehlerlos, kommt am Ende nichts Neues dabei heraus. Wenn man aber auf kontrollierte Weise Fehlermöglichkeiten zulässt, dann hat man die Chance, etwas Neues zu finden.

Einer der wenigen Orte dieser Welt, an dem das Scheitern von Experimenten erlaubt ist, scheint gegenwärtig das Silicon Valley in Kalifornien zu sein. Dort zählt nicht, wie oft man mit seinem Experiment gescheitert ist, sondern vielmehr, ob man nach dem Scheitern wieder aufgestanden ist. Max Levchin, der Mitbegründer des Online-Bezahldienstes PayPal, beschreibt seinen Prozess des produktiven Scheiterns wie folgt: »Das erste Unternehmen, das ich gegründet habe, ist mit einem großen Knall gescheitert. Das zweite Unternehmen ist ein bisschen weniger schlimm gescheitert, aber immer noch gescheitert. Und wissen Sie, das dritte Unternehmen ist auch anständig gescheitert, aber das war irgendwie okay. Nummer fünf habe ich mich rasch erholt, und das vierte Unternehmen überlebte bereits. Nummer fünf war dann PayPal.« Der Gründer von Polaroid, Ed Land, der die Sofortbildkamera erfand, hatte an der Wand hinter seinem Schreibtisch ein Schild, auf dem stand: »Ein Fehler ist ein Ereignis, dessen großer Nutzen sich noch nicht zu Deinem Vorteil ausgewirkt hat.« Diese Erfahrungen von Max Levchin, Ed Land und vielen bedeutenden Innovatoren, Wissenschaftlern und Künstlern verdeutlichen, dass der Fortschritt letztlich unseren Fehlern und Irrtümern geschuldet ist. Der positive Umgang mit der Erfahrung des Scheiterns wird zu einer Schlüsselkompetenz der Moderne.

Auch im Umgang mit Fehlern und Irrtümern können wir von der Natur lernen. Der Natur ist das Null-Fehler-Prinzip völlig fremd. Ergebnisse der Genforschung bestätigen, dass wir bei der Zellteilung und bei der Verdopplung der Erbanlagen des Genoms mit einem Fehler pro einer Milliarde (10^9) Bausteine rechnen müssen. Daraus folgt, dass bei jeder Zellteilung ungefähr zwölf Fehler auftreten (vgl. Osten 2006, S. 54). Diese Fehler stellen das für den Evolutionsprozess so wichtige Material für Variation und Mutation bereit. Ohne sie wäre die Natur in einem statischen Zustand verharren und wäre dadurch für jede Form von Veränderung anfällig. Ein weiteres Beispiel für die Bedeutung von Varianz finden wir in der medizinischen Forschung. Neuere Studien zeigen, dass gesunde Menschen hinsichtlich der Leistungsdaten ihrer Organe hohe Variationen aufweisen. So sind völlig regelmäßige Herzschläge, regelmäßige Aktivitäten der weißen Blutkörper oder regelmäßige Gehirnaktivitäten Hinweise auf einen krankhaften Zustand. Ein gesundes Herz weist ein erratisches EKG auf, ein krankes Herz weist ein völlig regelmäßiges EKG auf. Wenn die Natur »fehlerfreundlich« und mit hoher Variationsbreite arbeitet, warum sollten wir dann in den Unternehmen eine Strategie verfolgen, die Fehler und Abweichungen vollständig auszumerzen versucht? Wir müssen Organisation zukünftig so bauen, dass sie resilient sind und Fehler nicht nur überstehen, sondern auch aus ihnen lernen.

Übung: Wie gehen Sie mit Fehlern um?

Nehmen Sie sich kurz Zeit, um zu reflektieren, wie Sie mit Fehlern umgehen. Denken Sie über die folgenden Fragen nach:

- Welche Einstellung zu Fehlern hat man Ihnen in der Schule beigebracht?
- Was haben Ihnen Ihre Eltern in dieser Hinsicht vermittelt?
- Was war der größte Fehler, der Ihnen je unterlaufen ist? Waren Sie bereit, sich diesen Fehler einzugestehen?
- Was haben Sie aus diesem Fehler gelernt?
- Welche Fehler machen Sie immer wieder?
- Welche Rolle spielt die Angst, Fehler zu machen, in Ihrem Alltag, Beruf oder Privatleben?
- Bestehen Ihre Fehler eher darin, dass Sie das Falsche tun oder dass Sie das Richtige unterlassen?

Nachdem Sie diese Fragen beantwortet haben, schreiben Sie Ihre Assoziationen zu dem Thema »Was ich anders machen würde, wenn ich keine Angst vor Fehlern hätte« auf.

Entwickeln Sie eine positive Fehler- und Feedbackkultur

Ein zentrales Merkmal erneuerungsfähiger Unternehmen ist ihre positive Fehlerkultur. Damit meine ich eine Kultur, in der man sich offen zu Fehlern bekennen kann, um aus ihnen zu lernen und sie in Zukunft zu vermeiden. Oder anders formuliert: Versuch und Irrtum mit geringer Scheu vor dem Scheitern. Positive Fehlerkulturen machen Fehler transparent und ermutigen ihre Mitglieder, daraus zu lernen. Besonders stark ausgeprägte positive Fehlerkulturen finden wir bei den sogenannten High-Reliability-Organisationen (HRO). Hierbei handelt es sich um Organisationen, die mit einem außerordentlich hohen Maß an Zuverlässigkeit arbeiten müssen: Flughäfen, Atomkraftwerke, Feuerwehren, Flugzeugträger etc. Der Stellenwert von Fehlern und Fehlverhalten ist in diesen Organisationen deutlich höher, da sich daraus schnell Katastrophen entwickeln können. Aus diesem Grunde stehen die kontinuierliche Beschäftigung mit potenziellen Fehlerquellen sowie das konsequente Lernen aus Fehlern im Fokus dieser Organisationen. Fehler wer-

Siebtes Prinzip:
Fehler- und Feedbackkultur etablieren

den von HROs offen analysiert und zum Anlass genommen, das System zu verbessern. Viele Beispiele hierzu finden sich in dem lesenswerten Buch der amerikanischen Organisationsforscher Karl Weick und Kathleen Sutcliffe mit dem Titel »Das Unerwartete managen. Wie Unternehmen aus Extremsituationen lernen« (2003).

Auch die Luftfahrt ist ein solches High-Reliability-System. Die Lufthansa und andere Fluggesellschaften sind die besten Beispiele für eine positive Fehlerkultur, was einer der Gründe dafür ist, dass Fliegen zur sichersten Form der Mobilität geworden ist. Die Fluggesellschaften fordern ihre Piloten, Techniker und Servicekräfte dazu auf, Fehler zu melden, die ihnen unterlaufen sind. Diese Fehler werden daraufhin von einer Sondergruppe aufbereitet, dokumentiert und dann wieder an alle Piloten, Techniker etc. weitergegeben. Das ermöglicht es zum Beispiel einzelnen Piloten, aus den Fehlern anderer Piloten schnell zu lernen. Oder anders formuliert: Das Scheitern des Einzelnen macht die Organisation insgesamt gescheiter. Obwohl der Sicherheitsstandard bei Fluggesellschaften bereits außerordentlich hoch sei, so der Psychologe und Risikoforscher Gerd Gigerenzer, »werden ständig Anstrengungen unternommen, die Unfallzahlen weiter zu senken, so beispielsweise im US-amerikanischen Luftfahrtprogramm *System Think*, bei dem alle Beteiligten – Piloten, Mechaniker, Fluglosten, Hersteller, Fluggesellschaften und Flugaufsichtsbehörde – sich zusammensetzen, um Fehler zu diskutieren und zu lernen, wie das Fliegen noch sicherer werden kann« (Gigerenzer 2013, S. 71).

Das Etablieren einer solchen positiven Fehlerkultur hat jedoch eine zentrale Voraussetzung: Die Mitarbeiter müssen sich sicher fühlen, wenn sie Fehler melden sollen. Wenn sie Sanktionen zu befürchten haben, werden sie Fehler zu vertuschen versuchen. Von dem Raketenkonstrukteur Wernher von Braun wird berichtet, dass er einst einem Ingenieur eine Flasche Champagner schenkte, weil dieser einen fatalen Fehler meldete, der ihm unterlaufen war. Nachdem eine Restone-Rakete außer Kontrolle geraten war, hatte der Ingenieur gemeldet, dass er während der Testphase möglicherweise einen Kurzschluss verursacht habe. Die nachfolgenden Untersuchungen ergaben in der Tat, dass dieser Kurzschluss den Unfall ausgelöst hatte. Durch das freiwillige Eingeständnis des Ingenieurs wurde klar, dass man keine kostspieligen Veränderungen an der Konstruktion der Rakete vornehmen musste (vgl. Weick/Sutcliffe 2003, S. 72). Ein solches Eingeständnis führt heute in der Mehrzahl der Unternehmen zu ganz anderen Reaktionen.

Ein Credo erneuerungsfähiger Organisationen lautet demgegenüber: Lernen kann man nur auf experimentellem Weg – oder wie Buckminster Fuller es ausdrückte: durch Versuch und Irrtum, Irrtum, Irrtum. Erneuerungsfähige Organisationen arbeiten daher nicht mit starren, unbeirrbaren Leitlinien. »Den Kurs halten« ist nur dann eine gute Sache, wenn man sicher ist, auf dem richtigen Kurs zu sein. Was in einem Prozess der Selbsterneuerung wirklich angebracht ist, sind kleine Schritte, ständiges Beobachten und die Bereitschaft, den Kurs zu ändern, während man noch dabei ist herauszufinden, wohin er führt. Das ist schwierig. Es bedeutet, Fehler zu machen und – noch schlimmer – sie zuzugeben. Der Psychologe Don Michael bezeichnet das als »Fehler umarmen« (Meadow 2010, S. 209).

Negative Fehlerkultur in Krankenhäusern

Ein Beispiel für eine negative Fehlerkultur finden wir in Krankenhäusern. Dort gibt es nichts, was auch nur entfernt an das Vorgehen der Fluggesellschaften erinnert. »Die Fehlerkultur in der Medizin ist überwiegend negativ. Institutionalisierte Berichtssysteme zu kritischen Zwischenfällen sind selten. Angesichts drohender Schadensersatzforderungen ist die Medizin vorwiegend defensiv. Ärzte sehen Patienten häufig als potenzielle Kläger, und Fehler werden infolgedessen oft verheimlicht« (Gigerenzer 2013, S. 7). Daher ist die Patientensicherheit in Krankenhäusern – anders als die Sicherheit von Passagieren in Flugzeugen – ein großes Problem. »Das US-amerikanische Institute for Medicine (IOM) schätzt, dass rund 44 000 bis 98 000 Patienten jedes Jahr in amerikanischen Krankenhäusern durch vermeidbare Kunstfehler sterben« (Gigerenzer 2013, S. 72). Fehler im Krankenhaus zählen zu den zehn häufigsten Todesursachen, noch vor Brustkrebs, Aids und Verkehrsunfällen. In Krankenhäusern gilt das Prinzip: »Fehler machen ist gefährlich, Fehler zugeben ist tödlich.« Eine negative Fehlerkultur, so die Schlussfolgerung von Gerd Gigerenzer, führt zu mehr Fehlern, weniger Sicherheit und einem geringeren Interesse an der kontinuierlichen Weiterentwicklung wirksamer Sicherheitsmaßnahmen.

Fällt es schon Individuen schwer, Fehler zu verarbeiten, so tun sich Organisationen noch viel schwerer. Das liegt vor allem am Legitimationsdruck, dem der Einzelne ausgesetzt ist. Je stärker der Einzelne unter Druck gesetzt wird, in seinem Verhalten und den Ergebnissen seiner Arbeit den Normen zu entsprechen, desto ausgeprägter ist sein Bestreben, Fehler zu vertuschen. Die Lernfähigkeit ist umso geringer, je größer der Legitimationsdruck in der Organisation ist. Oder anders formuliert: Wo es keine Fehler geben darf, gibt es auch keine institutionelle Lernfähigkeit.

Die Grundlage einer positiven Fehlerkultur sind regelmäßige Feedbackschleifen. Erneuerungsfähige Unternehmen ermutigen ihre Mitarbeiter dazu, Feedbackschleifen in ihren Arbeitsprozess fest einzuplanen, viel zu kommunizieren und Informationen über Misserfolge wie Erfolge offen auszutauschen. Hier können wir ebenfalls von High-Reliability-Organisation lernen, die Reflexionsprozesse in Form sogenannter After Action Reviews (AAR) fest institutionalisiert haben. Die AAR-Methode hat ihren Ursprung im US-Militär. AARs sollen zum einen zur Optimierung militärischer Aktionen beitragen und zum anderen das Vertrauen und den Zusammenhalt unter den Soldaten fördern. Während in den meisten Reflexi-

Siebtes Prinzip:
Fehler- und Feedbackkultur etablieren

onsprozessen der Blick ausschließlich auf die Vergangenheit gerichtet ist, ist die Methode der AAR zukunftsgerichtet. AARs sind mittlerweile auch fester Bestandteil von Sondereinsatzkommandos der Polizei oder Einsätzen der Feuerwehr (siehe hierzu Tool H1, S. 204).

Der kreative Fehler des Monats

Das BMW-Werk in Regensburg hat Anfang der 90er Jahre den »kreativen Fehler des Monats« gekürt. Gemeint ist nicht der normale Fehler, der aus Unachtsamkeit oder gar Vorsatz geschieht. Diese Fehler sollen weiterhin geahndet werden. Gemeint ist ein Verhalten, das innovativ und initiativ ist, das eine angemessene Risikoabwägung beinhaltet, aber dann leider doch zum Misserfolg führt. Solche Fehler sollten, so die Meinung des Managements, besonders hervorgehoben, ihre »Verursacher« mit einem Preis (keine Prämie) ausgezeichnet werden. Oft kamen diese »kreativen Fehler« nicht vor: in drei Jahren wurde gerade mal ein Dutzend ausgezeichnet. Der symbolische Wert dieses andersartigen Wettbewerbs darf nicht unterschätzt werden. Mit dem »Kreativen Fehler des Monats« zielten die Verantwortlichen bei BMW auf einen kulturellen Wandel von einer Angstkultur (»Blaming Culture«) zu einer Vertrauenskultur, in der innovatives Engagement auch im Fall des Scheiterns respektiert wird. Ein Wettbewerb wie der »Kreative Fehler des Monats« kann ein Zeichen setzen und fehlerfeindlichen Lernkulturen einen Anstoß in eine neue Richtung geben.

Übung: Lernen Sie von »schlechten Vorbildern«

Eine effektive Methode, aus Fehlern zu lernen, besteht darin, aus den Fehlern anderer zu lernen. Von »schlechten Vorbildern« lässt sich viel lernen. Ich selbst habe das Unterrichten vor allem von meinen schlechtesten Lehrern gelernt. Auch anderen »schlechten Vorbildern« bin ich dankbar, dass sie mir gezeigt haben, welche Fehler ich nicht machen sollte.

- Erstellen Sie eine Liste mit den Namen von mindestens drei Menschen, die Fehler begangen haben, die Sie selbst vermeiden wollen.
- Was können Sie aus deren Fehlern lernen?

Lernen Sie nicht nur aus Fehlern, sondern auch aus Erfolgen

Erneuerungsfähige Organisationen lernen aber nicht nur aus Fehlern, sie lernen auch aus Situationen, in denen sie über die eigenen Ziele und Erwartungen hinausgewachsen sind, in denen ihnen etwas besonders gut gelungen ist. Dabei kehren Sie quasi die Richtung der Selbstreflexion um: vom Negativen zu den Potenzialen und Chancen, die in der Organisation bereits angelegt sind. Bei der sorgfältigen

Analyse jener Aspekte, die gut funktionieren, stoßen sie oft auf innovative Lösungen und Entwicklungsmöglichkeiten. Erneuerungsfähige Organisationen nutzen das ungeheure Potenzial, das in diesen positiven Abweichungen liegt. Sie stellen sich in dieser ungewöhnlichen Form der Selbstreflexion ganz andere Fragen: Wie ist uns dieser Erfolg gelungen? Welche Faktoren waren dabei besonders wichtig? Was können wir aus diesen Erfolgen lernen?

Hier decken sich unsere Befunde mit den Forschungsergebnissen zum »Positive Organizational Scholarship« (vgl. Cameron 2013). In ihren empirischen Studien untersuchte eine Gruppe von Wissenschaftlern rund um den Organisationsforscher Kim Cameron von der University of Michigan besonders erfolgreiche Unternehmen. Dabei entdeckte die Gruppe einen signifikanten Zusammenhang zwischen dem Erfolg einer Organisation und ihrer Beschäftigung mit positiven Abweichungen. Erfolgreiche Unternehmen beschäftigen sich bewusst mit den bereits vorhandenen Stärken und Potenzialen und versuchen, diese zu fördern. Wollen Sie selbst solche positiven Abweichungen in Ihrem Unternehmen identifizieren, empfiehlt sich die Methode des »Appreciative Inquiry« (vgl. Bonsen/Maleh 2012). Das Appreciative Inquiry hat sich in den vergangenen Jahren zu einem der bekanntesten Ansätze von Positive Leadership entwickelt. Es wurde an der Case Western University in Cleveland von David Cooperrider und Diana Whitney entwickelt. Kern des Appreciative Inquiry ist die Gestaltung von Veränderungsprozessen, indem man sich auf die Stärken einer Organisation fokussiert. Es geht um die Wertschätzung von Stärken, Erfolgen und Potenzialen sowie um das Aufspüren und Begreifen der Faktoren, die einem System – sei es ein Team, eine Organisation, eine Kommune oder ein Netzwerk – Energie, Exzellenz oder Vitalität geben. Diese Faktoren werden dabei herausgearbeitet und verstärkt.

Übung: Was gelingt Ihnen immer wieder besonders gut?

Machen Sie ein Experiment und führen Sie mit einem Kollegen ein Interview entlang folgender Leitfragen (vgl. Seliger 2014, S. 89):

- Gab es in Ihrem Leben eine besondere Situation oder Phase, in der Sie sich besonders lebendig oder voller Energie und Freude gefühlt haben?
  - Was macht diese Situation oder Phase für Sie heute noch so herausragend?
  - Was genau war in dieser Situation anders?
  - Wie kam es zu dieser Situation?
- Was schätzen Sie an sich selbst am meisten?
  - als Person
  - als Professional
- Was schätzen Sie an Ihrem Beruf am meisten?
- Was schätzen Sie an Ihrem Unternehmen am meisten?
- Welche Entwicklungen in der Welt geben Ihnen Mut und Hoffnung?

Siebtes Prinzip:
Fehler- und Feedbackkultur etablieren

Lernen Sie loszulassen und aufzugeben

»Gib niemals auf, gib nie auf, nie, nie, nie – in nichts, sei es groß oder klein, bedeutend oder belanglos.« Dieses Zitat stammt von keinem Geringeren als dem ehemaligen britischen Premierminister Winston Churchill. Er sagte dies am 29. Oktober 1941 bei einer Ansprache in Harrow, der Internatsschule seiner Jugend (zit. nach Levitt/Dubner 2014, S. 189). Deutsche Kampfflieger bombardierten Großbritannien seit Monaten. Wie es hieß, stand eine deutsche Landinvasion kurz bevor. Die Botschaft Churchills ist unzweideutig. Aufgeben ist angesichts dieser Bedrohung keine Option. Die amerikanische Version lautet so: »A quitter never wins, and a winner never quits.« Den Bettel einfach hinzuwerfen, hieße, sich als Feigling und Verlierer zu erweisen. Angesichts der Bedrohung Großbritanniens durch die Deutschen war das Kämpfen um Leben oder Tod die beste Option. Im Alltag von Organisationen sind die Einsätze normalerweise aber nicht so hoch. Das Aufgeben kann hier auch eine positive Seite haben, wenn man es richtig macht. Aber Aufgeben wird allzu gern gleichgesetzt mit Scheitern – und mit dem Scheitern tun wir uns wie bereits erwähnt schwer. Niemand ist gerne ein Versager, zumindest mag niemand so recht beim Misslingen beobachtet werden. Aber wie wir bereits gesehen haben, sind Scheitern und Versagen keine schrecklichen Optionen.

Ein Blick auf östliche Kulturen mag uns da weiterhelfen. Die Japaner haben eine für uns seltsame Vorstellung, die sie metaphorisch »guter Tod« nennen. Für westliche Ohren ist das ein Widerspruch in sich. Wie kann der Tod gut sein? Offenbar gibt es in unterschiedlichen Kulturen unterschiedliche Sichtweisen auf den Tod. Was besagt nun die Idee vom »guten Tod«? Wenn man in einer Angelegenheit keinen Einfluss mehr nehmen kann und es ohnehin keinen Unterschied macht, ob man weitermacht oder nicht, so ist ein Abschied davon die beste Lösung. In dieser Idee ist noch ein weiteres Prinzip verborgen: Das Beenden ist in der Vorstellung des »guten Todes« der notwendige Vorläufer zum Neuanfang. Man kann nicht einfach mit dem Nächsten weitermachen, was immer es sein mag, ohne das Gegenwärtige zu beenden. In der Vermeidung von Ende und Tod verpasst man gewissermaßen den Beginn des nächsten Aktes. Das heißt auf unser Thema bezogen: Loslassen und Beenden ist ein zentraler Bestandteil der kontinuierlichen Erneuerung. Ohne Loslassen und Beenden kann es keinen Neuanfang geben. Kontinuierliches Loslassen ist die Voraussetzung kontinuierlicher Erneuerung. Und zum Loslassen gehört immer auch die Erfahrung der Trauer. Was die meisten von uns als intensives negatives Gefühl erleben, ist auch ein konstruktiver Prozess, in dem wir die Vergangenheit ehren, die Gegenwart anerkennen und in die Zukunft aufbrechen. Es ist eine Möglichkeit, Kraft für das Neue zu gewinnen. Noch haben wir wenig Erfahrung und Rituale im kollektiven Trauern.

Wir müssen aber auch lernen, uns nicht nur von gescheiterten, sondern auch von guten Ideen zu trennen. In erneuerungsfähigen Unternehmen gibt es immer Ideen, die nicht verwirklicht werden können. Steve Jobs hat das wie folgt auf den Punkt gebracht: »Die Leute meinen immer, Konzentration würde bedeuten, dass man sich auf das, um was es geht, konzentriert. Weit gefehlt! Es ist bedeutend, dass man sich von den hundert anderen guten Ideen, die auch noch da wären, verabschiedet. Man muss sorgfältig auswählen. Ich bin auf die Dinge, die ich gemacht habe, genauso stolz wie auf die Dinge, die ich nicht gemacht habe. Innovation bedeutet: zu tausend Dingen Nein sagen« (zit. nach Taleb 2014, S. 414).

Ein positives Beispiel habe ich als Berater in einem Veränderungsprozess im Personalwesen eines mittelständischen Unternehmens erfahren. Dieser Prozess lief bereits ein halbes Jahr, als das Projektteam feststellen musste, dass sich die ursprüngliche Idee der Veränderung als unsinnig erwies. Entgegen den ursprünglichen Annahmen waren weder die Mitarbeiter dazu bereit, sich am Veränderungsprozess zu beteiligen, noch hatten sich die Prognosen hinsichtlich des Veränderungsbedarfs bewahrheitet. Das Projektteam musste erkennen, dass es ein totes Pferd ritt, und entschied sich dazu, den Auftraggebern den Abbruch des Projektes vorzuschlagen. Diese ließen sich überzeugen und stimmten dem Projektabbruch zu. Um die Aufgabe des Projektes rituell zu würdigen, veranstaltete der Projektleiter eine traditionelle Totenwache. Er lud alle am Projekt Beteiligten per Trauer-

Abb. 10: Man muss auch mal loslassen können

Siebtes Prinzip:
Fehler- und Feedbackkultur etablieren

anzeige ein (siehe Kasten). Alle saßen zusammen, aßen Kuchen, und sprachen ein paar Worte in memoriam. Eine Gruppe hatte einen kleinen Sarg gebastelt, den sie zum Abschluss ins Freie trug, wo sie auch einen Grabstein aufstellte.

»Wer am Ende ist, kann von vorn anfangen,
denn das Ende ist nur der Anfang von der anderen Seite.«

(Karl Valentin)

In tiefer Trauer
geben wir bekannt, dass unser

Projekt

gestern nach langer und schwerer Krankheit verschieden ist.

Wie sonst nur selten war es dem Projekt vergönnt, bahnbrechende neue Ideen zur Verbesserung der Organisation zu entwickeln. Doch trotz liebevoller und aufopfernder Pflege konnten sie den grauen Alltag nicht überstehen.
Wir werden dieser Ideen beim nächsten Projekt in Ehrfurcht gedenken.

Die Angehörigen, Freunde und Förderer

Die Trauerfeier und Einäscherung der Projektprotokolle finden am Donnerstag im großen Sitzungssaal statt.

Wenn Du entdeckst, dass Du ein totes Pferd reitest, steige ab!
(Weisheit der Dakota-Indianer)

Doch im Berufsleben handeln wir oft nach anderen Strategien:

- Wir besorgen eine stärkere Peitsche.
- Wir wechseln die Reiter.
- Wir gründen einen Arbeitskreis, um das Pferd zu analysieren.
- Wir besuchen andere Orte, um zu sehen, wie man dort tote Pferde reitet.
- Wir erhöhen die Qualitätsstandards für den Beritt toter Pferde.
- Wir bilden eine Taskforce, um das tote Pferd wiederzubeleben.
- Wir schieben eine Trainingseinheit ein, um besser reiten zu lernen.
- Wir stellen Vergleiche unterschiedlich toter Pferde an.
- Wir ändern die Kriterien, die besagen, ob ein Pferd tot ist.
- Wir kaufen Leute von außerhalb ein, um das tote Pferd zu reiten.

Den Abschluss gestalten: Das Delete-Design-Modell

Das von Albert Stuart entwickelte »Delete-Design-Modell« (Stuart 2013, S. 85) kann sehr hilfreich sein, um den Prozess des Loslassens und Beendens in fünf Schritten zu bewältigen. Einen guten Abschluss zu finden ist vor allem in Veränderungsprozessen wichtig, weil Gruppen neue Chancen nicht nutzen können, wenn sie der Vergangenheit verhaftet bleiben.

1. **Vergangenheit zusammenfassen:** Um ein Gefühl von Abschluss zu schaffen, ist eine Zusammenfassung der wichtigsten Ereignisse hilfreich. Diese Zusammenfassung sollte nicht nur Tatsachen enthalten, sondern auch Träume, Hoffnungen und Erfolge der Beteiligten. Sie sollte zudem eine Sicht der Geschichte präsentieren, die zu dem Schluss führt, dass der gegenwärtige Moment der richtige Zeitpunkt zum Handeln ist.

2. **Den Wandel begründen:** Geben Sie Gründe an, warum eine Veränderung notwendig oder wünschenswert ist. Begründen Sie in diesem Zusammenhang auch, warum der Wandel gerade jetzt notwendig oder erstrebenswert ist.

3. **Positives hervorheben:** Loben und würdigen Sie die Vergangenheit. Man kann keinen neuen Kurs erfolgreich einschlagen, ohne den Wert dessen, was man zurücklässt, zum Ausdruck zu bringen und zu würdigen.

4. **Für Kontinuität zwischen Vergangenheit und Zukunft sorgen:** Auch in radikalen Veränderungsprozessen gibt es viele Dinge, die unverändert bleiben. Leider betonen Manager meist nur die Dinge, die sich verändern, und erwähnen das, was gleich bleibt, wenn überhaupt nur am Rande. Etwas so Einfaches wie das Versprechen, dass einige hoch geschätzte Elemente der Vergangenheit erhalten bleiben und eventuell in dem neuen Arrangement sogar noch gestärkt werden, erleichtert den Übergang ungemein.

5. **Gute Wünsche äußern:** Bringen Sie Hoffnung auf die Zukunft zum Ausdruck. Wir können besser loslassen und schaffen einen guten Abschluss, indem wir eine neue Aufgabe oder Zielsetzung finden, die uns in die Zukunft zieht.

Sie werden feststellen, dass diese fünf Schritte in einer Vielzahl von Situationen wirksam sind: bei Veränderungsprozessen, bei der Beendigung einer Geschäftspartnerschaft, bei der Verabschiedung eines Kollegen oder auch beim Gute-Nacht-Ritual für Kinder.

Siebtes Prinzip:
Fehler- und Feedbackkultur etablieren

Empfehlenswerte Websites und Videos

www.briljantemislukkingen.nl/en/the-institute
- Eine Sammlung kreativer Fehler findet sich auf der Website des »Institute of Brilliant Failures«, das sich zum Ziel gesetzt hat, eine positive Fehlerkultur in Unternehmen und Gesellschaft zu fördern.

www.youtube.com/watch?v=IO2jJUu7S0A
- Auf dieser Website findet sich ein Vortrag von Paul Iske, Gründer des »Institute of Brilliant Failures«, zur Fehlerkultur im Gesundheitswesen.

www.youtube.com/watch?v=YdeyIovXdP0
- Courage of Famous Failures
Viele Menschen scheitern, doch nur wenige stehen wieder auf und versuchen es aufs Neue. In dem Video werden weltbekannte Filmstars, Politiker und Unternehmer dargestellt, die eine Geschichte des Scheiterns hinter sich haben.

www.youtube.com/watch?v=dGT7X5R1bpw
- In diesem Video (»Learn from failure«) beschreibt die Organisationspsychologin Amy Edmondson von der Harvard Business School, welche Strategien Unternehmen anwenden müssen, um aus eigenen Fehlern lernen zu können. Ihre Aussagen basieren auf langjährigen Forschungsarbeiten zu Fehlern in Organisationen. Im Video berichtet sie über ihre Forschung zur Explosion des Spaceshuttles »Challenger« im Jahr 1986 und was Unternehmen aus dieser Katastrophe lernen können.

Assessment-Vorlage »Fehler- und Feedbackkultur«

Wie treffend beschreibt jede der folgenden Aussagen Ihr Unternehmen oder Ihre Abteilung? (Bitte bewerten Sie entweder Ihr Unternehmen oder Ihre Abteilung.) Tragen Sie neben jeder der unten aufgeführten Aussagen die Zahl ein, die Ihrer Meinung nach zutrifft:

1 = trifft überhaupt nicht zu
2 = trifft eher nicht zu
3 = teils/teils
4 = trifft eher zu
5 = trifft voll und ganz zu

1. Wir sprechen bei uns im Unternehmen/in der Abteilung Fehler offen an.
2. Wir machen es den Leuten schwer, Fehler irgendwelcher Art zu verbergen.
3. Die Mitarbeiter in meiner Abteilung/meinem Unternehmen melden einen Fehler auch dann, wenn niemand sonst ihn bemerkt hat.
4. Ich bekomme von meinen Führungskräften und meinen Arbeitskollegen/innen regelmäßig Feedback zur Qualität meiner Arbeit.
5. Die Mitarbeiter haben keine Hemmungen, mit ihren Vorgesetzten über Probleme und eigene Fehler zu sprechen.
6. Die Mitarbeiter werden in meinem Unternehmen/meiner Abteilung belohnt, wenn sie Probleme, Fehler, Irrtümer oder Zwischenfälle entdecken und melden.
7. In meinem Unternehmen/meiner Abteilung ist ein Bewusstsein für den Nutzen von Fehlern als Quelle des kollektiven Lernens vorhanden.
8. Bei uns im Unternehmen/in der Abteilung gibt es nach jedem größeren Vorhaben/Projekt eine systematische Auswertung (»Lessons learned«, »Review«, etc.).

Gesamt

Ergebnis Addieren Sie die Punktezahl. Liegt das Ergebnis unter 17, sollten Sie überlegen, wie Sie die Fehler- und Feedbackkultur in Ihrem Unternehmen/Ihrer Abteilung verbessern könnten. Liegt das Ergebnis zwischen 17 und 24, ist die Fehler- und Feedbackkultur mäßig ausgeprägt. Ergebnisse, die höher als 24 liegen, weisen auf einen guten Umgang mit Fehlern hin.

Achtes Prinzip: Ausdauer und Denken in Kreisen

»*Ever tried. Ever failed. No Matter. Try again. Fail again. Fail better.*«

(Samuel Beckett)

Im Prozess der kontinuierlichen Selbsterneuerung weiß die Organisation anfangs nicht, wie das Ergebnis aussehen wird. Die Besonderheit dieses Wandels liegt in der Offenheit des Beginns, die im Unterschied zum klassischen Change Management keinem detaillierten Plan und keiner detaillierten Zielvorstellung folgt. Erneuerungsfähige Unternehmen begeben sich demzufolge ohne Not auf einen Weg ins Unbekannte, ins Abenteuer. Niemand hat die damit verbundene Grundeinstellung treffender zum Ausdruck gebracht als der geniale Künstler Pablo Picasso (zit. nach Brater et al. 2011, S. 319):

»Ich suche nicht, ich finde.
Suchen, das ist das Ausgehen von alten Beständen
und ein Finden-Wollen von bereits Bekanntem.
Finden – das ist das völlig Neue!
Alle Wege sind offen,
und was gefunden wird,
ist unbekannt.
Es ist ein Wagnis, ein heiliges Abenteuer!«

Die in diesem Zitat beschriebene Grundeinstellung findet sich in erneuerungsfähigen Unternehmen. Der Prozess, in dem sie sich kontinuierlich neu erfinden, ist in zweierlei Hinsicht offen: Er ist erstens ergebnisoffen. Erneuerungsfähige Unternehmen fragen sich zwar, was wohl dabei herauskommt, wenn sie so oder so vorgehen, dieses oder jenes Ungewöhnliche machen. Ihnen geht es wie dem Wissenschaftler, der lange über ein Experiment nachdenken kann. Das Ergebnis kann er aber nur dann sicher wissen, wenn er das Experiment durchgeführt hat. Ihre Motivation ist die Neugier. Zweitens ist die kontinuierliche Selbsterneuerung auch ein »wegoffener« Prozess. Interessant und zugleich erstaunlich dabei ist, dass erneuerungsfähige Unternehmen meist keine genaue Vorstellung, kein Ziel von dem haben, was sie erreichen wollen. Sie haben lediglich ein unscharfes, unbestimmtes Bild, oft nur eine Intuition. Sie folgen also keiner klaren Vorstellung, sondern experimentieren, schauen sich dann das Resultat an, experimentieren weiter.

Kommen wir auf das Picasso Zitat zurück. Erneuerungsfähige Unternehmen handeln im Grunde wie Künstler, so das Ergebnis einer Forschergruppe um den Soziologen Michael Brater (vgl. Brater et al. 2011, S. 153f., S. 207f.). Gute Künstler zeichnen sich durch eine Grundtugend aus: Sie wechseln ständig zwischen Handeln und Wahrnehmen, zwischen tätigem Eingriff und genauer Beobachtung der Folgen ihres Handelns. Mit jeder Handlung greift der Künstler ins Material ein. Jede Handlung verändert den Gegenstand. Diese Wirkungen der Eingriffe müssen dann genau wahrgenommen werden. Stimmt der Pinselstrich? Ist dieser Schlag mit dem Meißel richtig ausgeführt? An jede Handlung schließt sich eine Reflexion des Tuns an. Aus diesem Wechsel von Tun und Betrachten, Aktion und Reflexion, Nähe und Distanz, Zugreifen und Zurücktreten entfaltet sich der künstlerische Prozess. Die Fähigkeit zur Wahrnehmung des nicht Erwarteten ist von zentraler Bedeutung in diesem Wechselspiel von Denken und Handeln. Die Künstler versuchen, ihre Wahrnehmung so zu öffnen, als ob sich mit ihrem Material in einer völlig unbekannten Situation befänden. Diese Haltung eröffnet die Chance, etwas Neues zu entdecken. Auf diesen Prozess muss man sich einlassen können, und man braucht dafür gute Nerven, weil man nicht weiß, was, schließlich dabei herauskommt. Man braucht viel Neugierde und Vorfreude auf das noch Unbekannte, auf das Überraschende. Der Künstler handelt also nicht intentional, sondern tentativ, neugierig, tastend, probierend: Jeder einzelne Schritt geht aus dem Vorherigen hervor und führt weiter zu etwas, das man erst weiß und kennt, wenn man es getan hat. Es wird gewissermaßen in die unbekannte Zukunft gearbeitet; es wird etwas entfaltet und nicht etwas (nach einem Vorstellungsbild) geformt. Hat man einmal eine Spur in das Material gelegt, kann man daran ansetzen, sie weiter ausbauen und wiederum Neues hinzufügen.

Die Forschergruppe um Brater hat herausgefunden, dass sich dieses zyklische Muster von Denken und Handeln bei erneuerungsfähigen Unternehmen wiederfindet. Die Planung von Veränderungsprozessen hat hier einen ganz anderen Stellenwert: Statt umfangreicher (Vorab-)Planungen ist das unmittelbare Feedback auf Experimente der Ausgangspunkt für weitere Schritte. Das experimentelle Lernen steht im Mittelpunkt: »Tu etwas; schau, was passiert; zieh Rückschlüsse daraus.« Dank dieses iterativen Vorgehens gewinnt man schnell Klarheit über die Chancen eines Change-Vorhabens, einer Managementinnovation oder eines neuen Produktes. Während im linear-kausalen Modell des klassischen Change Managements strikt zwischen Denken (analysieren, entscheiden, planen) und Handeln (Pläne umsetzen) getrennt wird, wechseln erneuerungsfähige Organisationen ständig zwischen Denken und Handeln.

Erneuerungsfähige Organisationen pflegen aus diesem Grunde einen kritischen Umgang mit Plänen. Sie gehen davon aus, dass es sich mit Plänen genauso verhält wie mit Erwartungen. Pläne verleiten die Organisation dazu, mit eingeengtem Blick nach Beweisen für die Richtigkeit des Plans zu suchen. Im Gegensatz dazu geht es erneuerungsfähigen Unternehmen um ein ständiges Hinterfragen und Aktualisieren des bekannten Wissens. Sie gehen davon aus, dass Wissen und Unwissen gemeinsam wachsen. Wenn das eine zunimmt, nimmt auch das ande-

Achtes Prinzip:
Ausdauer und Denken in Kreisen

re zu. Erneuerungsfähige Organisationen akzeptieren die Tatsache ihres eigenen Unwissens und geben sich große Mühe, ihre Lücken aufzudecken, weil sie wissen, dass jede neue Antwort eine Vielzahl neuer Fragen aufwirft. Die Kraft der erneuerungsfähigen Organisation liegt gerade darin, dass sie die Aufmerksamkeit vom Erwarteten auf das Unerwartete, vom Bekannten auf das Unbekannte, vom Sicheren auf das Ungewisse, vom Übereinstimmenden auf das Widersprüchliche umlenkt. Erneuerungsfähige Organisationen leuchten bewusst tote Winkel aus und betreten bevorzugt unbekanntes Terrain.

Mit ihrem iterativen Vorgehen erkennen sie an, dass die Dinge (manchmal) erst einmal falsch machen, bevor sie es hinbekommen. Sie wissen, dass sie mehrere Durchläufe und Feedbackschleifen brauchen, um sich zu einer guten Lösung vorzuarbeiten. Dieses inkrementelle Vorgehen beruht auf dem uralten Prinzip »Wer Großes will, muss klein anfangen«. Mit diesem Vorgehen tun sie es der Evolution gleich. Auch die Evolution lässt sich Zeit und tastet sich über Versuch und Irrtum gemächlich voran. Behutsamkeit, Vielfalt und kontinuierlicher Wandel – das sind die Leitprinzipien, die sich erneuerungsfähige Unternehmen von der Natur abgeschaut haben. Auf der Grundlage dieser Prinzipien ziehen sie eine möglichst große Zahl verschiedener kleiner Schritte dem einen »großen Sprung nach vorn« vor. Dadurch vermeiden sie das ganz große Risiko und den unmenschlichen Zwang, sich niemals irren zu dürfen.

Dieses iterative Vorgehen in kurzen Feedbackzyklen ist beim Netzwerkausrüster Cisco Systems besonders ausgeprägt. Dort arbeitet man nach dem Prinzip 0.8: Jedes Projekt muss innerhalb von drei bis vier Monaten einen Prototyp präsentieren – unabhängig von der Größe des Projektes und der anberaumten Gesamtdauer. Dieser Prototyp muss nicht funktionieren. Es ist nicht der Prototyp 1.0, sondern eben der Prototyp 0.8. Und das bedeutet: Du musst irgendetwas vorlegen, das nicht fertig ist, aber unmittelbar Feedback erhält und so die Verbesserung des nächsten Prototyps beschleunigt (vgl. Scharmer 2014, S. 214). Nach dem gleichen Prinzip arbeitet das Unternehmen IDEO, das die Methode des Design Thinking entwickelt hat. »Fail fast to succeed sooner« und »do something rough, rapid, and iterate« sind für David Kelley, den Gründer von IDEO, die zentralen Grundprinzipien des Design Thinking.

Die Kunst der Improvisation – Was wir von Jazz-Musikern lernen können

Handeln mit offenem Ausgang ist eine Kunstfertigkeit, vergleichbar dem Improvisieren im Jazz. Im Unterschied zum Jazzmusiker folgt der Orchestermusiker einem Plan und führt diesen so gut wie möglich aus. Dazu muss er nicht die Partitur kennen, denn Dirigent (direkt) und Komponist (indirekt) lenken den Prozess. Und so kann sich der Orchestermusiker voll und ganz auf seinen Part konzentrieren. Der Jazzmusiker hingegen kann gar nicht spielen, wenn er nicht die Partitur, das harmonische Gerüst und die Möglichkeiten, die darin stecken, kennt. Für Jazzmusiker ist es daher elementar, sich nicht auf das eigene Spiel zu konzentrieren, sondern in einer Art peripheren Hörens und Spielens auch die Aktionen der anderen Spieler in Echtzeit zu verfolgen. Der Jazzmusiker muss in einem ständigen Dialog und Austausch mit seinen Mitspielern stehen. In Echtzeit werden unterschiedliche Deutungen des Spielmaterials ausgehandelt und vereinbart. Die Musiker stellen permanent gegenseitig musikalische Anschlussfähigkeit her und bewahren gleichzeitig ihre Individualität. In diesem Aushandlungsprozess vertrauen die Spieler darauf, dass jederzeit ein gemeinsamer Orientierungsrahmen hergestellt wird. Improvisation erfolgt im Jazz nicht planlos. Sie hat vielmehr einen flüssigen Plan. Um einen solchen Plan in konkrete Handlungen überführen zu können, ist im Jazz die Fähigkeit zum »Listening and Responding« von zentraler Bedeutung. Zuhören ist in der Improvisation nicht passiv, sondern aktiv im Sinne der Informationsverarbeitung und der Inspiration für zukünftiges Handeln. Aktives Zuhören oder »Deep Listening«, wie es in der Sprache der Jazzmusiker heißt, ermöglicht adäquates Handeln in Echtzeit.

Der Organisationsforscher Frank Barrett hat in seiner Studie über Jazzmusiker sechs zentrale Prinzipien der Improvisation identifiziert:

1. Kompetenz zur Provokation: Verhaltensmuster bewusst unterbrechen
2. Fehler als »Umarmen« von Lernchancen
3. Gemeinsame Orientierung an minimalen Strukturen, die maximale Flexibilität ermöglichen
4. Verteilte Aufgaben: kontinuierliche Aushandlung und Dialog mit dem Ziel einer dynamischen Synchronisation des Spiels
5. Vertrauen in die retrospektive Bedeutungsbestimmung
6. »Hanging-out«: Mitgliedschaft in einer Community of Practice« (vgl. Barrett 1998, zit. nach Dell 2012, S. 126)

Das von dem Jazzmusiker und Organisationstheoretiker Christopher Dell gegründete Institute for Improvisation Technology (IFIT) beschäftigt sich mit der Übertragung des Prinzips des Improvisierens im Jazz auf Organisationen (www.christopher-dell.de).

Achtes Prinzip:
Ausdauer und Denken in Kreisen

Bauen Sie eine Infrastruktur für kontinuierliche Selbsterneuerung auf

Stellen Sie sich vor, Ihr Unternehmen ist ein Ozeandampfer und Sie bekleiden die Führungsposition. Was ist Ihre Rolle? Diese Frage habe ich in meinen Seminaren vielen Führungskräften gestellt. Wie nicht anders zu erwarten, lautet die häufigste Antwort: »Ich bin der Kapitän.« Andere sagen: »Ich bin der Navigator, der den Kurs festlegt« oder »Ich bin der Ingenieur im Maschinenraum, der die Maschinen am Laufen hält«. Zu einem ganz ähnlichen Ergebnis kam Peter Senge, von dem ich diese Fragestellung übernommen habe, bereits vor mehr als 20 Jahren (Senge 1996, S. 412). Obwohl dies alles wichtige Funktionen auf einem Schiff seien, so Senge, gebe es eine Rolle, deren Bedeutung alle anderen in den Schatten stellt. Aber kaum jemand denke an sie: die Rolle des Designers oder Konstrukteurs. Niemand habe einen weitreichenderen Einfluss auf das Leben auf dem Schiff als der Konstrukteur. Der Kapitän erteilt die Anweisungen und legt den Kurs fest, aber es nützt ihm wenig, wenn der Konstrukteur ein schlechtes Ruder gebaut hat. Ein schlecht gebautes Unternehmen zu führen ist ein fruchtloses Unterfangen. Es ist bemerkenswert, dass auch heute noch, zwanzig Jahre nach den Beobachtungen von Senge, nur wenige Führungskräfte an den Konstrukteur der Organisation denken, wenn sie ihre Führungsrolle reflektieren. Dies verdeutlicht, dass Führungskräfte die Arbeit *in* System, das heißt die direkte Führung bevorzugen. Sie neigen dazu, das Vorhandene zu optimieren. Die Arbeit *am* System, die für die meisten Führungskräfte noch ungewohnt ist, entspricht der indirekten Führung. Hier geht es vor allem darum, Rahmenbedingungen zu setzen, ohne direkt und ständig in die Handlungen der Menschen einzugreifen (Sprenger 2012, S. 43). In dieser Arbeit *am* System tun sich Führungskräfte nach wie vor schwer.

Dabei hat die Rolle des »führenden Designers« eine lange Tradition. Nach Laotse ist ein schlechter Anführer jemand, der von den Menschen verachtet wird; ein guter Führer, wer von den Menschen gepriesen wird. Ein bedeutender Führer ist jemand, von dem die Menschen sagen: »Wir haben es selbst getan.« Laotse bietet auch eine Erklärung dafür, warum das Design in der Führung so sehr vernachlässigt wird: Der Designer erhält wenig Anerkennung. Sein Wirken ist nicht so offensichtlich. Er arbeitet gewissermaßen hinter den Kulissen. Die gegenwärtige Situation ist das Ergebnis seiner Arbeit von gestern, und die Früchte der Arbeit von heute wird man erst morgen ernten. Wer wegen Macht und Ruhm eine Führungsrolle anstrebt, wird wenig Gefallen an dieser unspektakulären Arbeit des Organisationsdesigners finden. An dieser Stelle möchte ich gleich einem möglichen Missverständnis vorbeugen: Organisationsdesign heißt nicht (nur), die Struktur einer Organisation umzugestalten. Es ist eine weitverbreitete Annahme, dass es beim Organisationsdesign nur um das Hin- und Herschieben von Kästchen und Linien im Organigramm geht. Ich verstehe darunter eine viel umfangreichere und subtilere Arbeit. Es geht darum, die gesamte soziale Architektur des Unternehmens zu gestalten, das heißt Entscheidungsprozesse, Kommunikationsstrukturen und -prozesse, den Prozess der Personalauswahl und der Personalentwicklung.

Die amerikanische Innovationsforscherin Linda Hill hat sich zusammen mit ihrem Team die Frage gestellt, welche Rolle Führungskräfte in erneuerungsfähigen Organisationen einnehmen (Hill/Brandeau/Truelove/Lineback 2014). Sie haben untersucht, was Führungskräfte in außergewöhnlich innovativen Unternehmen auszeichnet. Die Topmanager, die sie befragten, bilden eine sehr heterogene Gruppe. Aber sie alle vereint eine Auffassung von Führungsarbeit, die da lautet: Die Aufgabe der Führungskräfte ist es, eine organisationale Infrastruktur zu schaffen, die es Mitarbeitern ermöglicht, kontinuierlich Prozess- und Produktinnovationen zu entwickeln. Die befragten Führungskräfte beschäftigten sich erstaunlicherweise nicht mit der Frage: »Wie schaffe ich Erneuerung?«, sondern mit der Frage: »Wie schaffe ich ein Umfeld, in dem sich die Organisation kontinuierlich selbst erneuert?«. Die Aufgabe von Führungskräften besteht damit im Wesentlichen im Design eines kontinuierlichen Lern- und Veränderungsprozesses, der es allen Mitarbeitern des Unternehmens ermöglicht, einen Beitrag zur Erneuerung zu leisten. Führungskräfte müssen den in diesem Buch beschriebenen Zyklus der kontinuierlichen Selbsterneuerung gemeinsam mit den Mitarbeitern gestalten und in Gang setzen. Konkret heißt dies:

○ Sie sollten Raum und Zeit für *Selbstreflexion* schaffen (1. Prinzip).
○ Sie sollten Plattformen im Unternehmen einrichten, die interdisziplinären *Dialog und Vernetzung* ermöglichen (2. Prinzip).
○ Sie sollten die *Vielfalt* in der Organisation pflegen und die Mitarbeiter im Umgang mit *Widersprüchen* schulen (3. Prinzip).
○ Sie sollten eine Kultur des *Bezweifelns* bisheriger Erfolgsmuster und damit eine Kultur des konstruktiven Widerspruchs etablieren (4. Prinzip).
○ Sie sollten Chancen zum *Erkunden und Experimentieren* schaffen (5. und 6. Prinzip).
○ Sie sollten eine positive *Fehler- und Feedbackkultur* entwickeln (7. Prinzip).

Die Arbeit des Organisationsdesigners oder Sozialarchitekten ist eine ganz neue Herausforderung für die meisten Führungskräfte, die größtenteils aufgrund ihrer herausragenden Fach- und Entscheidungskompetenz bis zur Spitze des Unternehmens aufgestiegen sind. Es gibt sicherlich noch viele Fragen hinsichtlich des Aufbaus einer erneuerungsfähigen Organisation, aber eines ist sicher: Wir müssen dazu bereit sein, das bisherige Paradigma über Sinn und Rolle von Führungskräften über Bord zu werfen, um die anstehenden Aufgaben bewältigen zu können.

Achtes Prinzip: Ausdauer und Denken in Kreisen

Betrachten Sie Wandel als Daueraufgabe

Mit Wandel umzugehen ist seit jeher eine Herausforderung der Unternehmensführung. Wie ich aber in Kapitel 1 dargestellt habe, hat das Ausmaß von Wandel in Gesellschaft, Politik und Wirtschaft in den letzten Jahren rapide zugenommen. Dies hat zur Folge, dass Wandel zur Daueraufgabe und damit zum zentralen Bestandteil der Führungsarbeit wird. Führungskräfte sollten daher Wandel und Veränderung nicht nur akzeptieren. Sie müssen sie vielmehr als Daueraufgabe anerkennen. Kontinuierliche Selbsterneuerung bedeutet, dass man nie aufhört zu lernen. Man kommt niemals an. Je mehr man lernt, umso stärker wird einem die eigene Unwissenheit bewusst. Deshalb kann eine Organisation niemals einen Zustand der Vollkommenheit erreichen. Wirtschaftlicher Erfolg ist in einer Zeit des rasanten Wandels ein höchst flüchtiger Zustand.

Die Aufgabe der Führungskräfte ist es, den Prozess der kontinuierlichen Selbsterneuerung in Gang zu setzen. Den Stein gewissermaßen ins Rollen zu bringen. Aber wie schaffen sie das? Nicht indem sie eine von oben vorgegebene Veränderungsinitiative einleiten. Sie müssen das Rad der Veränderung langsam ins Rollen bringen und überall im Unternehmen ein Gespräch über die Chancen zur Neuerfindung von Managementtechnologien und -prozessen oder neuen Produkten und Geschäftsideen anregen. Sie müssen die Leute dazu bewegen, darüber nachzudenken, was man in der Organisation verändern könnte. Die Veränderung der Organisation und der Managementprozesse muss zu einem Dauerthema, zu einem festen Bestandteil des Diskurses über die Zukunft des Unternehmens werden. Und dies ist keine einfache Aufgabe: Einen Zustand der kontinuierlichen Selbsterneuerung zu schaffen und dann aufrechtzuerhalten ist schwer, weil Sie Mitarbeiter bitten, sich »unnatürlich« zu verhalten. Im Interesse der Erneuerungsfähigkeit, so hören die Mitarbeiter, sollen sie ihren Misserfolgen mehr Beachtung schenken als ihren Erfolgen. Sie sollen bewährte Rezepte und Handlungsroutinen aufgeben und stattdessen bei allem, was sie tun, sozusagen das Rad neu erfinden. Das ist sehr viel verlangt, da es bedeutet, lange eingeübte Denk- und Verhaltensmuster abzulegen.

Sie müssen also bei der Etablierung der kontinuierlichen Selbsterneuerung behutsam vorgehen, da sie Ihre Belegschaft und Ihre Kollegen ansonsten überfordern. Behalten Sie immer in Erinnerung, dass es sich dabei um einen kulturellen Wandel handelt. Revolutionen bringen die Organisation nur kurzfristig voran, um sie mittelfristig wieder deutlich zurückzuwerfen. Erneuerungsfähigkeit gelingt nur, wenn ein Unternehmen die acht genannten Prinzipien beachtet. Im Menzius, einem der bedeutendsten Texte aus der konfuzianischen Tradition, gibt es hierzu eine passende Geschichte: »Ein Bauer, der am Abend heimkehrt, sagt zu seinen Kindern: heute habe ich schwer gearbeitet, ich habe an den Trieben auf meinem Feld gezogen. An den Trieben auf dem ganzen Feld zu ziehen, an einem nach dem anderen, Halm, das ist sicherlich ermüdend; und als die Kinder losziehen und sich das Feld ansehen, ist natürlich alles vertrocknet« (Jullien 2005, S. 50f.). Menzius nimmt dies als Beispiel dafür, wie man es nicht machen sollte: »Ihr wollt, dass das treibt, und ihr zieht an den Trieben. Ihr wollt ganz direkt einen Wirkung erzielen, im Hinblick auf ein konkretes Ziel, das ihr euch gesetzt habt, und indem ihr das tut, verfehlt ihr die Wirkung, weil ihr sie erzwungen habt« (ebd.). Der Philosoph Menzius empfiehlt eine andere Strategie: Man hackt, man jätet am Fuß des Triebes; indem man den Boden auflockert, indem man ihn belüftet, begründet man das Treiben. Man hüte sich vor Ungeduld wie vor Trägheit.

Und genau dies gilt auch für die Entwicklung einer erneuerungsfähigen Organisation: Wie bei allen kulturellen Veränderungen müssen Sie mit Verzögerungen rechnen, Geduld und vor allem Ausdauer aufbringen. Stellen Sie sich auf einen Langstreckenlauf ein, aber fangen Sie schon heute mit dem Training an. Das ist wie beim Sport: Wer lange nicht trainiert hat, sollte nicht gleich mit einem Zehn-Kilometer-Lauf beginnen und seinen Körper damit überfordern. Wie beim Sport geht es vielmehr darum, Ihr Unternehmen langsam für die kontinuierliche Selbsterneuerung fit zu machen. Fragen Sie Ihre Kollegen: Was müssen wir anders machen, um ein Unternehmen aufzubauen, das sich ebenso gut auf das Experimentieren versteht wie die Natur? Was müssen wir an unseren Managementprozessen ändern, wenn wir ein Unternehmen aufbauen wollen, das sich unermüdlich erneuert? Nutzen Sie jede sich bietende Gelegenheit, mit Ihren Kolleginnen und Kollegen über die Zukunft und Erneuerungsfähigkeit Ihres Unternehmens zu diskutieren. Erwarten Sie nicht, die Antworten auf die Frage, wie man Erneuerungsfähigkeit stärkt, in einer zweitägigen Klausur oder von einer Projektgruppe geliefert zu bekommen. Erneuerungsfähigkeit entwickelt sich organisch über einen längeren Zeitraum. Allerdings können Sie den Prozess befördern, indem Sie erstens Freiräume zum Nachdenken über die Organisation eröffnen und zweitens Übungsfelder zum gemeinsamen Trainieren schaffen. Das Fehlen von Übungs- und Probemöglichkeiten ist einer der Hauptgründe, weshalb die meisten Organisationen keine Erneuerungsfähigkeit auszubilden vermögen. Und behalten Sie den Ratschlag Hartmut von Hentigs, des Nestors der deutschen Reformpädagogik, in Erinnerung: »Nichts, was bleiben soll, kommt schnell.«

Eines sollte Ihnen jedoch Mut machen, wenn Sie sich auf diesen Weg der kontinuierlichen Selbsterneuerung begeben: Die meisten Ihrer Mitarbeiter und Kollegen wollen für ein Unternehmen arbeiten, das seiner Zeit stets voraus ist, das Kreativität begrüßt, das den menschlichen Erfindungsgeist und die Leidenschaft seiner Mitarbeiter weckt. Die Leute wissen nur nicht, wie man ein solches Unternehmen aufbauen kann, denn sie sind Gefangene des bisherigen Managementmodells. Machen Sie ihnen klar, dass die Geschichte nicht vorherbestimmt ist, und geben Sie ihnen die Gelegenheit, ihre überkommenen Vorstellungen zu hinterfragen. Dann

Achtes Prinzip:
Ausdauer und Denken in Kreisen

werden Sie bald eine Menge Mitstreiter finden, die bereit sind, gemeinsam mit Ihnen ein erneuerungsfähiges Unternehmen zu bauen.

11 Spielregeln für den Prozess der kontinuierlichen Selbsterneuerung

1. Befreie Dich von Routinen.
2. Lieber ein schlechtes Ergebnis als gar keins.
3. Verändere in kleinen Schritten.
4. Rede über Deine Lernprozesse.
5. Experimentiere mit außergewöhnlichen Dingen und überschreite gedankliche und physische Grenzen.
6. Halte Dir möglichst viele Optionen offen.
7. Akzeptiere, dass man es nicht gleich von Anfang an richtig machen kann.
8. Es ist egal, wo Du beginnst, wenn Du nur schnell genug aus Fehlern lernst.
9. Ziehe einen adaptiven, untersuchenden Ansatz einem starren, planenden Ansatz vor.
10. Halte durch – aber gib auf, wenn das Vorhaben aussichtslos ist.
11. Kommuniziere konstant mit möglichst vielen Mitarbeitenden über den aktuellen Stand.

5. Die Rolle der Führung im Prozess der kontinuierlichen Selbsterneuerung

»*Die größte Kunst beim Dirigieren ist zu wissen,
wann man nicht dirigieren,
wann man das Orchester nicht stören sollte.*«

(Herbert v. Karajan)

Un-manage!

Die wissenschaftlichen und technischen Fortschritte der Menschheit hätten nur sehr wenig zur Verbesserung unseres Wohlstandes beigetragen, wären sie nicht von ebenso bahnbrechenden Fortschritten im Management begleitet worden. Zu Beginn des vergangenen Jahrhunderts gab es viele dieser Innovationen im Management. Die meisten Neuerungen konzentrierten sich darauf, die Mitarbeiter dazu zu bringen, so verlässlich wie Maschinen zu arbeiten – eine Herausforderung, die einen neuen und systematischen Ansatz erforderte: die moderne Bürokratie. Der Soziologe und Begründer der Organisationstheorie, Max Weber, lobte die Tugenden dieses für die damalige Zeit radikal neuen Organisationsparadigmas: »Die Erfahrung scheint allgemein zu zeigen, dass die rein bürokratische Organisation der Verwaltung (...) unter einem technischen Gesichtspunkt den höchsten Grad an Effizienz gewährleistet und in diesem Sinn formal das rationalste bekannte Mittel zur Ausübung einer imperativen Kontrolle über den Menschen darstellt. Sie ist jeder anderen Organisationsform in Genauigkeit, Stabilität, Stringenz ihrer Disziplin und Verlässlichkeit überlegen. Daher ermöglicht sie ein besonders hohes Maß an Berechenbarkeit der Ergebnisse für die Leiter der Organisation und für jene, die in Beziehung zu ihr tätig sind.« (Weber 1972, S. 128).

In diesem knappen Absatz aus dem Jahr 1921 beschreibt Max Weber die bis heute vorherrschende Ideologie im Management: Kontrolle, Standardisierung, Rationalität und Planbarkeit – kurzum Führungskräfte, die alles im Griff haben. Das Bild der straffen Zügel war auch das Titelbild der ersten Nummer der *Zeitschrift für Organisation* aus dem Jahr 1898. Und über weite Strecken des letzten Jahrhunderts war dieses Modell der Bürokratie äußerst erfolgreich. Es ermöglichte im Laufe des 20. Jahrhunderts eine immense Steigerung des Wohlstands durch die Rationalisierung der Produktion. Für das Management von Stabilität sind moderne Unternehmen bestens gerüstet. Das Methodeninventar wurde im Laufe des 20. Jahrhundert immer differenzierter ausgearbeitet und immer weiter perfektioniert: Zielvereinbarungen, Controlling, Qualitätsmanagement, Lean Management und vieles mehr sind das Handwerkszeug des Managements im 20. Jahrhundert. Die Managementausbildung bringt noch immer Persönlichkeiten hervor, die gut darin sind, Ziele vorzugeben, Gegebenheiten zu analysieren, Soll-Ist-Differenzen zu erkennen und abzubauen. Das alles sind Experten für das Management von Stabilität.

Abb. 11: Erstes Titelbild der Zeitschrift für Führung und Organisation

Vor dem Hintergrund dieser historischen Entwicklung ist es verständlich, dass Selbstorganisation und Zufall für Manager höchst beunruhigende Gedanken sind. Management ist im gemeinen Verstand so ziemlich das Gegenteil von der Bereitschaft, den Zufall walten zu lassen. Organisation heißt Ordnung und Notwendigkeit. Loslassen birgt in dieser Perspektive die latente Gefahr, chaotische Zustände hervorzurufen.

Die Grundtugenden des Managements sind zweifellos Segnungen, aber in den meisten Branchen sind sie heutzutage – wenn überhaupt – Grundvoraussetzungen für Wettbewerbsfähigkeit. Sie bringen keine echten Vorteile mehr. Heute stehen immer mehr Unternehmen vor ganz neuen Herausforderungen wie dem beschleunigten Wandel, der Globalisierung und Digitalisierung von Produkten und Prozessen. Dies alles erfordert mehr als nur weitere Kontrolle und Standardisierung. Wir brauchen Unternehmen, die kontinuierlich innovativ und lernfähig sind. Das

Problem ist nur, dass diese Eigenschaften umgekehrt proportional zu den jahrzehntelang erlernten und erfolgreichen Grundtugenden Kontrolle, Standardisierung und Stabilität sind. »Alles Schnee von gestern«, wird vielleicht der eine oder andere sagen und auf teamorientierte, partizipative Führung und Empowerment verweisen. Ja, das alles gibt es, aber haben sich die Systeme tatsächlich im Kern verändert? Wir glauben nicht. Erleben Sie nicht auch, dass Sie selbst oft reflexhaft auf die bekannten Muster zurückgreifen, insbesondere wenn es wirklich ernst wird?

Viele Führungskräfte erkennen durchaus den Wert von Eigeninitiative, Kreativität und Selbstorganisation an. Sie sehen sich jedoch in einer Zwickmühle: Qua Ausbildung und formaler Stellung sind sie Manager. Sie werden dafür bezahlt, dass sie leiten, kontrollieren und verwalten. Dies ist nach wie vor die gängige gesellschaftliche Erwartung an Führungskräfte. Inzwischen sind jedoch gerade solche Eigenschaften von Mitarbeitern wichtig, die sich besonders schlecht managen lassen. Die vorhandenen Managementtools können Mitarbeiter zu Gehorsam, Gewissenhaftigkeit und Exaktheit nötigen, aber sie sind ungeeignet, Kreativität und Eigenmotivation zu wecken. Wer schon einmal eine Universität oder ein Open-Source-Softwareprojekt geleitet hat, wird Ihnen bestätigen, dass man nicht mehr aus den Mitarbeitern herausholt, indem man sie mehr managt, sondern ganz im Gegenteil, indem man sie weniger managt. Der ehemalige McKinsey Berater Theodore Taptikilis hat dazu das entsprechende Buch geschrieben: »Unmanaging. Opening up the organization to its own unspoken knowledge« (2008).

Orpheus Chamber Orchester – Kein Dirigent, aber viel Führung

Erstaunlich ist, dass eines der weltweit besten Orchester, das Orpheus Chamber Orchestra, seine hervorragende Leistung ohne einen Dirigenten erbringt (vgl. dazu Börner 2002). Dieses Orchester baut nicht auf die Führungsleistung eines Dirigenten, sondern auf die Führungsleistung des Kollektivs. Im Gegenteil: Acht Prinzipien garantieren die Funktionsfähigkeit dieses führungslos erfolgreichen Systems:

- denen Macht geben, die die Arbeit erledigen
- Ermutigung zur persönlichen Verantwortung
- Rollen klar definieren
- Führungsbefugnis aufteilen und rotierend zuordnen
- die Zusammenarbeit auf einzelnen Ebenen fördern
- zuhören und reden lernen
- Konsens suchen
- leidenschaftliche Hingabe an die Arbeit

Seit mehr als 30 Jahren floriert das Orpheus Chamber Orchester als Gruppe mit Selbstverwaltung, basierend auf diesem kooperativen Managementstil. Gerade weil es keinen Dirigenten gibt, müssen alle ihre Ideen zur musikalischen Interpretation beisteuern und Verantwortung für das Orchester übernehmen.

Eine irreführende Metapher, die häufig zur Beschreibung von Managern herangezogen wird, ist die Behauptung, sie seien wie Orchesterdirigenten. Untersuchungen über das, was Dirigenten wirklich tun, deuten an – so der Organisationsforscher Karl Weick –, dass das Organisieren von Orchestern im Unterschied zu populären Annahmen am effektivsten ist, wenn es leise und unaufdringlich ist, wenn es sich nicht einmischt und die schon im Orchester eingebauten Kontrollprozesse berücksichtigt (vgl. Weick 1985, S. 348). Der Dirigent eines Orchesters steht nämlich vor der denkbar größten Herausforderung: das vollendete Zusammenspiel zu ermöglichen, ohne ein Wort zu sagen. In einem bezaubernden TED-Vortrag zeigt Itay Talgam den jeweils einzigartigen Stil von sechs großen Dirigenten des 20. Jahrhunderts und zieht daraus wichtige Lehren für alle, die Führungsverantwortung tragen (www.ted.com/talks/itay_talgam_lead_like_the_great_conductors?).

Von der heldenhaften zur weisen Führung

»Unglücklich ist das Land, das keine Helden hat.
Nein, unglücklich ist das Land, das sie nötig hat.«

(Bertolt Brecht)

So normal es heute scheint, dass die Völker sich selbst regieren, so verwunderlich hätten es die Menschen im 17. Jahrhundert gefunden, dass es keinen König mehr braucht. Heute funktioniert die Demokratie ganz gut. So gut, dass das demokratisch regierte Belgien vom 13. Juni 2010 an 542 Tage ohne einen Regierungschef auskam. So lange dauerte es nämlich, bis Elio Di Rupo eine tragfähige Mehrheit im Parlament organisiert hatte. Das Beispiel Belgien verdeutlicht, dass ein Land nicht in Chaos und Gewalt versinkt, wenn der Chef mal Pause macht. Während also die Demokratie auf Staatsebene ganz gut funktioniert, führt in vielen Betrieben noch immer der Chef die Geschäfte und pflegt mitunter einen einsamen Führungsstil, den der BMW-Veteran Eberhard von Kuenheim einmal wie folgt beschrieb: »In großer Höhe fliegt der Adler allein.«

Besonders in westlichen Kulturen werden Führungspersönlichkeiten noch immer zu Helden stilisiert: große Männer (und sehr selten Frauen). Wer Erfolge erzielt, wird mit Lob und Beförderung überschüttet. Auch wenn etwas schiefgeht, überlegen wir sofort, wer daran schuld sein könnte. Der Held wird dann schnell zum Anti-Helden. Fußballtrainer können ein Lied davon singen. In Zeiten großer

Veränderung, so der auch heute noch hörbare Ruf, gehört die Führungskraft ans Ruder. Klare Marschrouten werden ausgegeben und schnelle Maßnahmen sollen das Unternehmen auf Kurs halten. In Zeiten des Umbruchs suchen wir nach Sicherheit und Autoritäten. Wir möchten uns lieber führen lassen als selbst zu führen. Wir wünschen uns, dass die Führungskräfte unsere Dilemmata lösen und uns wieder ein eindeutiges Leben ermöglichen. Ich bin der festen Überzeugung, dass es dazu nicht mehr kommen wird, denn die Verhältnisse haben sich verändert. Wenn Spezialisten und Experten, Wissensarbeiter also, die wichtigsten Produktivkräfte der Organisation sind, dann können Führungskräfte weder fachlich überlegen sein noch schnell eine klare Marschroute ausgeben. Dies scheint auch ihnen selbst bewusst zu sein: Drei von vier Chefs sind davon überzeugt, dass sich die Führungskultur in Deutschland ändern muss, wie eine Befragung von 400 Vorgesetzten aus dem Jahr 2014 im Auftrag der Initiative Neue Qualität der Arbeit ergab. Die meisten der Befragten sind sich sicher, dass sich selbst organisierende Netzwerke die Herausforderungen der modernen Arbeitswelt am besten meistern. Entscheidungsfreiräume und Eigenverantwortung der Mitarbeiter werden immer wichtiger. Dies kollidiert jedoch mit dem immer noch bestehenden Wunsch nach dem Helden an der Spitze der Organisation, was viele Führungskräfte vor eine Zerreißprobe stellt.

Die Forscher Gilbert Probst und Sebastian Raisch haben die 100 größten Unternehmenskrisen in der Zeit von 1999 bis 2004 untersucht. Sie kommen zu folgendem Ergebnis: »Jedes Unternehmen, das sich alleine auf die Fähigkeit einer einzelnen Person an der Spitze verlässt, lebt riskant. Unsere Untersuchung ergab, dass in fast allen Fällen eine dominante Persönlichkeit in der Topposition den Niedergang wesentlich mit verursacht hat« (Probst/Raisch 2004, S. 39). Das typische Szenario: Ein mächtiger, nahezu autokratischer Vorstandsvorsitzender schaltet und waltet nach Gutdünken. Mit einer Vision und einer charismatischen wie selbstsicheren Persönlichkeit ausgestattet, strebt er ambitiös nach höheren Zielen, deren Erreichen er dann ganz seiner Person zurechnet. Da gibt es den Superhelden Bernie Ebbers bei Worldcom, das Genie Jean-Marie Messier bei Vivendi und die Übervater Percy Barnevik bei ABB oder Martin Winterkorn bei Volkswagen. Umgeben von Gefolgsleuten wird ihr Verhalten zunehmend exzessiver. Tyco-Chef Dennis Kozlowski wurde als »römischer Kaiser« tituliert, Ahold-Boss Cees van der Hoeven als »Niederländischer Napoleon«. Nach den Ergebnissen der beiden Forscher führt eine geteilte Machtausübung jedoch in den meisten Fällen zu einem größeren Erfolg (Probst/Raisch 2004, S. 439).

Die Vorstellung von der Führungskraft als Visionär ist dermaßen verbreitet und sitzt so tief, dass viele Führungskräfte ihre heutige Rolle grundlegend überdenken müssen, bevor sie ihre Organisation dauerhaft erneuerungsfähig machen können. Die Führungskräfte stehen gegenwärtig vor dem Problem, dass sie den Paradigmenwechsel schon erspüren, ihn mit ihren erlernten Tools und Methoden jedoch nicht bearbeiten können. Wir brauchen, so unsere These, angesichts der veränderten Bedingungen einen Führungsstil, der es zulässt, ja fördert, dass sich die Dinge von unten nach oben her entwickeln. Die Aufgabe der Führung ist dabei, für eine inspirierende Vision zu sorgen, andere zum Mitmachen zu motivieren und sie in ihrem schöpferischen Engagement zu bestärken. Eine Führung, die unterstützt und bestärkt, setzt bei allen Mitarbeitern Kreativität und Engagement frei. Der dauerhafte Erfolg eines Unternehmens wird damit von der Energie und Anwesenheit einzelner Personen unabhängig gemacht. Er entspringt dem kreativen Zusammenspiel vieler Menschen, die sich gemeinsam anstrengen, diese Vision in die Realität umzusetzen.

Ein Beispiel hierfür ist die Führung bei der italienischen Designschmiede Alessi. Dem Inhaber Alberto Alessi ist jeder Kult um ihn als Person und sein Unternehmen fremd. »Wir sind hier alle keine Picassos!«, sagt er. Am liebsten beschreibt er sich als bescheidener Vermittler, der kreative Menschen zusammenbringt und Dinge möglich macht, indem er sie koordiniert. Seinen rund 300 Designern gibt er keine Anweisungen, sondern macht ihnen lediglich Vorschläge. Ferner verzichtet er völlig auf Marktforschung und verlässt sich ganz und gar auf die Intuition seiner Designer. »Künstler sind wie Federn in der Luft«, hat er einmal gesagt, »man muss sie schweben lassen. Sobald man Wirbel verursacht, ist alles vorbei.« Alessi sieht seine Aufgabe als Manager denn auch darin, aus den Ideen seiner Designer ein vermarktbares Produkt zu machen. Das ist nicht die Rolle des Helden, sondern eher die des sozialen Architekten, dessen Aufgabe darin besteht, ein Umfeld zu schaffen, in dem kreative Menschen ihr volles Potenzial entfalten können.

Die »Great Man Stories« sterben nicht aus

Unsere traditionellen Anschauungen von Führern – besondere Menschen, die die Richtung angeben, die Schlüsselentscheidungen treffen und die Truppe in Schwung halten – erweisen sich als äußerst widerstandsfähig. Dies zeigen die vielen »Great-Man Stories«, die momentan die Regale der Ratgeberliteratur füllen. In Büchern über Führungspersönlichkeiten wie Steve Jobs (Apple), Diettrich Mateschitz (Red Bull), Richard Branson (Virgin), Mark Zuckerberg (Facebook) und Elon Musk (Paypal, Tesla) erfahren die Leser, wie die Führungsstärke einzelner Personen die Innovationskraft des Unternehmens beflügelt hat. Dass solche Bücher auf den Bestseller-Listen stehen, kann als Reflex auf die gestiegene Umweltkomplexität gedeutet werden. Grundlegende Innovationen werden heutzutage jedoch nicht mehr von Einzelnen hervorgebracht; sie sind eine komplexe organisationale Leistung. Viele empirische Studien zeigen, dass der Erfolg innovativer Prozesse auf eine Vielzahl vernetzt handelnder Akteure zurückzuführen ist und nicht auf einzelne Helden (vgl. Kaudela-Baum/Holzer 2014, S. 12). Der Widerspruch zwischen symbolischer Ebene (Stories über Helden) und Handlungsebene wird immer größer. Auf der symbolischen Ebene werden Helden in Zeiten hoher Ungewissheit wichtiger. Auf der Handlungsebene zeigt sich hingegen, dass sie wenig ausrichten können. Die Welt ist für sie zu komplex geworden. Dies musste zuletzt der Vorstandsvorsitzende von Volkswagen, Martin Winterkorn, leidvoll erleben.

Dem Führungskräftecoach Klaus Doppler zufolge stehen wir gegenwärtig am Scheideweg zweier völlig verschiedener Formen von Führung (vgl. Doppler 2009): einerseits der Führungsarbeit im System, das heißt, alles ist auf die Führungsspitze ausgerichtet; andererseits der Führungsarbeit am System, das heißt, das Unternehmen wird so geführt und strukturiert, dass möglichst viele Mitarbeiter ihr Potenzial zur Selbstverantwortung entfalten können. Für die Führungsarbeit am System ist der Held nicht die passende Leitfigur, sondern der Weise, der das Potenzial für eine reaktionsschnelle Organisation weckt und auszubauen hilft. Während der Held darauf drängt, sichtbar aktiv zu werden und sich als Retter in Szene zu setzen, um daraus den Stoff für spätere Heldengeschichten zu gewinnen, zeichnet sich der Weise durch eine zurückhaltende, einfühlende, abwägende und flexible Steuerung aus. Der Weise konzentriert sich darauf, Anstöße zu geben, Kräfte zu mobilisieren, die Betroffenen sich entfalten zu lassen, gegebenenfalls zu koordinieren und Hilfe zur Selbsthilfe zu leisten. Diese Idee des weisen Führers ist nicht neu. Der Politiker Alexandre Ledru-Rollin (1807–1874), der eine wichtige Rolle in der französischen Revolution spielte, formulierte diese Haltung wie folgt: »Da geht das Volk. Ich muss ihnen folgen, ich bin ihr Führer.«

Wenn wir uns mit dem Zusammenhang von Weisheit und Führung beschäftigen, sollten wir uns unbedingt mit fernöstlichen Kulturen beschäftigen, so der Rat des Philosophen und Kulturanthropologen François Jullien. Dort ist das Heldentum in Wirtschaft und Politik traditionell weitaus weniger verbreitet als bei uns im Westen (vgl. Jullien 2006). Ho Kwon Ping, der über 40 Jahre (zuletzt als CEO) die Entwicklung der Singapore International Airlines (SIA) maßgeblich geprägt hat, ist einer dieser weisen Führer. Er betont in einem kürzlich erschienenen Artikel, dass SIA ein außerordentliches Unternehmen sei, das von ganz gewöhnlichen Menschen geleitet werde. Er inszeniert sich nicht als Held und bietet keine »Great man Story«. Stattdessen führt er den großen Erfolg der SIA auf die Philosophie des Unternehmens zurück, wonach Außergewöhnliches dann entsteht, wenn die Führung den gewöhnlichen Menschen im Unternehmen genügend Freiraum und Eigenverantwortung für die Verwirklichung ihrer Ideen gibt. Diese Philosophie findet sich auch bei der Generation der neuen chinesischen Führungskräfte. Feng Jun oder Jack Ma unterrichten ihre Manager in *tai Chi*, *Jingu* (»keeping silent«) und *jinzuo* (»meditation«). Sie sind der Überzeugung, dass es die schwierigste Aufgabe für einen Manager ist, sein Ego zu bändigen und durch ständige Selbstreflexion seine Anpassungsfähigkeit an die sich verändernde Welt zu bewahren.

Die Spannung im Unternehmen aufrechterhalten

Für den Organisationsberater Peter Kruse kann gezielte Instabilität im Unternehmen ein böses Erwachen verhindern: »Instabilität ist alles andere als eine Krise. Es ist vielmehr die wichtigste Voraussetzung zum Vermeiden von Krisen (Kruse 2004, S. 81). Wir sprechen nicht gerne von Instabilität. Dies muss sich jedoch ändern. Die Welt um uns herum ist ständig in Bewegung, evolutionäre Mechanismen wirken im Großen wie im Kleinen. Ein einmal gefundenes Optimum verschiebt sich schnell wieder.

In der Wirtschaftsgeschichte haben wir immer wieder erkennen müssen, dass Wohlfahrt zu Dekadenz führt und Dekadenz Wohlfahrt vernichtet. Um diesen Zyklus zu unterbrechen, müssen wir die kontinuierliche Selbsterneuerung in unsere Alltagsroutinen einbauen. Das ist der Störauftrag der Führung, eine Ressource zur Revitalisierung der wirtschaftlichen Kraft, damit das Unternehmen nicht dekadent wird, sondern anpassungsfähig bleibt. Damit ist allerdings nicht das kluge Reagieren auf Krisen gemeint, sondern die präventive Vorbereitung der Organisation auf mögliche Veränderungen – ein aktives Musterbrechen, eine Alarmfunktion und eine Dauerskepsis am Weiter-so, die eine Vorbereitung auf Neues signalisieren. Um dieser Aufgabe gerecht zu werden, muss die Führung der Organisation kontinuierlich kleine Dosen an Störungen verabreichen. Oder anders formuliert: Sie muss das Unternehmen in optimistischer Absicht beunruhigen. Es ist schlichtweg überlebensnotwendig, die Routinen immer wieder aufzubohren, die Strukturen im Unternehmen regelmäßig infrage zu stellen. Die Erfolgsrezepte der Vergangenheit ehrt man, indem man sie ständig überprüft und gegebenenfalls hinter sich lässt. Störung ist damit eine zentrale Aufgabe der Führung.

Betrachtet man langlebige Unternehmen, die besser mit Veränderungen umgehen können als andere, dann stößt man schnell auf IBM. IBM ist seit hundert Jahren ein herausragendes Beispiel dafür, wie sich ein Unternehmen zu erneuern vermag. So hat es sich mutig dazu durchgerungen, Geschäftsbereiche abzustoßen, die zwar noch ertragreich, aber nicht mehr zukunftsträchtig waren. Nicht zuletzt deshalb stand der Konzern im Unterschied zu vielen Konkurrenten sehr gut da, als der scheidende CEO Palmisano im Januar 2012 die Führung an Virginia Rometty übergab. In seiner Amtszeit verabschiedete sich das Unternehmen vom PC-Geschäft und baute das Software und Dienstleistungsgeschäft kräftig aus. Nach Aussage von Rometty hat Palmisano ihr nur einen Rat gegeben: »Du musst den Konzern einfach immer wieder neu erfinden.«

Positive Energie erzeugen

»*Veränderung entsteht nicht, indem der Status quo bekämpft wird;
Veränderung braucht neue Modelle, die das Alte überflüssig machen.*«

(Buckminster Fuller)

Entwickeln Sie mit Ihren Mitarbeitern ein attraktives Zukunftsbild: In den meisten Unternehmen beginnt der monatliche Managementbericht mit einer Liste von Schlüsselproblemen. Bereits der Managementvordenker Peter Drucker hat vor Jahren darauf hingewiesen, dass effektive Führungskräfte genau dies nicht tun. Sie machen das Gegenteil und führen auf der ersten Seite eine Liste von zukünftigen Chancen auf. Die Problemliste wird auf die zweite Seite verdrängt. Wenn es keine wirklichen »Katastrophen« gibt, werden die Probleme auf der Managementsitzung erst dann diskutiert, wenn man sich ausführlich mit den Chancen beschäftigt hat. Denken Sie nur an die Rede von Martin Luther King »I have a Dream« vor mehr als 50 Jahren und stellen Sie sich vor, er hätte in den Fokus nicht seinen Traum, sondern die vielen Probleme der Gegenwart gestellt. Führungskräfte, die in Möglichkeiten und Chancen denken, stellen Fragen wie: Wo gibt es veränderbare Welten? Was sind unsere Stärken? Wo gibt es positive und interessante Entwicklungen? Ein attraktives Zukunftsbild gibt Kraft für das Handeln in der Gegenwart und vermag so nachhaltige Veränderungen anzustoßen. Wenn Sie also Sinn stiften und Energie mobilisieren wollen, dann arbeiten Sie mit Ihren Mitarbeitern an einem starken und attraktiven Zukunftsbild. Die Mobilisierung durch ein attraktives Zukunftsbild baut vor allem darauf, eine positive emotionale Spannung und Begeisterung in Unternehmen zu entwickeln. Menschen entwickeln ein außergewöhnliches Engagement, wenn sie das Gefühl haben, an der Verwirklichung eines Traums oder einer faszinierenden Sache mitarbeiten zu dürfen.

Schaffen Sie Zuversicht: Die konsequent auf positive Erfahrungen, Stärken, Ressourcen und Potenziale gerichtete Aufmerksamkeit schafft immer wieder neue Energie. »Positiv Leadership« heißt demnach, die Aufmerksamkeit auf die Ressourcen und Chancen zu lenken. Zuversicht und Optimismus gründen auf positiven Hypothesen über künftige Entwicklungen. Aus der Glücksforschung wissen wir, dass zuversichtliche Menschen gesünder sind als Pessimisten. Allein das wäre schon ein guter Grund, sich mit Fragen der Zuversicht zu beschäftigen. Zuversicht ist das Ergebnis einer optimistischen Haltung und führt zur Erforschung der eigenen Ressourcen, was die optimistische Haltung verstärkt. Zuversicht ist daher ein Prinzip, das Energie schafft. Als Führungskraft schaffen Sie Zuversicht und damit eine hohe produktive Energie, wenn Sie Ihre Aufmerksamkeit und Ihre Mitarbeiter konsequent auf die Stärken richten (vgl. Seliger 2010, S. 151).

Eines der am besten entwickelten Instrumente von Positive Leadership ist das Appreciative Inquiry (AI), das die Aufmerksamkeit auf Stärken und Entwicklungsmöglichkeiten fokussiert. Egal, ob Sie AI in Team-Meetings, Mitarbeitergesprächen, bei der Lösung von Problemen oder bei der Entwicklung neuer Visionen und Strategien einsetzen: Es entfaltet immer eine positive, produktive Wirkung und setzt beträchtliche Energien frei. Auch die an der Ross School of Business entwickelte Methode der Suche nach positiven Abweichungen versucht Organisationen dazu anzuleiten, den Blick vom »Krankhaften, Fehlerhaften« hin auf positive Abweichungen zu richten (vgl. Cameron 2013; Cameron/Dutton/Quinn 2003). Die Suche nach positiven Abweichungen und die sorgfältige Analyse jener Aspekte, die gut funktionieren, weisen oft auf neue Lösungen hin. In diesen positiven Abweichungen liegt ein ungeheures Potenzial an Lösungen und Entwicklungsmöglichkeiten.

Vertrauen und Containment schaffen

»*How can I be sure, in a world that's constantly changing?*
How can I be sure, where I stand with you?«

(David Cassidy)

Wie bewegt man Menschen zu Veränderungen? Die Methode, die ich in Unternehmen am häufigsten beobachte, besteht darin, die Existenzangst der Mitarbeiter zu schüren, indem Veränderungen als unumgänglich verkündet werden und mit Drohungen und Schuldzuweisungen einhergehen. So kann mich mein Chef glauben lassen, dass ich in der Organisation keine Karriere machen werde, wenn ich nicht lerne, das neue elektronische Mailsystem zu nutzen und meine Besprechungen mit Groupware zu führen. An diesem Punkt wird mir die Logik sagen, dass ich etwas Neues lernen und meine Abneigung gegenüber den neuen IT-Systemen überwinden muss. Darauf hoffen viele Führungskräfte. Solche negativen Sanktionen fördern – wenn überhaupt – defensives Lernen. Edward Deming, der Nestor des modernen Qualitätsmanagements, hat jedoch nachdrücklich darauf hingewiesen, dass Menschen nur dann kreativ sind und schöpferisch lernen, wenn sie sich sicher fühlen, ihre Ideen äußern zu dürfen. Es braucht einen Freiraum für Kreativität und die Freiheit, bestimmte Risiken einzugehen. Wenn Menschen die Sicherheit haben, Risiken eingehen und auch scheitern zu dürfen, entstehen Innovationen. Die Erneuerungsfähigkeit einer Organisation hängt damit entscheidend von einer vertrauensvollen und angstfreien Kultur ab. In einer solchen Umgebung wird Risikobereitschaft gefördert, Informationen werden in großem Maßstab geteilt, abweichende Meinungen frei geäußert. Misstrauen demoralisiert und Angst lähmt. Aus diesem Grund sollten beide aus den Organisationen des 21. Jahrhunderts verschwinden. Vertrauen wird zur zentralen Kategorie im Führungsprozess. Vertrauen sorgt für psychologische Entlastung. Oder anders formuliert: Vor dem Hintergrund von Vertrauen öffnet sich ein Vordergrund kontinuierlicher Selbsterneuerung. Die klassischen Change-Modelle haben zu viel Nachdruck auf das »Auftauen von Organisationen« (Lewin 1952), den »Sense of Urgency« (Kotter 1996) oder die »Burning platform« (Christensen/Shu 1999) gelegt und zu wenig auf die Entwicklung psychischer Sicherheit.

Kontinuierliche Selbsterneuerung beginnt bei Ihnen selbst

»Du musst der Wandel sein, den Du in der Welt sehen willst.« Dieses Zitat von Mahatma Gandhi ist mittlerweile weitverbreitet, findet in der Praxis jedoch selten statt. Die meisten Führungskräfte verlangen, dass nur die anderen sich ändern. Change möge überall sein, aber bitte vor der eigenen Bürotür haltmachen. Oder wie es der russische Schriftsteller Leo Tolstoi formulierte: »Alle denken nur darüber nach, wie man die Menschheit ändern könnte, doch niemand denkt daran, sich selbst zu ändern.« Daher gehört es auch zum Störauftrag der Führungskraft, sich selbst zu hinterfragen. Es muss die Devise gelten: Sie zuerst! Die erste Frage muss sein: Was muss ich an mir selbst ändern? Irgendjemand muss den ersten Schritt tun und zeigen, dass Erneuerung möglich ist. Für Führungskräfte heißt das: Sie müssen, wenn Sie die Erneuerungsfähigkeit Ihrer Organisation stärken wollen, selbst einige Ihrer Handlungsgewohnheiten bezweifeln und gegebenenfalls verändern oder ablegen.

»Willst Du Dein Land verändern, verändere Deine Stadt.
Willst Du Deine Stadt verändern, verändere Deine Straße.
Willst Du Deine Straße verändern, verändere Dein Haus.
Willst Du Dein Haus verändern, verändere Dich selbst.«

(Arabisches Sprichwort)

Sie sollten lernen, durch aktives Fragen herauszubekommen, wie die Situation ist, was Mitarbeiter bewegt und wie das Umfeld reagiert. Damit setzen sie einen Gestaltungsprozess in Gang, in dessen Zentrum der Dialog mit der Situation, den Mitarbeitern oder auch den Kunden steht. Erlauben Sie sich als Führungskraft dazuzulernen? Oder erliegen Sie der Versuchung, dass sich immer erst die anderen verändern müssten? Die irreführende Annahme, dass man eine Organisation ohne die persönliche Entwicklung der Führungskraft erneuern könnte, führt dazu, dass die meisten Erneuerungsprozesse von Anfang an zum Scheitern verurteilt

Kontinuierliche Selbsterneuerung beginnt bei Ihnen selbst

sind. Jede Veränderung in einer Organisation beginnt daher beim Erkennen und Verändern Ihrer eigenen mentalen Modelle. Sobald Sie dieses Buch aus der Hand legen, können Sie anfangen zu handeln. Seien Sie aber darauf vorbereitet, ganz andere Kategorien und Vokabeln finden zu müssen. Das ist eine echte Herausforderung, aber auch eine große Chance! Zwei Übungen, die Sie täglich praktizieren sollten, können Sie darin unterstützen. Die erste Übung lautet: »Schenke Deiner Verfassung jeden Tag ein paar Minuten Zeit, um zu ergründen, wo Du stehst und warum das so ist.« Die zweite Übung lautet: »Verändere jeden Tag in Deinem Tagesablauf bewusst irgendeine Kleinigkeit. Und achte darauf, welche Wirkung dieser Unterschied bei Dir und in Deinem Umfeld erzeugt.«

Empfehlenswerte Videos

- Itay Talgram: *Lead like Great Conductors*

www.ted.com/talks/itay_talgam_lead_like_the_great_conductors?

In seinem bezaubernden Vortrag zeigt Itay Talgam den jeweils einzigartigen Stil von sechs großen Dirigenten des 20. Jahrhunderts und zieht daraus wichtige Lehren für alle, die Führungsverantwortung tragen.

- Daniel Barenboim: *Bizet – Scenes from Carmen*

www.youtube.com/watch?v=FltG5JX1urY

Dieses Video ist ein hervorragendes Beispiel zur Illustrierung eines modernen Führungsstils. Die Interventionen des Dirigenten Daniel Barenboim beschränken sich auf ein Minimum. Zum Schluss verlässt er sogar das Dirigentenpult und genießt die Musik des Orchesters als Zuhörer im Publikum.

- Simon Sinek: *Why Leaders Eat Last*

www.youtube.com/watch?v=lmyZMtPVodo

In diesem Ted Talk verdeutlicht Simon Sinek, der an der Columbia University in New York Strategische Kommunikation unterrichtet, wie wichtig Vertrauen und Zusammenhalt in Zeiten hoher Unsicherheit sind. Seiner Ansicht nach sind das die zentralen Stellgrößen für eine Unternehmenskultur, die es den Menschen ermöglicht, trotz Unsicherheit höchst produktiv zu sein.

- Ricardo Semler: *Radikale Weisheiten für eine Firma, eine Schule, ein Leben*

www.ted.com/talks/ricardo_semler_radical_wisdom_for_a_company_a_school_a_life?language=de

In diesem Video stellt der brasilianische Unternehmer und Miteigentümer der Firma Semco seinen Führungsphilosophie der radikalen Selbstorganisation dar.

Assessment-Vorlage
»Erneuerungsfähigkeit – Mein Verhalten als Führungskraft«

Wie treffend beschreibt jede der folgenden Aussagen Ihr Verhalten als Führungskraft? Tragen Sie zu jedem der aufgeführten Leitsätze den Prozentwert ein, nach dem Sie diesen Leitsatz in Ihrem beruflichen Alltag leben.

Leitsatz	Diesen Leitsatz lebe ich …				
	nie 0 %	selten 25 %	öfter 50 %	häufig 75 %	immer 100 %
1. Ich verfolge neue Ideen für die Zukunft unseres Geschäfts, auch wenn ich noch nicht genau weiß, ob sie realistisch bzw. erfolgreich sind.					
2. Ich nehme mir regelmäßig Zeit dafür, am Organisationsdesign meiner Abteilung/meines Unternehmens (»am System«) zu arbeiten.					
3. Ich begebe mich regelmäßig in neue oder ungewohnte Erfahrungs- und Handlungsfelder.					
4. Ich spreche über die Zukunft der Gesellschaft, der Wirtschaft und meines Unternehmens auch mit Menschen aus ganz anderen Arbeitsfeldern.					
5. Ich lasse ganz bewusst Dinge und Themen hinter mir, um Freiraum für Neues zu gewinnen.					
6. Mit neuen Ideen zu scheitern ist für mich kein Beinbruch.					
7. Für neue Themen engagiere ich mich auch emotional.					

6. Die Gestaltung der erneuerungsfähigen Organisation

»Beachte immer, dass nichts bleibt, wie es ist, und denke daran, dass die Natur immer wieder ihre Formen wechselt.«

(Marc Aurel)

Der Traum von der optimalen Organisation ist wohl so alt wie das Phänomen der Organisation selbst. Schon bei den Sassaniden, die im dritten Jahrhundert nach Christus in Persien lebten, gab es Diskussionen, wie man die Herstellung von Glas und Seide optimieren könne. Im Venedig des späten Mittelalters diskutierten die Räte, wie man die Schiffsproduktion verbessern könne, um den Ausstoß an Schiffen zu erhöhen. Doch können wir eine optimale Organisationsstruktur jemals erreichen? Seit Jahrzehnten suggerieren Managementbücher und Heerscharen von Unternehmensberatern, dass man den heiligen Gral der Organisation gefunden habe oder zumindest sehr nahe daran sei, ihn zu finden. Wenn ich im Folgenden über den Zusammenhang von Erneuerungsfähigkeit und Organisation nachdenke, könnte man zunächst erwarten, dass ich mich in diese Schar der Sucher nach dem heiligen Gral einreihe und eine neue Version der optimalen Organisation aus dem Hut zaubere.

Die Hoffnung, dass ich Ihnen in dem nun folgenden Kapitel die optimale Organisationsstruktur eines erneuerungsfähigen Unternehmens aufzeige, möchte ich Ihnen gleich zu Beginn nehmen. Wenn ich von Erneuerung rede, dann meine ich einen Prozess, der andauert und nie endet. Die Suche nach der optimalen Organisationsstruktur ähnelt den Bemühungen des Sisyphus, der vergeblich versuchte, den Felsbrocken auf den Gipfel des Berges zu rollen. Die optimale Organisationsstruktur gibt es nicht in einer immer komplexeren und sich schneller verändernden Welt. Das Management muss vielmehr kontinuierlich die Strukturen der Organisation an die sich verändernden Rahmenbedingungen anpassen. Und genau dies passiert in erneuerungsfähigen Unternehmen: ein kontinuierlicher Prozess des Nachdenkens und Experimentierens mit der eigenen Organisationsstruktur. Die Übergangsphase wird hier zum dominierenden Modus. Stand in der Vergangenheit die Suche nach der besten Organisationsform im Vordergrund, so geht es nun um die kontinuierliche Anpassung der Organisation.

Im Folgenden werde ich Ihnen daher keine konkreten Lösungsvorschläge zur Gestaltung der Organisationsstruktur Ihres Unternehmens präsentieren. Ich werde Ihnen lediglich einige Grundprinzipien vorstellen, die sich bei erneuerungsfähigen Unternehmen identifizieren lassen. Doch bevor ich diese Grundprinzipien darstelle, möchte ich noch auf einen grundlegenden Widerspruch eingehen: dem zwischen Organisation und Wandel.

Der Grundwiderspruch von Organisation und Wandel

Die bürokratische Organisation ist eine der wichtigsten Errungenschaften der Moderne. Die Bürokratie, wie sie sich seit dem 19. Jahrhundert herausgebildet hat, zielt auf eindeutige Abgrenzungen von Herrschaftsbefugnissen, Kompetenzen, Verantwortlichkeiten etc. ab. Es gehört zum Wesen der Bürokratie, Eindeutigkeit, Kalkulierbarkeit und Erwartbarkeit herzustellen. Die klassischen Managementpraktiken bauen denn auch auf folgenden Prinzipien auf: Standardisierung, Spezialisierung, Hierarchie, Abstimmung der Ziele, Planung und Kontrolle sowie Belohnung zur Beeinflussung des menschlichen Verhaltens. Diese Prinzipien wurden im Beginn des 20. Jahrhunderts von Managementpionieren wie Henry Fayol, Frederic Winslow Taylor, Alfred Sloan und Max Weber entwickelt. Diese Vordenker hatten zwar unterschiedliche Vorstellungen von den philosophischen Grundlagen des Managements, waren sich aber in vielen Grundüberzeugungen einig: Es ging darum, die Effizienz und die Berechenbarkeit der Unternehmen zu maximieren. In der Bibel des modernen Managements lautet das erste Gebot: »Es darf keine Überraschungen geben!« Zu Beginn des 20. Jahrhunderts war dies eine enorm wichtige Management-Innovation.

Ohne Frage ermöglichte die moderne bürokratische Organisationsform einen enormen Produktivitätszuwachs im Vergleich zu den vorhergehenden Formen der handwerklichen Organisation. Sie ist damit unbestritten ein Erfolgsmodell für das 20. Jahrhundert. Die Fähigkeit, Millionen von Waren herzustellen, Millionen von Transaktionen zu vollziehen oder Millionen von Kunden den gleichen Service zu bieten, ist mit eine der größten Errungenschaften der Wirtschaftsgeschichte. Sie führte zu einem erheblichen Wohlstandszuwachs, jedoch um den Preis eines Verlustes an Flexibilität. Eine der wichtigsten Eigenschaften der modernen Organisation ist es nämlich, Varianz und Komplexität zu reduzieren. Ablauf- und Aufbauorganisation vermitteln der Organisation Stabilität. Definierte Prozesse ermöglichen die effiziente Wertschöpfung und sind Garant für die gleichbleibende Herstellung von Produkten nach einheitlichen Qualitätsstandards. Die klare Zuteilung von Aufgaben, Kompetenzen und Verantwortungen ermöglicht Arbeitsteilung und Produktivitätsfortschritt. Feste Strukturen erhöhen zudem die Transparenz und erlauben sicheres Handeln an den Schnittstellen. Das den modernen Organisationen zur Verfügung gestellte Instrumentarium zur Produktion von Stabilität und Sicherheit ist also mannigfaltig. Kurzum: Das Wesen der modernen

Organisation ist es, Alternativen auszublenden und Wandel einzudämmen oder ganz zu verhindern. Aus dem »So oder so« macht die Organisation ein »Nur so«.

Dieses Credo der Optimierung und Standardisierung kommt in dem Werbeslogan von McDonalds »Billions served« gut zum Ausdruck. Ein Problem tritt dann auf, wenn einige dieser Milliarden Kunden plötzlich etwas Anderes, etwas Neues wollen. Dann stellt sich ein fundamentales Folgeproblem von Standardisierung und Effizienz ein: die Veränderungsresistenz der auf Stabilität getrimmten Organisation. Denn Organisation und Wandel stehen in einem Grundwiderspruch zueinander. Die Organisation soll auf der einen Seite das Handeln zweckprogrammieren, indem sie es regelt. Auf der anderen Seite soll sie sich veränderten Umweltbedingungen anpassen, also die eignen Regeln umdeuten, modifizieren, außer Acht lassen, außer Kraft setzen. Das ist nichts anderes als De-Organisation. Diese Paradoxie des organisationalen Wandels bringen die amerikanischen Organisationsforscher Weick und Westley auf den Punkt: »Organizations and changing are essentially antithetical ... to change is to disorganize and increase variety. To organize is to forget and reduce variety« (Weick/Westley 1996, S. 440).

Angesichts zunehmender Unsicherheiten müssen Unternehmen von Stabilität auf Wandlungsfähigkeit umstellen. Und sie müssen lernen, mit der dadurch entstehenden Paradoxie umzugehen. Selbsterneuerung bedeutet im ökologischen Sinn, Reservoirs an ungebundenen Ressourcen zu schaffen. Dabei müssen wir immer im Hinterkopf behalten, dass Organisationen dazu neigen, Flexibilität als Ressource schnell zu verbrauchen. Organisationen tendieren zur Ausbildung von Routinen. Sie neigen dazu, Variablen zu verfestigen und Flexibilität und Innovation abzunutzen. Aus der Kybernetik, der Lehre von der Regelung komplexer Systeme, wissen wir aber, dass einer zunehmenden Umweltkomplexität nur mit einer adäquaten Systemkomplexität zu begegnen ist. Nur so können sich Systeme dauerhaft an ihre Umwelt anpassen und überlebensfähig bleiben. Der Kybernetiker Ashby formulierte bereits vor 60 Jahren dieses Gesetz der erforderlichen Varietät (»Law of Requisite Variety«), dem die Reduktionslogik von Organisationen nicht gerecht wird (Ashby 1974, S. 298). Varietät muss daher im Prozess der kontinuierlichen Erneuerung immer wieder mühsam neu errungen werden.

Verteilen Sie die Macht breit

Alexander der Große stand als erster Mann in der Geschichte an der Spitze eines riesigen Reiches. Er vereinte die Welt der Antike durch Eroberungen und setzte in diesen Gebieten lokale Regierungen ein. Doch weil er nicht in der Lage war, seine Macht breit genug zu verteilen, zerfiel sein Weltreich, als er starb. Ähnliches gilt für das römische Reich. Es zerfiel, weil es zum Schluss zu groß, zu selbstgefällig geworden war. Aber wir können, so der Organisationsforscher Robert Fritz, auch viel vom Aufstieg Roms lernen: »Bevor die Ära der Cäsaren begann, hatte sich Rom aus der Zusammenarbeit von Bauern entwickelt, die sich zu einem Gemeinwesen zusammengeschlossen hatten. Sie schufen Stabilität durch eine breite Verteilung der Macht und übertrugen diese Macht dem Senat – einem der ersten Leitungsgremien in der Geschichte. Sie hatten keine Anführer, die so herausragend waren wie Alexander der Große, aber als Bauern verstanden sie etwas von den Wachstums- und Veränderungsgesetzen der Natur und bauten eine Kultur auf, die immerhin tausend Jahre Bestand hatte« (Fritz 2000, S. 251). Als die Macht nicht länger verteilt, sondern bei den Cäsaren zentralisiert war, waren die Tage Roms gezählt. Der politische Philosoph Edmund Burke kam angesichts dieser historischen Tatsachen bereits vor 200 Jahren zu der Erkenntnis, dass zentralisierte Macht immer zu bürokratischen Verfahren führe, individuelle Unterschiede ausmerze, dadurch Innovationen tendenziell unterdrücke und Wachstum langfristig hemme.

In diesem Zusammenhang können wir erneut von der Natur lernen. Die Ergebnisse der Hirnforschung zeigen, dass das menschliche Gehirn bei der Interpretation der wahrgenommenen Welt nicht zentralistisch verfährt, sondern dass Entscheidungen das Resultat »föderativer« Prozesse, der Selbstorganisation des Gehirns sind. Das Gehirn arbeitet bei der Bewältigung komplexer Probleme mit einer dezentralen Strategie. Verschiedene Gehirnregionen scheinen zwar auf verschiedene Aktivitäten spezialisiert zu sein, doch Kontrolle und Ausführung bestimmter Verhaltensweisen sind nicht auf einen bestimmten Bereich beschränkt. Wir können zwar zwischen Funktionen unterscheiden, die vom Cortex (dem Kapitän oder Oberplaner, von dem die gesamte nicht-routinemäßige Tätigkeit und vielleicht auch das Gedächtnis kontrolliert wird), vom Cerebellum (der automatischen Steuereinheit, die Routineaktivitäten kontrolliert) und vom Zwischenhirn (dem Sitz der Gefühle, des Geruchsinns und der Emotionen) übernommen werden. Doch müssen wir zweifellos davon ausgehen, dass diese Bereiche ganz stark voneinander abhängig sind und notfalls stellvertretend füreinander agieren können. Das Gehirn hat die verblüffende Fähigkeit, sich selbst zu organisieren und umzuorganisieren und ist aus diesem Grunde in der Lage, mit allen möglichen Wechselfällen flexibel umzugehen. Es ist ein wichtiges Merkmal solcher »föderaler« Strukturen, dass sie im Ergebnis wesentlich schneller und effizienter beim Vermeiden von Fehlern und Irrtümern sind als hierarchisch organisierte Entscheidungssysteme. Der Hirnforscher Wolf Singer empfiehlt aus diesem Grund zu prüfen, ob es nicht vorteilhaft wäre, die Entscheidungssysteme in der Politik und Wirtschaft an neuronalen Entscheidungsarchitekturen zu orientieren (vgl. Osten 2006, S. 36).

Zusammenfassend können wir festhalten: Monarchien sind heute nicht mehr in Mode (außer als Folklore); Diktatoren nehmen früher oder später ein schlimmes Ende; Zentralwirtschaften funktionieren nicht. Der Föderalismus scheint für eine Welt mit hoher Vitalität und Komplexität das Gebot der Stunde zu sein. Denke global, handle lokal – so könnte der dazu passende Slogan heißen. Dazu muss das Rad nicht neu erfunden werden. Wir wissen seit 200 Jahren, wie Föderalismus funktioniert. Die Schlüsselprinzipien wurden von den Verfassern der »Federalist Papers« im frühen Amerika formuliert. Föderale Strukturen umzusetzen, ist jedoch etwas schwieriger. Die Geschichte quillt nicht gerade über von Monarchien oder Oligarchien, die sich freiwillig in Föderationen verwandelt haben. Meist werden Oligarchien nur nach einem verlorenen Krieg föderativ. Für den Übergang zu einer Föderation gibt es wenig gute Beispiele. Dies gilt leider auch für die meisten Unternehmen.

Siedeln Sie die Macht möglichst weit unten an

Subsidiarität ist das wichtigste Strukturprinzip des Föderalismus und besagt, dass die Macht möglichst weit unten in der Organisation angesiedelt sein sollte. Weil Subsidiarität schon lange zur Doktrin der katholischen Kirche gehört, heißt es in der päpstlichen Enzyklika von 1941: »Eine höhere Instanz sollte keine Verantwortlichkeiten annehmen, die richtigerweise zu einer niedrigeren Instanz gehören.« Das heißt auf einen weltlichen Kontext übertragen: Der Staat sollte nicht tun, was die Familie besser macht. Subsidiarität ist damit die Umkehrung der Ermächtigung. Nicht das Zentrum gibt Macht ab oder delegiert. Das Prinzip der Subsidiarität geht vielmehr davon aus, dass die Macht am untersten Punkt der Organisation angesiedelt werden sollte. »Entscheidungen anderer Menschen zu stehlen, ist falsch«, hat der Managementvordenker Charles Handy bereits Ende der 90er Jahre festgestellt (vgl. Handy 1996, S. 46). Viele Manager unterliegen jedoch der Versuchung, die Entscheidungen ihrer Untergebenen zu stehlen. Subsidiarität erfordert stattdessen, dass sie ihre Untergebenen durch Mentoring und Unterstützung in die Lage versetzen, möglichst viele Entscheidungen selbst zu treffen.

Um wirksam zu sein, muss Subsidiarität formalisiert sein. Föderative Staaten haben aus diesem Grunde Verfassungen. Auch Unternehmen brauchen solche Verfassungen, die die Grenzen der Vollmachten und Verantwortlichkeiten jeder Gruppe festlegen. Es muss klar sein, wer was machen kann und wie die Macht verteilt ist. Würden wir all dies dem Zufall oder dem guten Willen der Einzelnen überlassen, so würden die Mächtigen sich mehr nehmen als sie sollten und das ganze System aus dem Gleichgewicht bringen. Macht wird im föderativen Denken bewusst breit verteilt, weil keine Person oder Gruppe in allem weise sein und über alles Bescheid wissen kann. Es ist besser, tausend Blumen blühen zu lassen, auch wenn einige von ihnen sich als Unkraut herausstellen. Denken Sie an die Natur, die mit Variation äußerst verschwenderisch umgeht. Ähnliches geschieht im Föderalismus.

Bauen Sie bewusst Überkapazitäten auf

Wie Monokulturen in der Landwirtschaft erweisen sich auch hoch effiziente Organisationen als sehr störanfällig. Durch Standardisierung und permanente Optimierung verlieren Unternehmen an Robustheit, Spannkraft und Widerstandsfähigkeit. Dem Primat der Effizienz folgend wird bewusst auf jegliche Form von Redundanz verzichtet. »Übereffizienz« führt, wie uns viele Forschungsergebnisse zeigen, zu einer Zerstörung der Binnenvarietät. Erneuerungsfähigkeit braucht aber Freiraum und damit »Organizational Slack«, wie es die Organisationstheoretiker nennen. Der Begriff »Organizational Slack« wurde von dem amerikanischen Organisationsforscher und Nobelpreisträger Herbert Simon und seinem Kollegen James March geprägt. Slack kann man mit »Überschuss« übersetzen und auf Finanzen, Personalinformationen und Know-how beziehen (vgl. March/Simon 1959). Gemäß Simon und March dient Slack der Förderung von Kreativität und Experimentierfreudigkeit. Slack ermöglicht es einem Unternehmen, Risiken einzugehen. Und auch hier können wir von der Natur lernen: In natürlichen Systemen besteht eine Asymmetrie zwischen Effizienz und Belastbarkeit. Slack ist der entscheidende Faktor zur Erhöhung der Belastbarkeit. Biologen gehen davon aus, dass ein System etwa doppelt so belastbar sein muss wie effizient, will es dauerhaft überlebensfähig sein (Wüthrich 2016, S. 3). Um den Punkt der optimalen Balance herum gibt es nur einen sehr schmalen Sektor, das sogenannte »Vitalitätsfenster«, in dem das System nachhaltig lebensfähig ist. Außerhalb dieses Vitalitätsfensters ist es entweder zu wenig effizient aufgrund zu hoher Vielfalt und Vernetzung oder zu wenig belastbar wegen zu geringer Vielfalt und Vernetzung.

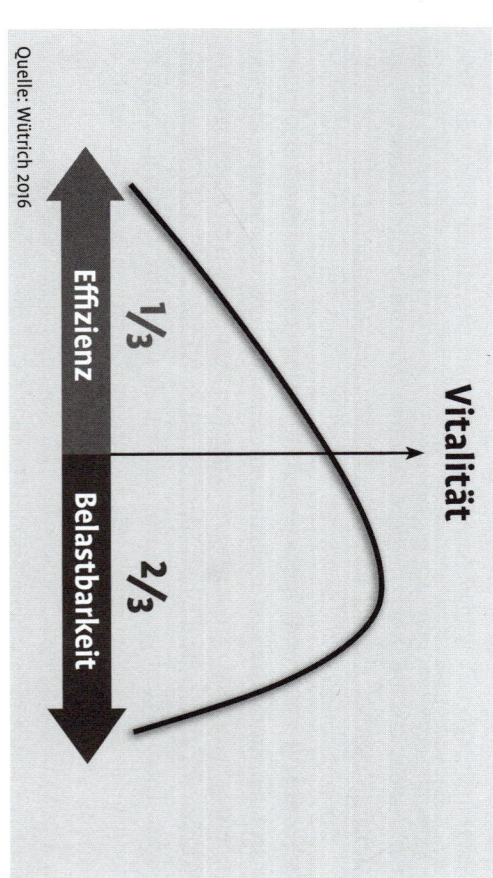

Quelle: Wüthrich 2016

Abb. 12: *Vitalität natürlicher Systeme*

Bauen Sie bewusst Überkapazitäten auf

Übertragen auf unser Thema der Erneuerungsfähigkeit von Organisationen heißt das: Für kontinuierliche Erneuerung braucht man Zeit – Zeit zum Nachdenken, Zeit zum Lernen und Zeit zum Ausprobieren. Und man braucht ununterbrochene Zeit – Zeit, in der man die Füße hochlegen und ins Leere starren kann.

Übertreiben Sie es also nicht mit dem Ideal des hoch effizienten Unternehmens. Die schlanke, straffe Organisation steht vielleicht auf kurze Sicht als der strahlende Sieger da. Doch ihr droht die Gefahr, beim ersten unerwarteten Schlag zu zerbrechen, weil sie eben schlank ist und dadurch viel von ihrer Widerstandsfähigkeit und Flexibilität verloren hat. Machen Sie sich bewusst, dass Manager, die scheinbar überflüssige Positionen streichen, auch Erfahrung, Sachkenntnis und Slack streichen. Wenn ein Unternehmen unter dem allgemeinen Effizienzdruck seine Ressourcen so stark ausdünnt, dass gerade noch der Normalbetrieb aufrechterhalten werden kann, dann ist es für das Unerwartete in der Zukunft schlecht gerüstet. Effizienz ist wichtig – aber nicht alles.

Ein gutes Beispiel, wie Slack organisiert werden kann, bietet die Itemis AG, ein IT-Beratungsunternehmen mit Hauptsitz im westfälischen Lünen. Um den 170 Mitarbeitern ein motivierendes Arbeitsumfeld zu bieten, hat Itemis das Modell 4+1 entwickelt. Die Mitarbeiter erhalten einen Tag pro Woche zur persönlichen Weiterbildung, wobei ihnen freigestellt ist, in welchem Bereich sie sich fortbilden. Wer möchte, kann zusätzlich Schulungen und Trainings entwickeln und sein Wissen an das Team weitergeben (vgl. Brandes et al. 2014, S. 198). Itemis ist mit diesem Modell sehr erfolgreich. Um ein Modell zu finden, das zum eigenen Unternehmen passt, muss man einfach experimentieren. Die Beratungsfirma it-agile hat drei Jahre gebraucht, um die ideale »Slack Time« zu finden. In dieser Zeit wurde nicht nur viel über das Thema diskutiert, es wurden auch drei Experimente mit unterschiedlichen Modellen durchgeführt. Heute stehen den Mitarbeitern 30 Tage Slack Time pro Jahr zur Verfügung.

In einer etwas anderen Form nutzt die Firma Cisco das Potenzial des Slack. Das Unternehmen hat sich quasi ein Start-up ins Haus geholt: die »Cisco Emerging Technologies Group«, die nach ganz anderen Prinzipien funktioniert als der Konzern, in dem fast 70 000 Mitarbeiter beschäftigt sind. Die Grundidee bei der Gründung der »Cisco Emerging Technologies Group« war es, Querdenkern einen festen Job zu geben und sie auf alle Ressourcen des Großkonzerns zugreifen zu lassen. Cisco etablierte gewissermaßen ein Reservat, in dem sich die Querdenker verwirklichen können, ohne dass Controller und Bewahrer ihnen ständig auf die Finger klopfen. Der Schlüssel zum Erfolg dieses konzerninternen Start-ups liegt darin, dass dort kreative Menschen frei experimentieren können.

Skunk Works

Manchmal muss der Freiraum für Kreativität und Innovation verborgen bleiben. Der Begriff »Skunk Works« (übersetzt »Stinktierwerke«) steht für eine spezialisierte Entwicklergruppe, die autark, fast heimlich und mit minimalem Kontakt zum Rest des Unternehmens arbeitet. In vielen Branchen entstanden in derartigen Arbeitsgruppen bemerkenswerte Entwicklungserfolge. Das Prinzip des Skunk Works entstand, als das amerikanische Militär während des Zweiten Weltkriegs erfuhr, dass die Deutschen ein neuartiges Kampfflugzeug entwickelt hatten, den Düsenjäger. Das amerikanische Verteidigungsministerium reagierte prompt und bat den Flugzeughersteller Lockheed Aircraft um Hilfe. Das Management von Lockheed beauftragte den damaligen Starkonstrukteur Clarence »Kelly« Johnson mit der Entwicklung. Der brach mit zahlreichen Firmenregeln, scharte ein paar Dutzend hoch qualifizierte Ingenieure um sich und entwickelte vollkommen abgeschottet vom Rest des Unternehmens in nur 143 Tagen einen Prototyp. Das Projekt war so geheim, dass die Mitarbeiter nicht einmal ihre Abteilung preisgeben durften – und so meldete sich der Ingenieur Irven Culver eines Tages mit dem Spruch »Skunk Works, inside man, Culver« am Telefon. »Skunk Works« hieß eine Fabrik in dem damals populären Comic »Li'l Abner«, in der ein geheimnisvolles Gebräu aus Schuhen und Stinktieren produziert wurde. Lockheed nannte seine Entwicklungsabteilung fortan offiziell »Skunk Works«.

Die Innovationsmethode von Lockheed machte Schule. Vor allem Technologieunternehmen wie IBM, Compaq und 3M übernahmen das Konzept – oder tolerierten zumindest die Existenz derartiger Projekte. Denn häufig entstehen Skunk Works ohne Auftrag. Manchmal sind es einzelne Mitarbeiter oder kleine spezialisierte Teams, die nicht nur technologisch hoch qualifiziert sind, sondern auch ein Gefühl für die Bedürfnisse des Marktes haben.

Der Jesuitenorden – Ein Beispiel für eine erneuerungsfähige Organisation

Kann ein katholischer Orden, gegründet im ausgehenden Mittelalter, Hinweise für kontinuierliche Erneuerung im 21. Jahrhundert geben? Immerhin gelingt es der Ordensgemeinschaft der Jesuiten, trotz teils widriger Umstände seit über 500 Jahren ihren Bestand zu sichern (Vanleeuw 2014). Und dies, obwohl der Orden mächtige Gegner hatte. Die Gegnerschaft von Kaisern, Königen, Fürsten und selbst Päpsten ging so weit, dass die von dem baskischen Iñigo (Ignatius) de Loyola gegründete und 1540 von Papst Paul III. aberkannte »compania de jesus« im Laufe des 18. Jahrhunderts in vielen Ländern verfolgt, vertrieben und 1773 von Papst Clemens XIV. sogar verboten wurde. Der Orden existierte dann im Untergrund weiter, bis Papst Pius VII. ihn 40 Jahre später offiziell wiederherstellte. Wie ist es möglich, dass den Jesuiten etwas gelingt, das bislang keinem Unternehmen über einen derart langen Zeitraum gelungen ist: den eigenen Bestand trotz äußerst widriger Umstände zu sichern?

Der Orden wuchs enorm schnell und gründete Schulen und Kollegien in ganz Europa. Im Jahr 1640 unterhielt er europaweit bereits mehr als 500 Kollegien. Daneben unterstanden dem Orden 24 Universitäten sowie 200 Seminare und Ausbildungshäuser für den eigenen Nachwuchs (Schäfer 2015). An der Spitze des Jesuitenordens steht ein Parlament, die »Generalkongregation«. Es setzt sich zusammen aus den Leitern der Regionen, den Provinzialen, und den von den Ordensmitgliedern gewählten Teilnehmern. Dieses Parlament verabschiedet Gesetze und Regeln. Es erarbeitet die grundlegenden Orientierungen und die strategischen Vorhaben. Beschlüsse werden durch Abstimmungen gefasst, bei denen häufig sogar Einstimmigkeit erforderlich ist. Die Beschlüsse der Kongregation sind für alle Ordensmitglieder bindend. Dies gilt auch für den Generaloberen. Seine Aktivitäten müssen sich immer an den vom Parlament erlassenen Richtlinien orientieren und haben diesen zu dienen.

Die Organisation des Ordens ist auf den ersten Blick zentralistisch. »An der Spitze steht ein auf Lebenszeit gewählter ›Generaloberer‹, der aus dem ›Generalrat‹ in Rom mithilfe von 14 Assistenten den Orden leitet. Die einzelnen Assistenzen gliedern sich in Provinzen, denen jeweils ein Provinzial vorsteht. Dieser ernennt Obere, die vor Ort Einrichtungen und Kommunitäten des Ordens leiten« (Schäfer 2015). In dieser Organisationsform finden wir einerseits eine straffe Hierarchie, die der Umsetzung der Strategie und Vision des Ordens dient, andererseits aber auch eine Vernetzung autonomer Subsysteme. So verzichtet der Orden auf eine eigene Ordenskleidung und auf das Leben in Klöstern, um eine größere Flexibilität bei den Einsätzen in unterschiedlichsten Bereichen der Seelsorge zu ermöglichen. Gerade in dieser Verkopplung widersprüchlicher Organisationsprinzipien scheint der Erfolg des Ordens zu liegen. Der Orden ist heute in 128 Ländern tätig. Er unterhält Niederlassungen von Japan bis Brasilien und ist mit vielen kulturellen Unterschieden konfrontiert. Während einige Jesuiten mit den Indios im Dschungel Guatemalas leben, arbeiten andere in einem Hochhaus in Tokio. Aufgrund dieses äußerst unterschiedlichen Umfelds verfügen die »Provinzen« des Ordens über sehr viel Autonomie.

Insgesamt lassen sich fünf grundlegende Prinzipien identifizieren, nach denen der Orden organisiert ist (Geiselhart 1997, Vanleeuw 2014):

1. **Konsens bilden:** Der Ordensgründer Ignatius von Loyola lebte von Gründung des Ordens an das Prinzip der gemeinschaftlichen Beratung und Entscheidung. So hat er sich beispielsweise geweigert, die von ihm formulierte Verfassung des Ordens abzuschließen. Nur eine Generalkongregation, die den ganzen Orden vertrat, hatte in seinen Augen das Recht, dem Werk Gesetzeskraft zu geben. Als sie zusammentrat, war er bereits verstorben. Es ist eindrucksvoll zu beobachten, welch hohe Bedeutung in der Geschichte des Jesuitenordens die Konsensbildung bei wichtigen Themen hat.

2. **Eine Leitidee entwickeln:** Eine wichtige Funktion für die Einheit des Ordens hat die verbindende Leitidee. Im Jesuitenorden wird viel Zeit darauf verwandt, sich immer wieder auf die gemeinsame Idee zu besinnen.

3. **Lebenslanges Lernen:** Die Vorbereitungszeit für die Aufnahme in den Orden ist bei den Jesuiten deutlich länger als beim Weltpriestertum oder bei anderen Orden. Nach dem zweijährigen Noviziat folgen drei Jahre Philosophiestudium an den Hochschulen des Ordens, danach drei Jahre Tätigkeit als Lehrer. Daran schließt sich ein vierjähriges Studium der Theologie an. Erst am Ende dieser langen Ausbildungszeit entscheidet sich der Orden für die endgültige Aufnahme des Kandidaten. Danach ist das Lernen aber nicht beendet. Die Gründung der Universitäten, Kollegien und Schulen verdeutlicht, welche zentrale Bedeutung Lernen und Lehren im Jesuitenorden haben. Der Jesuitenorden kommt dem Ideal der lernenden Organisation dabei recht nahe.

4. **Macht verteilen:** Um Machtkonzentration zu verhindern, gilt die Regelung, dass eine Führungsposition von einem Ordensmitglied nicht länger als sechs Jahre eingenommen werden darf. Danach gibt es keine Verlängerung. Einzige Ausnahme ist der auf Lebenszeit gewählte Generalobere.

5. **Flexibilität fördern:** Um dem Orden möglichst viel Beweglichkeit für seine globale Tätigkeit in den unterschiedlichen Kulturen zu erhalten, führte Ignatius von Loyola etwas für die damalige Zeit radikal Neues ein: Die Mitglieder des Ordens waren befreit von der üblichen Lebensform der Mönche. Der Orden verzichtet bis heute auf Klöster und eine eigene Ordenskleidung. Ignatius war die Freiheit des Ordens wichtiger, damit die Mitglieder flexibel und situationsgerecht handeln können. Bei vielen Regeln fügte er hinzu: »Die Regel gilt, es sei denn, die Situation erfordert es anders.«

Empfehlenswertes Video

- www.youtube.com/watch?v=c9w77rQKctU

  Dave Gray: *The Connected Company*

  In diesem Video zeigt der Unternehmensberater Dave Gray anhand von Vorreiterunternehmen sehr anschaulich auf, wie sich Organisationsstrukturen zukünftig verändern werden. Von zentraler Bedeutung wird die stärkere Vernetzung innerhalb des Unternehmens wie auch des Unternehmens mit seiner Umwelt sein.

7. Ausblick: Einladung zur kontinuierlichen Selbsterneuerung

»Was immer du tust oder wovon du träumst – fang damit an.
Mut hat Genie, Kraft und Zauber in sich.«

(Johann Wolfgang von Goethe)

Um das Jahr 500 v. Chr. stellte der griechische Philosoph Heraklit fest, dass man nicht zweimal in denselben Fluss steigen kann, denn das Wasser fließt ständig weiter. Er vertrat die Ansicht, dass alles fließt und nichts von Dauer ist – alles bewegt sich, nichts bleibt gleich. Heraklit war damit einer der ersten abendländischen Philosophen, der die Vorstellung in Worte fasste, dass sich das Universum in einem Zustand ständigen Entstehens und Vergehens befindet. Dies gilt insbesondere in der heutigen Zeit, in der sich Wirtschaft und Gesellschaft mit zunehmender Geschwindigkeit verändern.

Die zentrale These dieses Buches lautet, dass in turbulenten Zeiten nur diejenigen Unternehmen langfristig erfolgreich sind, die die eigenen Grundannahmen, Produkte und Prozesse kontinuierlich auf den Prüfstand stellen. Wer um kontinuierliche Selbsterneuerung bemüht ist, kann nicht mit einer Best-Practice-Liste beginnen. Die bewährten Verfahren von heute werden zu einem Großteil morgen nicht mehr erfolgreich sein. Aus diesem Grund müssen Unternehmen kontinuierlich, vorausschauend und offensiv an ihrer Zukunft arbeiten, statt ihre Vergangenheit zu verteidigen. Dies stellt das Management vor zwei große Herausforderungen.

Erstens: Wenn Selbsterneuerung kontinuierlich und chancenorientiert sein soll statt episodisch und durch Krisen getrieben, dann müssen Unternehmen etwas daran ändern, wie sie sich verändern. »Change the Management« ist gewissermaßen der Leitsatz des vorliegenden Buches. Das ist kein einfaches Unterfangen, denn die meisten Unternehmen wurden nicht für kontinuierliche Selbsterneuerung gebaut. Die von den Pionieren des Managements (Taylor, Sloan, Ford, etc.) entwickelten und bis heute gültigen Theorien und Konzepte sind alle auf Stabilisierung und Standardisierung, nicht auf permanente Veränderung ausgerichtet.

Zweitens: Der Prozess der kontinuierlichen Selbsterneuerung ist und bleibt eine mühsame Dauerarbeit. Da strengt man sich für eine bestimmte Sache an, und kaum scheint man sein Ziel erreicht zu haben, haben sich die Anforderungen des Marktes oder die technologischen Möglichkeiten verändert. Bei aller Mühsal unseres Tuns und dem Ausbleiben dauerhaften Erfolgs ist diese Arbeit aber alles andere als nutzlos. Getrieben von nicht enden wollender Neugier regt das an kontinuierlicher Selbsterneuerung interessierte Management sein Unternehmen immer wieder dazu an, das Rad der Erneuerung in Bewegung zu halten.

Aber Vorsicht! Kontinuierliche Selbsterneuerung hat nichts gemein mit Aktionismus und »Neomanie« (Taleb 2014, S. 425), das heißt der Leidenschaft für das Neue um seiner selbst willen. Wer nur auf Erfolge in der Vergangenheit setzt, verpasst die Zukunft. Wer hingegen sein Augenmerk nur auf das Neue richtet, kann leicht die Chancen die in der Gegenwart liegen übersehen und läuft Gefahr, seine Identität zu verlieren. Erneuerung und Bewahrung sind zwei Seiten der gleichen Medaille und wie bei so vielem tut auch hier ein Zuviel genauso wenig gut wie ein Zuwenig. Sie müssen also Raum für Veränderung und Erneuerung schaffen und zugleich dafür sorgen, dass die eigene Unternehmensidentität gewahrt bleibt.

Ja, mein Modell der kontinuierlichen Selbsterneuerung ist falsch!
In der Einleitung habe ich Sie schon davor gewarnt, in diesem Buch auf Patentrezepte zur kontinuierlichen Erneuerung zu hoffen. Ich nehme den Gedanken sehr ernst, dass die Halbwertszeit von Erfolgsfaktoren in einer durch hohe Unsicherheit geprägten Welt rapide sinkt. Was heute Erfolg verspricht, kann sich in naher Zukunft in das Gegenteil verkehren und zu Misserfolg führen. Gehen Sie also davon aus, dass auch das hier vorgestellte Modell der kontinuierlichen Selbsterneuerung unzulänglich ist. Ich komme hier auf den genialen Kybernetiker und Erkenntnistheoretiker Heinz von Foerster zurück, der in einer bekannten Formulierung unmissverständlich zum Ausdruck gebracht hat, dass es keine endgültige Wahrheit gibt: »Die Wahrheit ist die Erfindung eines Lügners.« Was mir mit diesem Buch vorschwebt, ist nicht, sie mit scheinbar allgemeingültigen Wahrheiten und Erfolgsfaktoren zu versorgen. Ich möchte Sie vielmehr zum Nachdenken über das Thema »Kontinuierliche Selbsterneuerung« anregen. Untersuchen Sie zusammen mit Ihrem Team die Grundannahmen Ihrer Organisation und beginnen Sie, diese zu hinterfragen. Dies ist der erste und wichtigste Schritt zur kontinuierlichen Selbsterneuerung.

Auch die Inhalte dieses Buches bedürfen kontinuierlicher Selbsterneuerung
Auch ich möchte mein Konzept kontinuierlich erneuern. Das Buch stellt lediglich einen Startpunkt für weitere Diskussionen zum Thema Erneuerungsfähigkeit dar. Deshalb möchte ich Sie ermutigen, sich auf einer Website anzumelden, die ich zusammen mit Kollegen zum Thema Change Management 4.0 und Erneuerungsfähigkeit aufgebaut habe: hansjoachim-gergs.de.

Ausblick: Einladung zur
kontinuierlichen Selbsterneuerung

- Ich würde mich zunächst freuen, wenn Sie mir mitteilten, ob Sie dieses Buch nützlich fanden und welche Anregungen oder kritischen Einwände Sie haben.
- Ferner finden Sie auf der Website weitere Instrumente und Interventionsdesigns rund um das Thema »Kontinuierliche Selbsterneuerung«. Ich werde zusammen mit Kollegen weitere Materialien zum Thema entwickeln und auf dieser Website regelmäßig veröffentlichen.
- Wenn Sie eigene Erfahrungen oder Lernergebnisse zum Thema »Kontinuierliche Selbsterneuerung« beisteuern möchten, können Sie diese ebenfalls auf der Website einstellen und mit anderen teilen und diskutieren. So soll eine lebhafte Community entstehen.

Nun liegt es an Ihnen, Ihr Unternehmen bzw. Ihre Abteilung kontinuierlich zu erneuern!

Lassen Sie uns einen Blick in die Zukunft werfen. Stellen Sie sich vor, dass, fünf Jahre nachdem Sie dieses Buch gelesen haben, eine überarbeitete Ausgabe erscheint. In der überarbeiteten Ausgabe ist Ihr Unternehmen bzw. Ihre Abteilung als ein Praxisbeispiel für erfolgreiche Selbsterneuerung aufgeführt. Sie haben es geschafft, dass Ihr Unternehmen/Ihre Abteilung auch nach fünf Jahren in voller Blüte steht.

Beschreiben Sie den Prozess der Erneuerung, den Sie in diesen fünf Jahren vollzogen haben werden:

- Wie ist es Ihnen gelungen, Ihr Unternehmen/Ihre Abteilung kontinuierlich zu erneuern?
- Wie haben sich die Mitarbeiter und die Führungskräfte in diesem Prozess verhalten?
- Welche Rolle haben Sie als Führungskraft eingenommen?
- Welche Rollen haben Berater und Coaches in diesem Prozess gespielt?
- Welche der acht Prinzipien waren für diesen Prozess besonders wichtig?
- Was würden Sie heute wieder machen? Was würden Sie heute unterlassen?

Nehmen Sie sich nun Zeit und schreiben Sie stichwortartig die Geschichte der kontinuierlichen Selbsterneuerung Ihres Unternehmens/Ihrer Abteilung in den folgenden Kasten. Schreiben Sie die Geschichte bitte in der Gegenwart. Überprüfen Sie die Geschichte alle sechs Monate und beobachten Sie, wie sie sich mit Leben füllt.

Die Geschichte der kontinuierlichen Selbsterneuerung meines Unternehmens/meiner Abteilung

Nun ist es an der Zeit, dieses Buch abzuschließen, den Computer auszuschalten und mit der Arbeit zu beginnen, die getan werden muss. Denn wie schon Hillel, der jüdische Schriftgelehrte, sagte: »Wenn nicht jetzt, wann dann?«

8. Toolbox

»*A fool with a tool, is still a fool.*«

(Grady Brooch)

Wollen Sie die Erneuerungsfähigkeit Ihres Unternehmens oder Ihrer Abteilung nach den acht Prinzipien verbessern, so sind einige Tools und Interventionskonzepte hilfreich. Dabei sollten Sie aber immer beachten, dass die Anwendung von Tools und Methoden nicht die kulturelle Entwicklung Ihres Unternehmens ersetzen kann. Die Arbeit an den acht Prinzipien der kontinuierlichen Selbsterneuerung ist und bleibt Arbeit am kulturellen Mindset der Organisation und kann lediglich durch Tools unterstützt werden.

Im folgenden Kapitel stelle ich Ihnen eine Auswahl an erprobten Tools und Interventionsdesigns für die Praxis vor. Die Gliederung orientiert sich an den acht Prinzipien der kontinuierlichen Selbsterneuerung. Die Tools sind alle nach dem gleichen Schema aufgebaut:

o Titel
o Beschreibung der Zielsetzung
o erforderlicher Zeitrahmen
o Anmerkungen, die den theoretischen Hintergrund des jeweiligen Tools und seine praktischen Auswirkungen skizzieren
o Teilnehmerzahl
o Kurzbeschreibung des Interventionsablaufs mit
  – grundsätzlichen Aussagen über die Funktion des jeweiligen Designs
  – schrittweiser Erklärung der Abfolge
  – fallweise auch Skizzen

Übersicht über die Tools und Interventionsdesigns

Nr.	Bezeichnung der Tools und Interventionsdesigns
A	**Diagnose des Veränderungsprozesses**
A 1	Change-Landkarte
A 2	Die eigenen Annahmen über Veränderungsprozesse reflektieren
B	**Selbstreflexion**
B 1	Positive Selbstreflexion

C		**Kommunikation und Dialog**
C 1		Analyse des eigenen sozialen Netzwerks
C 2		Quergestelltes Netzwerk
C 3		Der Rat der Weisen (online)
D		**Vielfalt und Paradoxien pflegen**
D 1		Analyse des Gruppendenkens
D 2		Youth Advisory Board
D 3		Advocatus Diaboli
E		**Bezweifeln und Vergessen**
E 1		Die Schlachtung heiliger Kühe
E 2		Auszug in das gelobte Land
E 3		Killing your Darlings (online)
F		**Erkunden**
F 1		Rückblick aus der Zukunft
F 2		Das Aufspüren kollektiver Wünsche
F 3		Question Storming
F 4		Mentale Reise in die Zukunft
F 5		Dialog-Interview
F 6		Stakeholder-Interview
F 7		Shadowing
F 8		Learning Journey/Expedition
G		**Experimentieren**
G 1		Checkliste zur Auswahl geeigneter Experimente
H		**Fehler- und Feedbackkultur**
H 1		After Action Review
H 2		Das Delete-Modell
H 3		Ballonfahrt – Ballast abwerfen (online)
H 4		Abschied und Neuanfang (online)
I		**Ausdauer und Denken in Kreisen**
I 1		Zukunftskonferenz
I 2		Preferred Futuring
J		**Führung**
J 1		Wertschätzende Selbstreflexion der Rolle als Führungskraft
J 2		Checkliste zum Empowerment
K		**Organisation**
K 1		Traumorganisation

A Diagnose des Veränderungsprozesses

A 1 Change-Landkarte

Design: in Anlehnung an B. Heitger/H. Jarmai (aus: Königswieser/Exner 1998, S. 250 f.)

Zielsetzung: Den Teilnehmern soll verdeutlicht werden, dass unterschiedliche Veränderungsvorhaben unterschiedliche Change-Management-Konzepte erfordern. Es sollen klarere Perspektiven für das eigene Change-Vorhaben geschaffen werden.

Zeitrahmen: 1 bis 4 Stunden

Teilnehmerzahl: Coaching bis Großveranstaltung

Grundlegende Aussage: Die »Change-Landkarte« soll Führungskräften und Mitarbeitenden verdeutlichen, dass es unterschiedliche Formen des Wandels gibt und dass diese jeweils eine andere Form des Change Managements erfordern. Die Positionierung in der Landkarte verschafft Orientierung für die Gestaltungsvarianten geplanter Change-Projekte. Es geht darum, Klarheit bezüglich unterschiedlicher Veränderungskonzepte zu schaffen, und zwar im Hinblick auf deren Wirkungsweise und deren Ziele, und die daraus sich ergebenden Konsequenzen (für den Einzelnen und das Unternehmen) abzuleiten.

1. Schritt: Den Teilnehmern werden die unterschiedlichen Arten von Veränderung erläutert. Greifen Sie hierzu auf die Definitionen und die vier Idealtypen der Veränderung zurück, wie sie in Kapitel 2 dieses Buches beschrieben worden sind. Nutzen Sie die Vier-Felder-Matrix als »Change-Landkarte« (vgl. Abb. 3 auf S. 34).

2. Schritt: Zeichnen Sie die Matrix auf dem Boden im Seminarraum auf. Fordern Sie nun die Teilnehmer auf, mithilfe der Matrix die anstehenden Veränderungsprozesse im Unternehmen (bzw. in ihrer jeweiligen Abteilung) zu reflektieren und sich dann entsprechend im Raum zu positionieren (Aufstellungsarbeit).

3. Schritt: Die Teilnehmer reflektieren ihre spezielle Situation und die Veränderungsprozesse, in die sie involviert sind (Diagnose).

4. Schritt: Input durch den Berater
Einordnung der Change-Management-Konzepte hinsichtlich ihrer spezifischen Veränderungsprozesse und Wirkungen bzw. der sinnvollen Interventionsarchitektur.

5. Schritt: Die Teilnehmer reflektieren die Interventionsarchitektur, bezogen auf die jeweilige konkrete Situation (Person, Organisation).

6. Schritt: Die Teilnehmer formulieren die Konsequenzen, die in ihrem jeweiligen Verantwortungsbereich zu ziehen sind – individuell, als Organisationseinheit etc. (bezogen auf Architektur, Design- und Interventionsplanung).

A Diagnose des Veränderungsprozesses

A 2 Die eigenen Annahmen über Veränderungsprozesse reflektieren

Design: in Anlehnung an Hamel 2008, S. 186 ff.

Zielsetzung: Die Führungskräfte bzw. die Mitglieder eines Teams werden sich über das eigene Verständnis von Veränderungsprozessen bewusst. Es geht darum, herauszuarbeiten, an welche Annahmen sie glauben und wie diese Annahmen den Prozess der Veränderung fördern oder behindern können.

Zeitrahmen: ca. 2 Stunden

Teilnehmerzahl: 10 bis 20

1. Schritt (20 min): Bitten Sie die Teilnehmer, die wichtigsten eigenen Annahmen über Veränderungsprozesse festzuhalten. Diese Überzeugungen und Grundannahmen werden auf Moderationskarten festgehalten.

2. Schritt (60 min): Jede Teilnehmer stellt seine Karten im Plenum vor. Die Karten werden während der Präsentation zu Themen zusammengefasst.

3. Schritt (60 min): Teilen Sie die Gesamtgruppe in Kleingruppen von drei bis vier Personen auf. Lassen Sie folgende Fragen beantworten:
- Entpuppen sich unsere Entscheidungen als sich selbst erfüllende Prophezeiungen?
- Treffen unsere Annahmen möglicherweise einfach deshalb zu, weil wir dafür gesorgt haben? Wenn ja, können wir Alternativen dazu entwickeln?
- Gibt es im eigenen oder in anderen Unternehmen Beispiele, die unseren Annahmen widersprechen?
- Welche unserer Annahmen über Veränderungsprozesse sollten wir infrage stellen?

4. Schritt (60 min): Die Ergebnisse der Kleingruppen werden im Plenum präsentiert. Nachdem alle Ergebnisse vorgestellt wurden, beschließt die Gesamtgruppe, welche der Annahmen sie überprüfen möchte.

5. Schritt (90 min): Zum Abschluss wird das weitere Vorgehen vereinbart. Leitfragen hierzu sind: Was ist zu verändern? In welcher Form geschieht dies am besten? Welche konkreten Maßnahmen müssen eingeleitet werden?

B Prinzip 1: Selbstreflexion stärken

B 1 Positive Selbstreflexion

Design: in Anlehnung an Seliger 2014, S. 127 und S. 152

Zielsetzung: Mit diesem Fragebogen zur Selbstreflexion soll die Aufmerksamkeit der Mitarbeiter und Führungskräfte auf die eigenen Stärken gelenkt werden. Wenn wir die Aufmerksamkeit auf die Stärken lenken, erkennen wir all jene Faktoren, die uns Grund zur Zuversicht geben: Ressourcen, Potenziale, Fähigkeiten, Erfolgserfahrungen. Das Prinzip der Zuversicht ist also kurz formuliert das Prinzip der Ressourcenfokussierung.

Welche Talente und Fähigkeiten bringen Sie Ihrer Meinung nach für Ihre gegenwärtige Aufgabe mit?

Worauf sind Sie in Ihrer beruflichen Entwicklung stolz?

Was macht Sie zuversichtlich, Ihre Aufgabe auch zukünftig erfolgreich zu bewältigen?

Wie haben Sie bisher ähnliche Aufgaben gelöst?

Wie würden Ihre Kolleginnen und Kollegen Ihre größten Stärken und Talente beschreiben?

Was schätzen (vermutlich) Ihre Kolleginnen und Kollegen an Ihnen am meisten?

Auf welche Ihrer Talente können Sie sich erfahrungsgemäß am meisten verlassen?

C Prinzip 2:
Kommunikation und Vernetzung intensivieren

C Prinzip 2: Kommunikation und Vernetzung intensivieren

C 1 Analyse des eigenen sozialen Netzwerks

Design: in Anlehnung an Baker 2000, S. 37

Zielsetzung: das eigene soziale Netzwerk innerhalb und außerhalb des Unternehmens überprüfen, um Anhaltspunkte für mögliche Erweiterungen bzw. Veränderungen des Netzwerkes zu erhalten

Zeitrahmen: 30 bis 60 min

Beantworten Sie die Fragen auf dem folgenden Arbeitsblatt möglichst spontan und benennen Sie die Personen, die Ihnen dabei einfallen.

Von Zeit zu Zeit bespreche ich wichtige Angelegenheiten mit anderen Menschen. Wenn Sie auf die letzten sechs Monate zurückblicken: Wer waren die Personen, mit denen Sie wichtige Dinge persönlich besprochen haben? (Nennen Sie so viele Personen, wie Ihnen spontan einfallen.)

Betrachten Sie die Personen, mit denen Sie kommunizieren, um Ihre Arbeit erledigen zu können. Wenn Sie auf die letzten sechs Monate zurückblicken: Welche Personen waren für Sie besonders wichtig, damit Sie Ihre Arbeit erfolgreich erledigen konnten? (Nennen Sie die fünf wichtigsten Personen.)

Denken Sie an ein wichtiges Projekt oder Vorhaben, das Sie gegenwärtig verfolgen. Denken Sie an die Personen, die genügend Einfluss haben, um das Projekt umzusetzen. Mit wem müssten Sie unbedingt sprechen, um Unterstützung für Ihr Projekt zu erhalten? (Nennen Sie die fünf wichtigsten Personen.)

Mit welchen Personen treffen Sie sich regelmäßig, das heißt, mit wem treffen Sie sich nach der Arbeit auf ein Bier oder mit wem verbringen Sie einen gemeinsamen Abend? Betrachten Sie wieder die letzten sechs Monate: Mit welchen Personen haben Sie sich außerhalb der Arbeit getroffen und Zeit verbracht?

C Prinzip 2: Kommunikation und Vernetzung intensivieren

C 2 Quergestelltes Netzwerk (Q-Netz)

Design: Gergs/Kozinowski 2012

Zielsetzung: Die Methode des Q-Netzes soll das kollektive Nachdenken über die Identität der eigenen Organisation anregen. Da die Gruppe funktions- und hierarchieübergreifend zusammengesetzt ist, fordert die Arbeit in der Netzwerkgruppe die Teilnehmer dazu heraus, sich mit den unterschiedlichen Wahrnehmungen und Handlungsmustern in den unterschiedlichen Subsystemen der Organisation auseinanderzusetzen. Die Zusammensetzung der Gruppe ermöglicht ein Lernen über die eigenen Fachgrenzen hinaus und fördert die Vernetzung zwischen Standorten, Bereichen und verschiedenen Arbeitsdisziplinen. Ferner lernen die Teilnehmer/innen vernetztes Denken und eine ganzheitliche Betrachtung betrieblicher Probleme.

Zeitrahmen: 3 bis 4 Workshops à 1 bis 2 Tage (den genauen Zeitrahmen bestimmt die Netzwerkgruppe selbst)

Teilnehmerzahl: 10 bis 20 Personen

Voraussetzung für die erfolgreiche Durchführung eines Q-Netzes ist,

o dass das Q-Netz in einen Veränderungsprozess der Gesamtorganisation eingebettet ist,

o dass das Managementteam der Organisation bereits einen Prozess der Selbstreflexion durchlaufen hat und an einer Kulturveränderung der Gesamtorganisation interessiert ist,

o dass die Beauftragung des Q-Netzes nicht durch den Leiter der Organisation, sondern durch das gesamte obere Managementteam erfolgt,

o dass die Organisation sich nicht in einer krisenhaften Situation befindet, die schnelle Veränderungen erfordert.

1. Schritt: Zusammenstellung des Q-Netzes

Das Q-Netz soll die gesamte Organisation repräsentieren, das heißt, es sollten sich darin Männer wie Frauen, ältere wie jüngere Beschäftigte sowie Mitarbeiter unterschiedlicher Beschäftigtengruppen und Abteilungen befinden. Ferner hat es sich als sinnvoll erwiesen, auch Mitglieder des unteren und mittleren Managements mit einzubeziehen. Das Q-Netz stellt den Versuch dar, das »Typische« der Gesamtorganisation im Mikrokosmos einer Gruppe abzubilden.

C Prinzip 2:
Kommunikation und Vernetzung intensivieren

2. Schritt: Der Auftakt-Workshop

Ziel des ersten Workshops ist es, die Netzwerkgruppe arbeitsfähig zu machen. Hierzu stellen sich die Teilnehmer im ersten Teil zunächst gegenseitig vor. Danach erläutern sie, welche Aufgaben und Funktionen die Abteilung hat, die sie repräsentieren, wo die Stärken, aber auch die Schwächen ihrer Abteilung liegen. Da in der Netzwerkgruppe die gesamte Organisation repräsentiert ist, bekommen die Teilnehmer auf diese Weise ein Bild von der gesamten Organisation.

Im zweiten Teil des Workshops setzt sich die Netzwerkgruppe mit ihrem Auftrag auseinander. Da das »quergestellte Netzwerk« den Mitarbeitern einen offenen Denkraum eröffnen soll, in dem sie unabhängig von Vorgaben des Managements über die eigene Organisation reflektieren, ist der Auftrag sehr offen formuliert und lautet meist wie folgt: »*Leisten Sie einen Beitrag zur Weiterentwicklung der Organisationskultur in Ihrer Abteilung bzw. in Ihrem Unternehmen.*« Die Netzwerkgruppe muss diesen Arbeitsauftrag für sich konkretisieren und die nächsten Schritte planen.

Beispiel: Die Gruppe einigt sich darauf, die Organisationskultur zu analysieren.

3. Schritt: Der zweite Workshop

Die Netzwerkgruppe beginnt, an dem von ihr selbst konkretisierten Arbeitsauftrag zu arbeiten.

Beispiel: Die Netzwerkgruppe bereitet die Kulturanalyse der Organisation vor. Sie entwickelt ein Befragungsinstrument, mit dem Mitarbeiter aus den unterschiedlichen Bereichen interviewt werden. Die Gruppe entwickelt Hypothesen zur Kultur der Organisation und beginnt daran zu arbeiten, was an der Kultur beibehalten werden kann und was verändert werden sollte. Zum Schluss legt die Gruppe fest, welche Mitarbeiter bis zum nächsten Workshop interviewt werden sollen.

4. Schritt: Der dritte Workshop

In diesem Workshop bereitet die Netzwerkgruppe die Ergebnisse ihrer bisherigen Arbeit auf.

Beispiel: Die Netzwerkgruppe wertet die Interviews aus und stellt die Ergebnisse zusammen. Nach der Auswertung formuliert sie Empfehlungen an das Management, wie die Kultur der Organisation weiterentwickelt werden könnte.

5. Schritt: Präsentation

Zum Abschluss stellt die Netzwerkgruppe ihre Ergebnisse dem Management in einem halbtägigen Workshop vor. Die Ergebnisse werden daraufhin in gemischten Gruppen (Netzwerkteilnehmer/Management) diskutiert und reflektiert. Die Netzwerkgruppe löst sich nach dieser Abschlussdiskussion offiziell auf. Im Anschluss daran klärt das Managementteam ohne die Netzwerkgruppe, welche der vorgeschlagenen Maßnahmen umgesetzt werden.

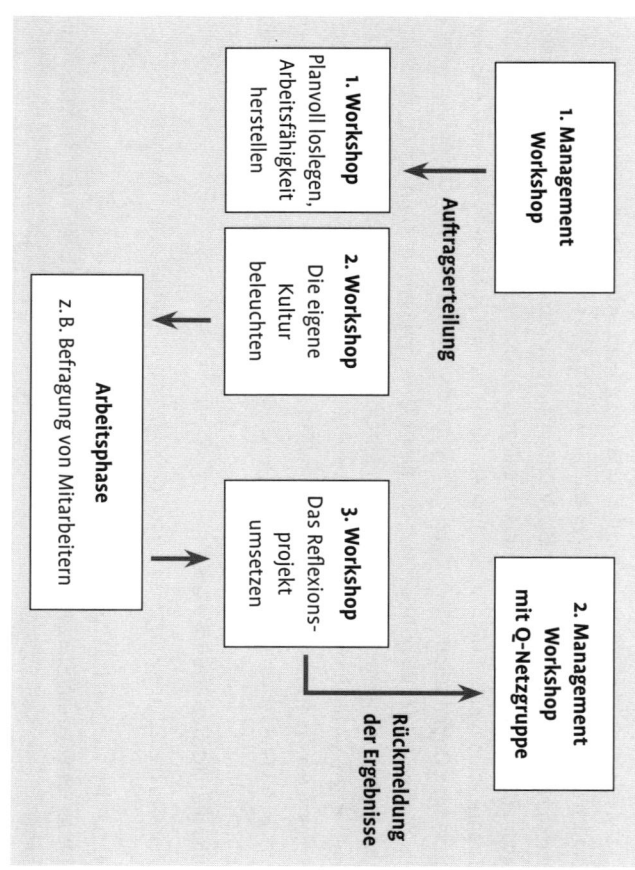

Abb. 13: Ablauf eines »quergestellten Netzwerkes«

D Prinzip 3: Vielfalt zulassen und Paradoxien pflegen

D 1 Analyse des Gruppendenkens

Design: in Anlehnung an Janis 1972

Zielsetzung: Das Analysetool erlaubt es einer Gruppe darüber zu reflektieren, inwieweit sie unterschiedliche Meinungen zulässt oder zu Wahrnehmungsverengungen neigt.

Zeitrahmen: 60 bis 90 min

1. Schritt: Individuelle Bearbeitung des Fragebogens (15 min)

2. Schritt: Diskussion der Ergebnisse in der Gruppe (45 bis 90 min)

Wie treffend beschreibt jede der folgenden Aussagen die Situation in Ihrer Abteilung? Tragen Sie neben jeder der unten aufgeführten Aussagen die Zahl ein, die Ihrer Meinung nach zutrifft:

1 = trifft voll und ganz zu
2 = trifft eher zu
3 = teils/teils
4 = trifft eher nicht zu
5 = trifft überhaupt nicht zu

	Es gibt in unserer Abteilung einen überbordenden Optimismus. Auch extreme Risiken werden akzeptiert.
	Was der Mehrheitsmeinung unserer Abteilung widerspricht, wird »passend« interpretiert oder verharmlost.
	Es gibt in unserer Abteilung die Meinung, dass wir anderen moralisch überlegen und die Ziele der Abteilung automatisch richtig seien.
	Wer anderer Meinung ist, wird bei uns in der Abteilung leicht ausgegrenzt.
	Zweifelt jemand die Meinung der Mehrheit in der Abteilung an, wird ihm Illoyalität unterstellt und er wird auf Linie gebracht.
	Die Mitarbeiter unserer Abteilung äußern abweichende Ideen oder gar Kritik an der herrschenden Meinung nur andeutungsweise oder gar nicht.
	Alle Signale werden als Bestätigung der Gruppenmeinung interpretiert, Schweigen gilt als Zustimmung.
	Selbsternannte Meinungswächter schirmen die Abteilung von Menschen oder Informationen ab, die in eine andere Richtung deuten.

Ergebnis Addieren Sie die Punktezahl. Liegt das Ergebnis unter 17, herrscht in Ihrer Abteilung ein hohes Maß an Gruppendenken vor und Sie sollten überlegen, wie Sie dieses reduzieren könnten. Liegt das Ergebnis zwischen 17 und 28, ist das Niveau mittelmäßig. Ergebnisse, die höher als 28 liegen, weisen auf ein geringes bis sehr geringes Maß an Gruppendenken hin.

D Prinzip 3: Vielfalt zulassen und Paradoxien pflegen

D 2 Youth Advisory Board

Design: in Anlehnung an Whitney 2010, S. 104

Zielsetzung: Die Perspektivenvielfalt im Unternehmen soll steigen, indem sichergestellt wird, dass die jungen Mitarbeiter (jung nach Lebensalter, aber auch nach Betriebszugehörigkeit) ihre Meinungen und Wahrnehmungen offen und ungehindert von den »Alteingesessenen« einbringen können. Die Beteiligung insbesondere der jungen Mitarbeiter eröffnet einen unverstellten Blick auf die betriebliche Realität und ermöglicht dadurch neue Perspektiven für die Weiterentwicklung des Unternehmens (»Beginners mind«).

Zeitrahmen: 2 bis 3 Stunden je Quartal (in längeren Veränderungsprozessen)

Teilnehmerzahl: 10 bis 20

1. Schritt: Vorbereitung

Denken Sie zunächst im Managementteam darüber nach, was »jung oder neu sein« in Ihrer Organisation bedeutet. Wer sind die Jungen und Neuen? Was können sie zur Weiterentwicklung der Organisation beitragen? Wie können Sie diese Gruppe aktivieren, damit sie einen Beitrag zur Entwicklung des Unternehmens leistet?

2. Schritt: Besetzung des Youth Advisory Board

Besetzen Sie das Youth Advisory Board mit jungen Mitarbeitern und Mitarbeiterinnen aus möglichst unterschiedlichen Bereichen. Nehmen Sie auch Querdenker und junge Wilde in das Team auf und vergessen Sie nicht die erfahrenen Mitarbeiter und Mitarbeiterinnen, die neu in das Unternehmen gekommen sind.

3. Schritt: Die ersten Treffen

Das Youth Advisory Council hat die Aufgabe, zentrale Themen des Unternehmens zu reflektieren und zu kommentieren (z. B. Entwicklung neuer Produkte und Prozesse, Führung und Zusammenarbeit im Unternehmen). Das Ziel dieses ersten Treffens besteht darin, dass sich die Teilnehmer untereinander kennenlernen und zu wichtigen Themen des Unternehmens austauschen können.

4. Schritt: Regelmäßige Treffen mit dem Managementteam

Laden Sie das Youth Advisory Board regelmäßig zu einem gemeinsamen Treffen mit Ihrem Führungsteam ein und lassen Sie sich ganz offen schildern, wie die »jungen Wilden« die zentralen Themen des Unternehmens sehen. Fragen Sie sie anschließend nach ihren Empfehlungen.

5. Schritt: Institutionalisierung des Youth Advisory Board
Es empfiehlt sich, das Youth Advisory Board für die kontinuierliche Reflexion fest zu installieren. Da die Mitglieder nach einiger Zeit ihren unverstellten Blick verlieren, sollte das Board nach einem Jahr neu besetzt werden. Das Board sollte sich möglichst einmal im Monat treffen und mindestens einmal im Quartal seine Wahrnehmungen und Reflexionen an das Führungsteam berichten.

D Prinzip 3:
Vielfalt zulassen und Paradoxien pflegen

D Prinzip 3: Vielfalt zulassen und Paradoxien pflegen

D 3 Advocatus Diaboli

Zielsetzung: Die Methode des »Advocatus Diaboli« wird dazu genutzt, voreingenommenen Deutungen und Entscheidungen in Gruppen entgegenzuwirken. Ein zufällig ausgewähltes Gruppenmitglied übernimmt die Rolle des Advocatus Diaboli, dessen Aufgabe es ist, die Vorschläge der Gruppe systematisch zu kritisieren.

Herkunft: Der Begriff »Advocatus Diaboli« kommt aus dem Lateinischen und bedeutet »Anwalt des Teufels«. Der Ausdruck bezeichnete ursprünglich in der römisch-katholischen Kirche jene Person, die im Verfahren einer Selig- bzw. Heiligsprechung Argumente gegen die auserwählte Person zu sammeln und vorzutragen hatte. Während der »Advocatus Angeli« für die Seligsprechung argumentierte, war der »Advocatus Diaboli« dessen Gegenspieler. Der Begriff wurde in die Rhetorik übernommen und steht dort für jene Person, die mit ihren Argumenten die Position der Gegenseite vertritt, ohne ihr selbst anzugehören.

Zeitrahmen: 1 bis 3 Stunden

Teilnehmerzahl: 6 bis 30

Grundlegende Aussage: Diese Methode empfiehlt sich, wenn bekannte Positionen kritisch hinterfragt werden sollen. Die Rolle des Advocatus Diaboli erleichtert das Aussprechen von Gedanken, die man sich häufig selbst nicht zu vertreten getraut.

1. Schritt: Die Gruppe einigt sich vor der Diskussion darauf, wer die Rolle des Advocatus Diaboli übernimmt. Dies kann auch durch Losverfahren geschehen.

2. Schritt: Die Gruppe diskutiert eine aktuelle Problemstellung und schlägt zum Schluss eine Lösungsalternative vor.

3. Schritt: Der Advocatus Diaboli muss zunächst genau zuhören, um alle Nachteile dieser Alternative zu identifizieren. Er prüft den Gruppenvorschlag auf Fehler, falsche Annahmen und noch nicht erörterte Positionen.

4. Schritt: Der Advocatus Diaboli teilt seine Kritik den anderen Gruppenmitgliedern mit.

5. Schritt: Die Gruppe muss auf die Kritik reagieren und prüfen, ob die Argumente des Advocatus Diaboli entkräftet werden können. Nach dieser Prüfung wird die anfänglich vorgeschlagene Lösung entweder ausgewählt oder abgewiesen.

E Prinzip 4: Bezweifeln und Vergessen

E1 *Die Schlachtung heiliger Kühe*

Design: K. Schweingruber (in: Königswieser/Exner 1998, S. 246 ff.)

Zielsetzung: Regeln, Verhaltensmuster und Normen identifizieren, die das Lernen der Organisation behindern oder verhindern. Auf der Grundlage dieser Erkenntnis werden daraufhin Veränderungen in der Organisation, aber auch im persönlichen Verhalten abgeleitet.

Zeitrahmen: ca. 5 Stunden

Teilnehmerzahl: 8 bis 28 (in 2 bis 4 Gruppen)

Grundlegende Aussage: Es geht bei dieser Intervention darum, Blockaden der Veränderung zu beseitigen. Auf dem Weg zu einer sich selbsterneuernden Organisation gibt es unzählige Regeln, Normen und Verhaltensmuster, die diese Entwicklung behindern bzw. unmöglich machen. Meist wirken diese Kräfte im Verborgenen, werden nicht beachtet oder sind gar »heilige Kühe«, die nicht angetastet werden dürfen. Strebt man eine nachhaltige Entwicklung an, müssen diese Blockaden identifiziert und aufgelöst werden.

1. Schritt (10 min): Die Teilnehmer werden in Gruppen zu 4 bis 7 Personen eingeteilt.

2. Schritt (60 min): Jede Gruppe erarbeitet eine analoge Darbietung (Show, Sketch, Pantomime, etc.) zu der Leitfrage: »Wie kann ich eine Organisation dumm halten?« Hilfreiche Stichwörter: Organisationsphilosophie, interne Führungshandbücher, Anforderungsprofile für Manager und Mitarbeiter, Handbuch für den Umgang mit Kunden etc.

3. Schritt (30 min): Das Erarbeitete wird im Plenum präsentiert.

4. Schritt (60 min): Die Präsentationen werden ausgewertet, indem der Bezug zur eigenen Organisation und zu den eigenen Verhaltensweisen hergestellt wird. Leitfrage: »In welchen Aspekten erkennen Sie Ihre Organisation bzw. eigene Verhaltensweisen wieder?«

5. Schritt (90 min): Fragestellung: Was ist nun zu verändern? In welcher Form geschieht dies am besten? Welche konkreten Maßnahmen müssen eingeleitet werden?

E Prinzip 4: Bezweifeln und Vergessen

E 2 Auszug in das gelobte Land

Design: in Anlehnung an R. Königswieser, A. Kirsche, J. Antz (in: Königswieser/Exner 1998, S. 252f.).

Zielsetzung: Aktivierung von Mitarbeitenden; Bewusstmachen der Tatsache, dass ohne Veränderung bzw. Erneuerung jedes Einzelnen das Überleben des Unternehmens dauerhaft gefährdet ist. Bei dieser Intervention geht es im Kern darum, mithilfe einer Analogie – über eine Inszenierung – das Nachdenken über eine mögliche andere Zukunft des Unternehmens anzuregen.

Zeitrahmen: 2 bis 3 Stunden (zum Beispiel in einer Großveranstaltung)

Teilnehmerzahl: 100 bis 500

Hilfsmittel: Inszenierungsrequisiten

Anmerkungen zur Wirkungsweise: Inszenierungen dieser Art bewähren sich besonders in energetisch und emotional hoch aufgeladenen Großveranstaltungen. Gemeinsam erlebte Analogien, Symbole und Rituale lassen in den Köpfen der Mitarbeitenden und Führungskräfte neue Bilder entstehen. Die Inszenierung bedarf einer guten Vorbereitung. Im Idealfall sind die Bilder und Geschichten bereits vorher im Unternehmen entwickelt worden.

1. Schritt (10 min): Einstimmung: Die Moderatoren schildern möglichst anschaulich den Auszug in ein gelobtes Land, in dem es dem Unternehmen noch sehr viel besser gehen wird. Die Karawane plant ihren Aufbruch in diese wunderbare Zukunft. Was soll man mitnehmen und was sollte man vor allem zurücklassen? (Auf der Bühne werden Inszenierungshilfen aufgestellt: Kamele, Zelt, Teppich, Reiserufe, etc.)

2. Schritt (60 min): Die Teilnehmer werden in Kleingruppen von fünf bis acht Personen aufgeteilt. In den Kleingruppen überlegen sie zunächst, was sie im gelobten Land erwartet: »Wie wird dieses Land aussehen?« »Wie werden wir arbeiten, wie werden wir leben?« Im Anschluss daran diskutieren die Teilnehmer, was ins »Reisegepäck« soll: »Welche Einstellungen oder Verhaltensweisen wollen wir zurücklassen? Welche wollen wir hingegen unbedingt beibehalten, weil sie wichtig für das Leben im gelobten Land sind? Die »Gepäckstücke« werden auf Karten notiert.

3. Schritt (10 min): In den Untergruppen wird endgültig gepackt. Es werden Papprucksäcke und Papiertragetaschen gebastelt. Was als Ballast empfunden wird, bleibt da, was für das Leben im gelobten Land wichtig und wertvoll erscheint, kommt mit.

4. Schritt (30 min): Blitzlicht: Einige Kleingruppen werden von den Moderatoren gefragt, wie sie sich das gelobte Land vorstellen, was sie auf die Reise dorthin mitnehmen und welchen Ballast sie zurücklassen.

5. Schritt (30 min): Abschluss: Während auf der Leinwand das jeweilige Gepäck zu sehen ist, kommentiert der Moderator den Aufbruch, die damit verbundenen Herausforderungen, Hoffnungen und Vorfreuden.

F Prinzip 5: Erkunden

F 1 Rückblick aus der Zukunft

Design: in Anlehnung an A. Exner, R. Königswieser (in: Königswieser/Exner 1998, S. 206f.)

Zielsetzung: Entwicklung kollektiver Zukunftsbilder für das Gesamtunternehmen oder für einzelne Bereiche und Abteilungen

Zeitrahmen: ca. 4 Stunden

Teilnehmerzahl: 10 bis 30 (in größeren Gruppen braucht es ein abgewandeltes Design)

Anmerkung zur Wirkungsweise: Die Intervention unterstützt das Loslassen von bekannten Bildern über das Unternehmen. Sie beflügelt das Vorstellungsvermögen der Teilnehmer und forciert das gemeinsame Nachdenken über mögliche Zukünfte des Unternehmens.

Grundlegende Aussage: Die Inszenierung eines fiktiven, in die Zukunft vorverlegten Interviews überhöht die Realität und macht plastische Zukunftsbilder und deren mögliche Umsetzung sichtbar. Es geht darum, das Denken im zweiten Futur einzuüben.

1. Schritt (45 min): Einzelarbeit zu folgender Leitfrage: »Stellen Sie sich vor, wie Ihr Unternehmen (Ihre Abteilung etc.) in fünf (oder zehn) Jahren aussehen wird, wenn alle Ihre Visionen und Wunschträume in Erfüllung gegangen sind. Das Unternehmen steht in voller Blüte und ist äußerst erfolgreich (mögliche Dimensionen: Marktposition, Beziehung zu Kunden, Führung und Organisation, Unternehmenskultur, Image etc.). Warum sind Sie stolz, in diesem Unternehmen zu arbeiten?«

2. Schritt (60 min): Austausch der Bilder, Visionen und Wunschträume in kleinen Gruppen (3 bis 5 Teilnehmer)

3. Schritt (90 min): In den Kleingruppen wird ein Rollenspiel vorbereitet. In der Rolle eines Rundfunk- oder TV-Reporters interviewt ein Gruppenmitglied die anderen Mitglieder, wobei unterstellt wird, dass die Vision inzwischen Realität geworden ist: »Wie haben Sie es geschafft, dieses Ziel zu erreichen? Was haben Sie bei der Umsetzung gelernt?« Die Interviewten sind angehalten, die Situation sehr konkret zu beschreiben.

4. Schritt (30 min): Präsentationen der Rollenspiele im Plenum

5. Schritt (60 min): Auswertung und Zusammenfassung der Rollenspiele im Plenum; Weiterarbeit an den Zukunftsbildern

F Prinzip 5: Erkunden

F 2 Das Aufspüren kollektiver Wünsche und Hoffnungen

Design: H.-J. Gergs

Zielsetzung: Das Bewusstwerden individueller Wünsche soll kollektive Wünsche sichtbar und nutzbar machen.

Zeitrahmen: ca. 2 Stunden

Teilnehmerzahl: 8 bis 50

Grundlegende Aussage: Die Arbeit in Kleingruppen erzeugt eine emotionale Dichte, die wesentlich mehr Informationen über kollektive Wünsche zutage fördert als die bloße Summierung individueller Wünsche. Diese Intervention hilft, die in einer Organisation verborgene positive Energie zu erkunden.

1. Schritt (10 min): Die Teilnehmer bilden Dreiergruppen; Kriterien sind gegenseitiges Vertrauen und Interesse aneinander.

2. Schritt (60 min): Die Mitglieder der Dreiergruppe interviewen einander zu der Frage: »Was sind derzeit die wichtigsten Wünsche, wenn Du an Deine eigene Weiterentwicklung und die Weiterentwicklung des Unternehmens/der Abteilung denkst? (A interviewt B, B interviewt C, C interviewt A). Die Inhalte der Interviews werden nicht veröffentlicht.

3. Schritt (30 min): Die Dreiergruppe erarbeitet Gemeinsamkeiten und Muster, die sich in allen drei Interviews finden. Diese werden auf Kärtchen notiert.

4. Schritt (30 min): Der Reihe nach präsentiert je ein Vertreter der Dreiergruppen das Erarbeitete. Die Gesamtheit der Ergebnisse wird visualisiert.

5. Schritt (90 min): Gemeinsam bildet die Gruppe Hypothesen zu latenten, bewussten und unterbewussten Wünschen hinsichtlich der zukünftigen Entwicklung des Unternehmens/der Abteilung. Die Resultate werden visualisiert.

F Prinzip 5: Erkunden

F 3 Question Storming

Design: Dyer/Gregersen/Christensen 2011, S. 84

Zielsetzung: Kreative und offene Suche nach Fragen, um hinsichtlich einer Problemstellung neue Perspektiven zu gewinnen. Das »Question Storming« ist gewissermaßen die Umkehrung des Brainstormings, bei dem kreative und ungewöhnliche Ansätze zur Lösung eines bestimmten Problems gesucht werden.

Zeitrahmen: 2 Stunden

Teilnehmerzahl: 1 bis 15

Material: Flipchart oder Pinnwand

1. Schritt (20 min): Klären Sie zunächst die Problemstellung oder die Herausforderung, zu der Fragen gesucht werden sollen.

2. Schritt (20 min): Schreiben Sie jetzt mindestens 50 Fragen zu der Problemstellung auf. Notieren Sie die Fragen für alle sichtbar auf einem Flipchart oder auf einer Pinnwand. Benennen Sie eine Person als Moderator, der die Fragen notiert. Der Moderator sollte darauf achten, dass alle W-Fragen gestellt werden: Wer? Wann? Warum, Wieso? (Ursache) Warum nicht? Weshalb, Wofür? (Zweck) Wozu? Wo? Wie? Womit?

Dabei gelten die gleichen Regeln wie beim Brainstorming:

- Kombinieren und Aufgreifen bereits geäußerter Ideen sind erwünscht
- Kommentare, Korrekturen und Kritik sind verboten
- viele Ideen in kürzester Zeit (»Masse statt Klasse«)
- Freies Assoziieren und Fantasieren sind erwünscht
- »Verrückte« Fragen sind erwünscht

3. Schritt (20 min): Fassen Sie die unterschiedlichen Fragen zu Clustern zusammen. Durch diese Zusammenfassung gewinnen Sie einen besseren Überblick.

4. Schritt (90 min): Priorisieren Sie nun die unterschiedlichen Fragecluster oder auch einzelne Fragen im Hinblick darauf, inwiefern sie Antworten zur Lösung des definierten Problems geben. Diskutieren Sie anschließend mögliche Lösungen des Problems.

F Prinzip 5: Erkunden

F 4 Mentale Reise in die Zukunft

Design: Wilhelmer/Nagel 2013, S. 90–93

Zielsetzung: Die Reise in die Zukunft soll helfen, sich aus dem Alltag von Routinen, Begrenzungen und den damit verbundenen Problemwahrnehmungen zu lösen, den Blick für neuartige, alternative Lösungen freizubekommen. Getreu dem Postulat des systemischen Therapeuten Steve de Shazer: »Ich muss nicht im Detail wissen, wie der Karren in den Dreck gefahren wurde, um zu wissen, wie man ihn wieder herausbekommt« vertieft diese Methode nicht die Problemanalyse, sondern hilft bei der Konstruktion wünschenswerter Zukunftsentwürfe. In einem Erneuerungsprozess kann sie die Erkundung neuer möglicher Zukünfte einleiten.

Teilnehmerzahl: 10 bis 50

Zeitrahmen: 2 bis 3 Stunden

Bei der mentalen Reise in die Zukunft tut man so, als ob die Zukunft bereits erlebbar wäre. Es geht um das Denken im Futur zwei: Was würde gewesen sein, wenn sie aus der gelungenen Zukunft auf ihre Vergangenheit zurückblicken?

1. Schritt: Die Teilnehmer werden aufgefordert, sich in eine bequeme Sitzhaltung zu begeben und die Gedanken auf positive Erfahrungen (z. B. Urlaub, berufliche Erfolge) zu richten. Dabei wird das bewusste Denken dazu eingeladen, die einzelnen methodischen Schritte zu verfolgen, während sich das intuitive Wissen zu den Orten begeben soll, an denen sich die Teilnehmer bisher wohlgefühlt haben.

2. Schritt: Erzählerisch kann die mentale Zeitreise mit dem uralten Traum der Menschheit vom Fliegen eingeführt werden. Der Moderator greift zum Beispiel auf das Bild eines Heißluftballons zurück, der auf dem Gelände des Unternehmens gelandet ist. Die Teilnehmer werden dazu aufgefordert, in den Heißluftballon einzusteigen und mit ihm in die Höhe zu steigen. Jeweils 100 Höhenmeter katapultieren die Teilnehmer zwei Jahre in die Zukunft. Der Ballon steigt gedanklich Meter für Meter, und in einer Höhe von 500 bis 800 Metern können die Teilnehmer einen Zeitraum von zehn bis 24 Jahren überblicken. Sie sehen nun aus der Höhe, was sich in dieser Zeit alles für das Unternehmen verändert hat.

3. Schritt: Der Moderator heißt die Ballonfahrer im Jahr 20xx willkommen und lädt sie dazu ein, sich ganz auf die Zukunft einzulassen. Die Ballonfahrer werden dazu ermutigt, sich mit allen Sinnen auf das Geschehen unter dem Ballon zu konzentrieren und es genau zu betrachten. Fragen können sich darauf beziehen, wie groß das Unternehmen ist, wer sich darin bewegt und wie die Menschen, die darin arbeiten, aussehen, was in dem Unternehmen hergestellt wird und wie das Unternehmen mit seiner Umwelt verbunden ist. Die Teilnehmer werden dazu aufgefordert, sich das Geschehen unter dem Ballon ganz genau anzusehen, um auch Details zu registrieren und auf Hinweise zu achten, wie es zu dem außerordentlich positiven Wandel kam. Ziel dieses Schrittes ist es, das Denken der Teilnehmer in Hinblick auf künftige Lösungen zu schulen.

4. Schritt: Danach werden die Teilnehmer auf die Rückreise vorbereitet. Der Moderator weist auf Geräusche wie das Rücken von Stühlen oder eine Klimaanalage hin und lenkt die Aufmerksamkeit wieder auf die Sitzhaltung. Die Teilnehmer werden dazu eingeladen, in ihrem persönlichen Tempo in den Raum zurückzukommen und dabei alle positiven Eindrücke aus der wahrgenommenen Zukunft mitzubringen.

Die Teilnehmer werden vom Moderator in der Gegenwart willkommen geheißen und dazu eingeladen, die positiven Zukunftsbilder in Kleingruppen (5 bis 7 Personen) auszutauschen und in Form eines Brainstormings zu sammeln. Danach werden sie dazu aufgefordert, eine bildliche Darstellungsform zu wählen, die die wichtigsten Einsichten des Brainstormings wiedergibt – zum Beispiel in Form eines Bildes, einer Collage, eines Sketches. Die Bilder werden daraufhin in einer Galerie ausgehängt, wo sie zunächst von den Mitgliedern der anderen Gruppen und dann von der Gruppe selbst beschrieben und interpretiert werden. Der Moderator hält die Beschreibungen und Interpretationen auf einem Flipchart fest.

5. Schritt (nur bei Großgruppen): Bei größeren Gruppen werden die unterschiedlichen »Zukunftsbilder« zusammengefasst und Muster herausgearbeitet. Hierzu trifft sich eine Delegiertengruppe zu einem halb- oder eintägigen Workshop mit dem Ziel, eine Leitvision oder mehrere Leitvisionen herauszuarbeiten.

6. Schritt: Die von der Delegiertengruppe herausgearbeiteten Leitvisionen werden mit der Gesamtgruppe diskutiert, etwa in Form eines World Cafés.

Ergebnis: Die mentale Reise in die Zukunft stärkt den Zusammenhalt in der Gruppe und die Identifikation der Teilnehmer mit dem Gesamtziel des Unternehmens. Die entstandenen Bilder haben meist eine hohe emotionale Kraft und können als Symbol für den gemeinsamen Zukunftsprozess verwendet werden (Kalender, T-Shirt etc.).

F Prinzip 5: Erkunden

F 5 Dialog-Interview

Design: Scharmer 2014, S. 292 ff.

Zielsetzung: Dialog-Interviews vermitteln Einsichten über die Herausforderungen, Probleme und Fragen, mit denen der Interviewpartner konfrontiert ist. Es geht darum, mit dem Befragten einen Dialog zu gestalten, der es erlaubt, gemeinsam zu reflektieren, gemeinsam zu denken und eine Atmosphäre gemeinsamer Kreativität zu schaffen. Wichtig ist dabei, dass der Interviewer eine forschende Haltung einnimmt. Das Dialog-Interview kann für die Vorbereitungs- bzw. Analysephase von Projekten, Workshops oder Seminaren eingesetzt werden.

Nutzen:

o Informationen zu den aktuellen Herausforderungen, Fragen und Erwartungen der Befragten erhalten
o »Fremde« Welten erkunden
o Die Aufmerksamkeit der Interviewer in Bezug auf andere Perspektiven, Bedürfnisse etc. erhöhen

Zeitrahmen: 1 bis 2 Stunden je Interview; Vorbereitungs- und Nachbereitungsworkshop von jeweils einem Tag

Teilnehmerzahl: »Forschergruppe« von 5 bis 10 Personen

1. Schritt (1/2 bis 1 Tag): Entwickeln Sie im Vorfeld einen Interviewleitfaden, der für Sie wichtigsten Fragedimensionen enthält. Die Formulierung der Fragen erfolgt in der »Forschergruppe«.

Beispiele für Leitfragen zum Thema Führung:

o Beschreiben Sie Ihre bisherige Reise, Ihre Geschichte als Führungskraft.
o Wann standen Sie besonders wichtigen Herausforderungen gegenüber, und was hat Ihnen geholfen, damit umzugehen?
o Beschreiben Sie Ihre beste Teamerfahrung. Worin unterscheidet sie sich von anderen Teamerfahrungen?
o Was sind momentan die drei wichtigsten Herausforderungen für Sie als Führungskraft?
o Wer sind die für Sie wichtigsten Stakeholder (Interessenvertreter)?
o Auf welcher Grundlage wird Ihr Erfolg oder Misserfolg als Führungskraft bewertet und von wem?
o Was müssen Sie loslassen und was müssen Sie lernen, um in Ihrer jetzigen Führungsrolle erfolgreich zu sein? Welche Fähigkeit müssen Sie entwickeln?

F   Prinzip 5:
    Erkunden

o   Wenn Sie jetzt über unsere Konversation nachdenken: Was waren für Sie die drei wichtigsten Aspekte? Welche wichtigen Fragen haben sich für Sie ergeben? Welche Gedanken bewegen Sie zum Schluss unseres Gesprächs?

2. Schritt (30 min): Schalten Sie vor jedem Dialog-Interview zehn bis 20 Minuten bewusst ab. Diese kurze Meditation soll Sie darin unterstützen, Ihr Denken und Fühlen für das Interview weit zu öffnen. Sollten Sie das Interview mit mehreren Interviewern durchführen, verteilen Sie die Rollen im Vorfeld (Hauptinterviewer, Protokollant, etc.).

3. Schritt (60 bis 90 min): Sie führen das Dialog-Interview und machen sich während des Gesprächs Notizen oder zeichnen das ganze Gespräch auf. Wenn Sie zu zweit sind, empfiehlt es sich, dass einer von Ihnen die Protokollführung übernimmt.

Prinzipien für das Führen von Interviews:

o   Praktizieren Sie tiefes Zuhören.
o   Wecken Sie Vertrauen und schaffen Sie Transparenz über den Zweck und Verlauf des Interviews.
o   Vermeiden Sie (Vor-)Urteile: Nehmen Sie die Situation aus der Perspektive des Interviewpartners auf und beurteilen Sie nicht.
o   Finden Sie Zugang zu Ihrem Nichtwissen. Achten Sie auf Fragen, die während der Konversation entstehen.
o   Hören Sie sich die Geschichte erwartungsvoll an. Versetzen Sie sich in die Lage des Interviewpartners.
o   Gehen Sie mit der Energie des Befragten ("go with the flow"). Unterbrechen Sie den Befragten nicht. Stellen Sie spontane Fragen. Fühlen Sie sich jederzeit frei, vom Leitfaden abzuweichen, wenn aus dem Gespräch heraus wichtige Fragen entstehen.
o   Seien Sie für den Interviewpartner und die gegenwärtigen Situation voll präsent.

4. Schritt (60 bis 120 min): Schicken Sie direkt nach dem Gespräch eine Danknotiz an den Interviewpartner und nehmen Sie sich Zeit für eine Rückschau:

o   Was hat mich am meisten beeindruckt?
o   Was hat mich am meisten überrascht oder verwundert?
o   Was hat mich enttäuscht?
o   Was hat mich besonders berührt?
o   Gibt es irgendetwas, das ich fortführen muss?

5. Schritt (½ bis 1 Tag – je nach Zahl der Interviews): Wenn die "Forschergruppe" alle Interviews geführt hat, werden die Daten in einem Auswertungsworkshop gesichtet und Muster herausgearbeitet. Diese Auswertung wird zum Schluss in einer Ergebnispräsentation verdichtet.

F Prinzip 5: Erkunden

F 6 Stakeholder-Interview

Design: Otto Scharmer (www.presencing.com/tools/stakeholder-interviews#sthash.ptga]3ga.dpuf)

Stakeholder-Interviews sind Gespräche mit den wichtigsten Stakeholdern sowohl innerhalb als auch außerhalb der Organisation (z. B. Kunden, Vorgesetzte, Mitarbeiter oder Kollegen). Die Interviews ermöglichen es, sich in die Rolle der Stakeholder zu versetzen. Dadurch kann die eigene Rolle aus dem Blickwinkel der Stakeholder betrachtet werden. Ein wichtiger Nebeneffekt besteht darin, dass durch die Interviews das persönliche Verhältnis zu den wichtigsten Stakeholdern verbessert wird.

Zielsetzung: Man nimmt die eigene Arbeit aus der Perspektive des jeweiligen Stakeholders wahr. Das Interview beantwortet die Fragen:

- Was wollen meine Stakeholder von mir? Was brauchen sie von mir? Welche Interessen und Bedürfnisse haben sie?
- Wie beurteilen meine Stakeholder den Wert meiner Arbeit?
- Welche Verbesserungsvorschläge haben die Stakeholder bezüglich meiner Arbeit?
- Welche Barrieren und Blockaden gibt es zwischen mir und den Stakeholdern?

Zeitrahmen: 1 bis 2 Stunden je Interview

1. Schritt (½ bis 1 Tag): Identifizieren Sie die Stakeholder, die in Ihrer derzeitigen Situation relevant sind. Entwickeln Sie im Vorfeld einen Interviewleitfaden, der die für Sie wichtigsten Fragedimensionen enthält. Die Formulierung der Fragen erfolgt in der »Forschergruppe«. Machen Sie dann Interviewtermine.

Beispiele für Leitfragen:

- Welches ist Ihr wichtigstes Ziel und wie kann ich Ihnen dabei helfen? Wozu brauchen Sie mich?
- Nach welchen Kriterien beurteilen Sie den Erfolg meiner Arbeit?
- Wenn ich in meinem Verantwortungsbereich in den nächsten Monaten zwei Dinge verändern könnte: Welche zwei Veränderungen wären für Sie von größtem Wert und größter Bedeutung?
- Gab es in der Vergangenheit irgendwelche Spannungen oder Blockaden, die die Zusammenarbeit erschwert oder behindert haben? Was ist es, was sich uns in den Weg stellt?

2. Schritt (30 min): Schalten Sie vor jedem Stakeholder-Interview zehn bis 20 Minuten bewusst ab. Diese kurze Meditation soll Sie darin unterstützen, Ihr Denken und Fühlen für das Interview weit zu öffnen. Sollten Sie das Interview mit mehreren Interviewern durchführen, verteilen Sie die Rollen im Vorfeld (Hauptinterviewer, Protokollant, etc.).

3. Schritt (60 bis 90 min): Sie führen das Stakeholder-Interview und machen sich während des Gespräches Notizen oder zeichnen das ganze Gespräch auf. Wenn Sie zu zweit sind, empfiehlt es sich, dass einer von Ihnen die Protokollführung übernimmt.

Prinzipien für das Führen von Interviews:

- Praktizieren Sie tiefes Zuhören.
- Wecken Sie Vertrauen und schaffen Sie Transparenz über den Zweck und Verlauf des Interviews.
- Vermeiden Sie (Vor-)Urteile: Nehmen Sie die Situation aus der Perspektive des Interviewpartners auf und beurteilen Sie nicht.
- Finden Sie Zugang zu Ihrem Nichtwissen. Achten Sie auf Fragen, die während der Konversation entstehen.
- Hören Sie sich die Geschichte erwartungsvoll an. Versetzen Sie sich in die Lage des Interviewpartners.
- Gehen Sie mit der Energie (›go with the flow‹): Unterbrechen Sie den Befragten nicht. Stellen Sie spontane Fragen. Fühlen Sie sich jederzeit frei, vom Leitfaden abzuweichen, wenn aus dem Gespräch heraus wichtige Fragen entstehen.
- Seien Sie für den Interviewpartner und die gegenwärtigen Situation voll präsent.

4. Schritt (60 bis 120 min): Schicken Sie direkt nach dem Gespräch eine Danknotiz an den Interviewpartner und nehmen Sie sich Zeit für eine Rückschau:

- Was hat mich am meisten beeindruckt?
- Was hat mich am meisten überrascht oder verwundert?
- Was hat mich enttäuscht?
- Was hat mich besonders berührt?
- Gibt es irgendetwas, das ich fortführen muss?

5. Schritt (½ bis 1 Tag – je nach Zahl der Interviews): Wenn Sie alle Interviews geführt haben, gehen Sie die Daten nochmals durch und fassen Sie die Ergebnisse zusammen.

F Prinzip 5: Erkunden

F7 Shadowing

Design: Scharmer 2014, S. 398 ff. (www.theoryu.com, www.presencing.com)

Shadowing meint, eine Person über einen gewissen Zeitraum während ihrer Arbeit zu beobachten und aus dieser Beobachtung zu lernen. Shadowing erlaubt es der Person, die jemanden »beschattet«, direkt von dessen praktischen Erfahrungen zu lernen.

Zielsetzung: Der Sinn des Shadowing liegt darin, einen Experten, Kollegen oder Kunden in seinem verhaltensrelevanten Umfeld zu erleben und zu beobachten. Die Methode des Shadowing kann in der Analyse- und Vorbereitungsphase von Projekten, Workshops oder Seminaren eingesetzt werden.

Nutzen:

- Informeller Zugang zu den täglichen Routinen von Führungskräften oder Fachexperten
- Echtzeit-Einblicke in die Praktiken von erfahrenen Führungskräften oder Experten
- Tieferes Verständnis der Führungs- bzw. Expertenarbeit
- Erweiterung des persönlichen Netzwerkes
- Neue Ideen für die eigene Arbeit als Führungskraft oder Experte

Zeitrahmen: ½ bis 5 Tage

Teilnehmerzahl: 1 Person

1. Schritt: Vorbereitung: Identifizieren Sie eine geeignete Person, die Sie »beschatten« möchten. Die Zielperson und ihr Arbeitsumfeld sollten für Sie sowohl interessant als auch ungewohnt sein. Es geht darum, Neues zu entdecken.

2. Schritt: Vereinbaren Sie einen Termin mit der Zielperson. Lassen Sie die Person wissen, dass Sie nur daran interessiert sind, sie in ihrer täglichen Arbeitsroutine zu begleiten und es keinen Grund für irgendwelche Anordnungen oder Programme gibt. Auch gibt es keinen Grund, eigens Zeit für Sie einzuplanen. Wichtig und für beide Seiten hilfreich ist eine Reflexionsphase von 30 bis 60 Minuten am Ende des Tages. Alternativ kann dieses Gespräch auch während des Abend- oder Mittagessens geführt werden.

Lassen Sie die Zielperson wissen, woran Sie im Speziellen interessiert sind. Dann fällt es ihr leichter, einen geeigneten Tag für das Shadowing auszuwählen. Stellen Sie klar, dass alles, was Sie in der Zeit beobachtet oder gehört haben, vertraulich behandelt wird.

3. Schritt: Ankunft am Arbeitsort der Person, die Sie begleiten:

- Schaffen Sie Transparenz über den Prozess des Shadowing und dessen Sinn und Zweck.
- Bauen Sie so schnell wie möglich eine persönliche Verbindung auf. Schauen Sie sich genau im Büro um und greifen Sie Themen auf, die sich in dieser Situation anbieten.

Prinzipien für das Shadowing:

- Vermeiden Sie (Vor-)Urteile: Gehen Sie mit offenen Augen ins Shadowing.
- Beobachten. Beobachten. Beobachten: Nehmen Sie die Situation aus der Perspektive eines Forschenden wahr. Niemals zuvor waren Sie bei dieser Organisation zu Besuch. Sie beobachten lediglich diese Person bei ihrem Versuch, die Dinge ins Laufen zu bringen. Dabei kommt es nicht darauf an, ob ihr Arbeitsumfeld, ihre Meetings oder ihre Kollegen den Ihren ähneln oder nicht. Darauf konzentrieren Sie sich später. Ihre Aufgabe ist es jetzt, zu beobachten und in den Tagesablauf Ihrer Zielperson einzutauchen.
- Akzeptieren Sie Ihre Unwissenheit: Halten Sie die Fragen und Beobachtungen fest, die Sie im Laufe des Tages sammeln. Notieren Sie Fragen und wichtige Beobachtungen in Ihrem Beobachtungsbuch.
- Seien Sie empathisch: Beobachten Sie auch aus der Perspektive Ihrer Zielperson. Sympathisieren Sie mit ihr und ihren Aufgaben und begrüßen Sie ihren spezifischen Zugang und die Art und Weise, mit den Dingen umzugehen.

Am Ende des Shadowing: Führen Sie ein kurzes Interview mit der »beschatteten« Person. Stellen Sie die Fragen, die Ihnen im Laufe des Shadowing in den Sinn gekommen und die für Sie noch offen sind.

4. Schritt: Reflektieren Sie Ihre Erfahrungen und Beobachtungen noch am gleichen Abend. Halten Sie Ihre Beobachtungen und Einsichten in einem Tagebuch fest.

Gehen Sie wenn möglich nach folgender Struktur vor:

1. Was sind die zwei bis drei wichtigsten Beobachtungen des Tages?
2. Was waren heute die zwei bis drei wichtigsten Herausforderungen für die Zielperson als Führungskraft?
3. Was hat die begleitete Person konkret getan? Wie erfolgreich war sie dabei?
4. Gab es Momente, in denen ich mich unwohl gefühlt habe? Woran kann dies gelegen haben?
5. Gab es Momente, in denen ich mich besonders inspiriert gefühlt habe? Warum?
6. Was habe ich an diesem Tag über mich selbst erfahren?
7. Welche Auswirkungen haben diese Beobachtungen auf meine Arbeit?
8. Sonstige Beobachtungen oder wichtige Erkenntnisse?

5. Schritt: Wenn Sie mehrere Shadowings durchgeführt haben, nehmen Sie sich einen halben Tag Zeit und werten Sie Ihre Beobachtungen systematisch aus. Schreiben Sie zum Abschluss einen Ergebnisbericht über das, was Sie gelernt haben.

F Prinzip 5: Erkunden

F 8 Learning Journey/Expedition

Design: Gergs (auf der Basis von Scharmer 2014, S. 400 f.)

Zielsetzung: Learning Journeys sollen Personen für die relevanten Kontexte und Ideen einer möglichen Zukunft der Organisation sensibilisieren. Gemeinsam mit anderen Mitgliedern der Organisation begibt man sich auf Entdeckungsreise. Während dieser Reise bewegen sich die Teilnehmer bewusst in fremden und unbekannten sozialen Feldern, um diese zu erforschen. Die Teilnehmer lernen dabei nicht nur mit dem Kopf, sondern auch mit Hand und Herz (Prinzip der ganzheitlichen Didaktik).

Teilnehmerzahl: Lernreisen werden in kleinen Gruppen von bis zu fünf Personen durchgeführt (das Team sollte noch in ein Auto passen). Sollten die Gruppen größer sein, empfiehlt es sich, Untergruppen zu bilden. Bei der Zusammensetzung sollte man darauf achten, dass möglichst viele Perspektiven der Organisation in der Reisegruppe vertreten sind (alte/junge Teilnehmer, Männer/Frauen, Führungskräfte/Mitarbeiter, unterschiedliche Bereiche der Organisation, etc.).

Zeitrahmen: Die Dauer einer Learning Journey hängt von der Lage der Reiseziele ab. Eine Reise sollte mindestens einen Tag dauern. Werden mehrere Orte besucht, kann sie auch mehrere Tage dauern.

Hilfsmittel: Jeder Teilnehmer erhält beim Vorbereitungstreffen ein Reisetagebuch, in das er seine Beobachtungen einträgt. Bilder und Videoaufnahmen sind für die Dokumentation und die spätere Kommunikation der Ergebnisse im Unternehmen hilfreich.

1. Schritt: Festlegung des Themas

Das Management (als Auftraggeber der Learning Journey) muss zu Beginn das Thema der Lernreise grob skizzieren. Die Themen für Learning Journeys können sehr unterschiedlich sein:

- Generation Y: Vor welche Herausforderungen stellt uns diese Generation in der Personalarbeit?
- Sammlung von neuen Ideen und Innovationen in Bezug auf die Themen Führung und Organisation
- Umgang mit neuen sozialen Medien im Unternehmen: Was können wir von Vorreiterunternehmen lernen?
- Neue Formen der Partizipation und Mitbestimmung: Was bedeutet dies für das Unternehmen?
- Neue Formen der Mobilität

F Prinzip 5:
Erkunden

2. Schritt: Auswahl der Teilnehmer für die Lernreise

Die Zusammenstellung der Reisegruppe hängt vom Thema der Reise ab. Wichtig ist, dass möglichst viele Perspektiven vertreten sind. Empfehlenswert ist, dass mindestens ein Mitglied des Managements zur Reisegruppe gehört.

3. Schritt: Workshop zur Vorbereitung (eintägig)

In diesem Workshop klärt die Reisegruppe, was sie auf der Learning Journey genau sehen möchte. Die Fragen der Gruppe werden in einem offenen Interviewleitfaden zusammengefasst:

- Vor welchen Herausforderungen standen und stehen Sie in Bezug auf das Thema xy?
- Was sind aus Ihrer Sicht die wichtigsten Erfolgsfaktoren?
- Was waren aus Ihrer Sicht Stolpersteine und wichtige Misserfolgsfaktoren?
- Was haben Sie konkret getan, um Ihre Arbeit zu verbessern?
- Welche Initiative muss man nach Ihrer Erfahrung ergreifen, um das System zu verändern?
- An welcher Stelle haben Sie den Veränderungsprozess begonnen?
- Was haben Sie konkret in dem Veränderungsprozess gelernt? Was wissen Sie heute, was Sie vorher nicht wussten?
- Mit wem in der Organisation sollten wir noch reden, um eine weitere Perspektive zu erhalten?

Am Ende des Tages durchlaufen die Reiseteilnehmer ein kurzes Beobachtungs- und Interviewtraining.

4. Schritt: Auswahl der Reiseziele

Auf der Grundlage der konkretisierten Fragestellung legt die Reisegruppe ihr Reiseziel fest. Dabei gilt das Prinzip: »Wo sind Menschen und Orte mit dem größten Potenzial, von denen wir am meisten über die Zukunft lernen können?«

Mögliche Orte können sein:

- Besonders innovative Unternehmen
- Großbaustellen
- Sondereinsatzkommandos oder Feuerwehren
- Tower eines Großflughafens
- Theaterbühnen
- Suchtkliniken

Vor Antritt der Reise sollten die Teilnehmer relevante Informationen über die Reiseziele im Internet recherchieren. Ferner sollte den Zielpersonen in einem Briefing vermittelt werden, dass es nicht darum geht, eine Standardpräsentation zu erhalten, sondern dass man an einem Dialog interessiert ist.

5. Schritt: Durchführung der Reise

o Jedes Teammitglied führt ein Tagebuch während der Reise.
o Während der Besuche gilt: Beobachte, beobachte, beobachte! Suspendiere deine (Vor-)Urteile!
o Es geht darum, eine forschende, erkundende und staunende Haltung einzunehmen.

6. Schritt: Nachbesprechung direkt nach den Gesprächen (60 min)

Direkt nach dem Besuch notiert jeder Teilnehmer seine Beobachtungen in sein Reisetagebuch. Es werden nur die reinen Daten gesammelt und noch keine Interpretationen vorgenommen. Leitfragen können sein:

o Was ist mir besonders aufgefallen?
o Was hat mich überrascht, was war unerwartet?
o Was hat mich berührt?
o Wenn die besuchte Organisation ein Lebewesen wäre, wie würde es aussehen?
o Wenn dieses Lebewesen sprechen könnte, was würde es uns sagen?
o Was kann uns das Feld über unsere blinden Flecken sagen?
o Was kann uns dieses Feld über unsere Zukunft lehren?
o Zu welchen weiteren Ideen für unsere Initiative inspiriert uns diese Erfahrung?

7. Schritt: Auswertung der Reisebeobachtungen und Reisebericht (1 Tag)

o In einem Auswertungsworkshop werden alle Beobachtungen zusammengetragen und zu Mustern verdichtet.
o Auf dieser Grundlage wird eine Reisebeschreibung mit den zehn wichtigsten Erkenntnissen aus der Lernreise verfasst.
o Am Ende des Reiseberichts können auch Handlungsempfehlungen für das Management stehen.

8. Schritt: Rückspiegelung der Lernergebnisse in die Organisation

Vorstellung und Diskussion des Reiseberichtes im Management und in einem erweiterten Teilnehmerkreis (dies kann zum Beispiel eine Führungskräftetagung sein, eine Mitarbeiterinformation oder eine Zukunftskonferenz). Die Teilnehmer der Lernreise berichten den Führungskräften und Kollegen von ihren Erlebnissen und Erfahrungen sowie davon, welche Handlungsempfehlungen sie daraus abgeleitet haben. Die Beobachtungen und Handlungsempfehlungen werden mit den Führungskräften und Mitarbeitern diskutiert.

Weiterführende Literatur:

Reineck/Küppers/v. Benten/Buckel 2010

G Prinzip 6:
Experimentieren

G Prinzip 6: Experimentieren

G 1 Checkliste zur Auswahl von Experimenten

Design: in Anlehnung an Scharmer 2014, S. 428 f.

Diese sechs Fragen sollten Sie sich bei der Auswahl geeigneter Führungs- und Organisationsexperimente stellen:

1. Ist das Experiment relevant für die Stakeholder, die es betrifft? Wählen Sie nur Experimente aus, die für die betreffende Organisation in hohem Maße relevant sind.
2. Bringt das Experiment wirklich etwas Neues zum Vorschein? Kann es das Spiel(-system) wirklich verändern?
3. Ist das Experiment in kurzer Zeit durchführbar? Sie müssen das Experiment schnell durchführen können, um genug Zeit für Rückmeldungen zu haben und das Experiment dann entsprechend abändern zu können.
4. Ist das Experiment nicht zu komplex und überdimensioniert? Kann man es ohne großen personellen, zeitlichen und finanziellen Aufwand durchführen?
5. Werden im Experiment die Stärken, Kompetenzen und Möglichkeiten der beteiligten Akteure effektiv genutzt?
6. Ist das Experiment reproduzierbar und lässt es sich erweitern? Lässt sich das Experiment in einem anderen Kontext wiederholen und in einem größeren Rahmen umsetzen?

Infrastruktur für das Experiment:
Ein Team, das ein Experiment durchführt, braucht verschiedene Hilfen:

o Einen Ort (Schutzraum), der es dem Team erlaubt, sich auf das Experiment zu konzentrieren.
o Einen Zeitplan mit groben Meilensteinen, der das Team einerseits zum Handeln nötigt, ihm andererseits aber genügend Freiraum lässt.
o Inhaltliche Hilfe und Fachwissen an wichtigen Entscheidungspunkten.
o Hilfe bei der Gestaltung des Prozesses, da die wenigsten Mitarbeiter Erfahrung mit Experimenten haben (etwa durch eine Führungskraft oder einen Berater).
o Regelmäßige Treffen, bei denen die Teammitglieder die ersten Ergebnisse ihres Experiments vor Kollegen oder Führungskräften präsentieren.

H Prinzip 7: Fehler- und Feedbackkultur etablieren

H 1 After Action Review (AAR)

Design: Geithner/Krüger 2008, S. 144 f.

Zielsetzung: Ziel einer »After Action Review« (AAR) ist es, Fehler wie auch Erfolgsfaktoren eines Projekts oder Arbeitsprozesses für alle Beteiligten sichtbar zu machen, Verbesserungspotenzial zu identifizieren und Stärken auszubauen. Mit der Methode der AAR soll ein Lernprozess institutionalisiert werden, der über die individuelle Ebene hinausgeht und durch ein Wechselspiel von Reflexion, Analyse und Re-Integration in die Handlungen des Teams gekennzeichnet ist.

Grundlegende Aussage: Ein AAR ist ein Lerninstrument, das dem systematischen Erfahrungsaustausch innerhalb eines Arbeitsteams, einer Projektgruppe oder auch einer Gesamtorganisation dient. Es wird z. B. nach einem wichtigen Meilenstein in einem Projekt oder in regelmäßigen Abständen in Form einer Team- oder Arbeitsbesprechung durchgeführt. Während sich in den meisten Reflexionsprozessen der Blick ausschließlich auf die Vergangenheit richtet, ist die Methode der AAR zukunftsgerichtet. Ursprünglich kommt die AAR aus dem Militär. Mittlerweile ist sie fester Bestandteil von Sondereinsatzkommandos der Polizei oder Einsätzen der Feuerwehr.

Zeitrahmen: 1 bis 3 Stunden

Teilnehmerzahl: 6 bis 20

Jedes Gruppenmitglied bearbeitet die Schritte 1 bis 5 zunächst für sich selbst. Schritt 5 erfolgt dann in der Gesamtgruppe.

1. Schritt (5 min): Zunächst wird der ursprünglich geplante Sollzustand, also das Ziel des Einsatzes bzw. des Projekts ermittelt. Die Leitfrage lautet: »Was hatten wir uns vorgenommen?«

2. Schritt (5 min): Im zweiten Schritt wird das Geschehen chronologisch aufgearbeitet. Auf dieser Stufe beschreiben die Gruppenmitglieder ihre konkreten Handlungen, Erwartungen und Gefühle sowie Schlüsselsituationen, Probleme und unerwartete Chancen. Die Leitfrage lautet: »Was ist tatsächlich passiert?«

3. Schritt (5 min): Im dritten Schritt erfolgt ein Soll-Ist-Vergleich. Die Ursachen für den Erfolg oder Misserfolg des Einsatzes bzw. des Projekts werden ermittelt, Fehler und Erfolgsfaktoren angesprochen. Die Leitfrage lautet: »Was weiß ich jetzt, was ich vorher noch nicht wusste?«

H Prinzip 7:
Fehler- und Feedbackkultur etablieren

4. Schritt (5 min): Auf der Grundlage dieser Analyse in Schritt 3 fasst jeder Teilnehmer im vierten Schritt seine Erfahrungen in sogenannten »Lessons Learned« zusammen. Die Leitfrage lautet: »Was sollten wir als Gruppe zukünftig verändern – und zwar kurzfristig, mittelfristig und langfristig?«

5. Schritt (30 bis 90 min): In diesem letzten Schritt stellen die Gruppenmitglieder die Ergebnisse der Einzelarbeit aus Schritt 1 bis 4 der gesamten Gruppe vor. Nach der Präsentation der Einzelergebnisse werden die wichtigsten Lernresultate herausgearbeitet und auf ihre mögliche Umsetzung geprüft. Die herausgearbeiteten »Lessons Learned« sind nicht als Endpunkt des Reflexionsprozesses zu verstehen. Die AAR ist als Lernzyklus konzipiert. Sie sollte nicht als einmaliges Ereignis verstanden werden, sondern als kontinuierliche Praxis. Ein Reflexionsprozess schließt sich idealerweise mit einem bestimmten zeitlichen Abstand an den nächsten an.

Weiterführende Literatur:
Lipshitz/Popper/Ron 2006
US AID: After Action Review. Technical Guidance: http://pdf.usaid.gov/pdf_docs/PNADF360.pdf

Schritt 1: **Was habe ich erwartet?**	Schritt 4: **Was kann ich in meinen beruflichen Alltag übertragen?**
	Kurzfristig
Schritt 2: **Was passierte genau?**	Mittelfristig
	Langfristig
Schritt 3: **Was weiß ich jetzt, was ich vorher nicht gewusst habe**	Schritt 5: **Wer sollte in welcher Weise darüber informiert werden?**

Abb. 14: *Arbeitsblatt After Action Review*

H Prinzip 7: Fehler- und Feedbackkultur etablieren

H 2 Das Delete-Design-Modell

Design: in Anlehnung an Albert 2013, S. 86

Zielsetzung: Ein Ende ist nicht bloß eine objektive Tatsache, sondern auch ein psychischer Prozess. Jedes Ende ist schmerzlich. In Veränderungsprozessen sind Abschlüsse von zentraler Bedeutung, weil Gruppen oder Unternehmen neue Chancen nicht in vollem Umfang nutzen können, wenn sie der Vergangenheit verhaftet bleiben und nicht bereit sind, diese hinter sich zu lassen. Das Delete-Modell soll Führungskräften helfen, den Prozess des Abschiednehmens bewusst zu gestalten.

Führungskräfte sollten dabei auf folgende fünf Aspekte achten:

1. **Die Vergangenheit zusammenfassen:** Geben Sie einen kompakten und wertschätzenden Abriss der Vergangenheit der Organisation. Dieser Rückblick darf nicht nur objektive Tatsachen enthalten, sondern sollte auch Hoffnungen, Träume und Emotionen berücksichtigen. Es geht darum darzustellen, was die Mitarbeiter in der Vergangenheit alles geleistet haben.

2. **Den Wandel begründen:** Geben Sie Gründe an, warum eine Veränderung wünschenswert ist – das Erreichen eines interessanten Ziels, neue Chancen für die Entwicklung des Unternehmens etc.

3. **Positives hervorheben:** Loben und würdigen Sie die Vergangenheit. Man kann nicht von einem hochgeschätzten Kurs abweichen, ohne den Wert dessen, was man zurücklässt, zum Ausdruck zu bringen und zu würdigen. Zu seiner Zeit hat es sicherlich seine Berechtigung gehabt.

4. **Für Kontinuität zwischen Vergangenheit und Zukunft sorgen:** Es ist wichtig, den emotionalen Verlust dessen, was nicht weitergeht, anzuerkennen. Das reicht jedoch nicht aus. Es muss auch deutlich werden, dass sich nicht alles ändern wird. Etwas so Einfaches wie das Versprechen, dass einige hochgeschätzte Elemente aus der Vergangenheit erhalten bleiben und in dem neuen Arrangement eventuell sogar gestärkt werden, erleichtert den Übergang.

5. **Gute Wünsche äußern:** Bringen Sie die Hoffnung auf die Zukunft zum Ausdruck. Wir schaffen meist dann einen guten Abschluss, wenn wir neue Ziele finden, die zur Hoffnungsquelle werden. Wer etwas Positives in der Zukunft sieht, kann leichter mit Bekanntem abschließen.

Sie werden feststellen, dass diese fünf Schritte bei einer Vielzahl von Situationen wahre Wunder bewirken: bei der Verabschiedung von Jubilaren, bei der Beendigung einer Geschäftspartnerschaft oder beim Auslaufen eines Produktes. Ein zentraler Aspekt der kontinuierlichen Selbsterneuerung ist es, rechtzeitig und »gut« abschließen und damit loslassen zu können.

Prinzip 8: Ausdauer und Denken in Kreisen

1.1 Zukunftskonferenz

Design: Weisbord/Janoff 2008

Zielsetzung: In einer möglichst großen und alle Interessensgruppen umfassenden Gruppe werden Strategien für die gemeinsame Zukunft erarbeitet. Die Zukunftskonferenz kann auch in Konfliktsituationen eingesetzt werden. Sie eignet sich allerdings nicht, wenn es um reine Ja/Nein-Entscheidungen geht. Die Intervention ist nur dann sinnvoll, wenn alle Beteiligten den Wunsch verspüren, einen Weg in die gemeinsame Zukunft zu suchen. Das Management muss die Aktionspläne der Mitarbeiter anerkennen und ernsthaft um die Umsetzung bemüht sein.

Grundprinzipien der Zukunftskonferenz sind:
- das ganze System in einen Raum holen
- global denken, lokal handeln
- Fokus auf die Zukunft statt auf Probleme
- in selbststeuernden Gruppen arbeiten

Zeitrahmen: 2 bis 3 Tage

Teilnehmerzahl: 30 bis 100

Bei der Auswahl der Teilnehmer muss auf Ausgewogenheit und Repräsentativität geachtet werden. Es kann hilfreich sein, wenn einige der Teilnehmer externen Interessensgruppen angehören. Das gibt der Veranstaltung die Möglichkeit, neue Perspektiven zu öffnen.

Arbeitsprinzip: In einer Zukunftskonferenz arbeiten die Teilnehmer zu Beginn in homogenen Interessensgruppen zusammen. Im Laufe der Konferenz werden diese Gruppen systematisch durchmischt, sodass jede Gruppe auch mit den anderen Gruppen in Kontakt kommt. Dadurch kann ein Zusammengehörigkeitsgefühl über Gruppengrenzen hinweg entstehen, das die Bereitschaft für die gemeinsame Suche nach neuen Lösungsansätzen erhöht.

Räumliche Erfordernisse: sehr großer Raum; genügend Platz für Untergruppen

1. Schritt: Begrüßung, Einführung, Regeln

In gemischten Gruppen (5 bis 7 Personen) bekommen die Teilnehmer einen Input zu Ablauf und Grundprinzipien der Zukunftskonferenz.

2. Schritt: Vergegenwärtigen der Vergangenheit (»Wo kommen wir her?«)

Nach dem gegenseitigen Kennenlernen beginnt die Zukunftskonferenz mit einem Rückblick, der ein Gemeinschaftsgefühl aufkommen lässt und eine wichtige Grundlage für die nachfolgenden Phasen bildet. Entlang einer Zeitachse analysieren die Teilnehmer die bisherigen Muster und präsentieren die Ergebnisse anschließend im Plenum.

3. Schritt: Prüfen des Umfelds (»Welche Entwicklungen kommen auf uns zu?«)

Daraufhin blickt man in die Zukunft und trägt zusammen, was von außen auf einen zukommen wird, auf was man sich einstellen und wofür man gerüstet sein sollte. Die in Kleingruppenarbeit identifizierten Entwicklungen und Ereignisse werden im Plenum gesammelt und auf einer großen Mindmap an der Wand zusammengetragen. Es entsteht eine »Landkarte« der Kräfte, die die Zukunft des Unternehmens beeinflussen. Die Trends werden von den Teilnehmern mit Punkten gewichtet. Dieses gemeinsame Aufspüren von Trends verbindet: Es wird für alle spürbar, wo die Herausforderungen der Zukunft liegen. Es entsteht Energie für gemeinsames Handeln.

4. Schritt: Reflexion der Gegenwart (»Worauf sind wir stolz und was bedauern wir?«)

In den Interessensgruppen wird die aktuelle Situation des Unternehmens diskutiert: Was läuft gut, was weniger gut? Worauf kann man stolz sein, was bedauert man? Das eigene Handeln wird im Zusammenhang mit dem Thema der Konferenz einer kritischen Reflexion unterzogen. Auch hierzu sammeln zunächst Kleingruppen ihre Beobachtungen, interpretieren diese und präsentieren ihre Ergebnisse im Plenum. Diese Phase hat zum Ziel, sich gemeinsamer Werte bewusst zu werden, aber auch unangenehmer Wahrheiten und Missstände. Die Beteiligten sollen ihr Problembewusstsein schärfen und ein gemeinsames Verantwortungsgefühl entwickeln.

5. Schritt: Zukunft (er-)finden (»Was ist unsere Vision? Was wollen wir gemeinsam schaffen?«)

Dann geht es an den Entwurf einer gemeinsamen Vorstellung von der Zukunft. Zunächst entwickeln kleine Gruppen eine bildhafte und lebendige Vorstellung vom Zustand, den man in x Jahren erreicht haben möchte. In kreativen Inszenierungen werden diese Zukunftsbilder für alle vorstellbar und erlebbar. Die Dramaturgie der Zukunftskonferenz appelliert in diesem Schritt an die Emotionen der Beteiligten. Es soll Lust auf eine Zukunft geschaffen werden, die motivierende Perspektiven und innovative Lösungen verspricht – dank der Kreativität und dem Gestaltungswillen der Mitarbeiter.

6. Schritt: Gemeinsames Zukunftsbild entwickeln (»Was sind unsere grundlegenden Gemeinsamkeiten?«)

In diesem Schritt werden die Gemeinsamkeiten der verschiedenen Zukunftsbilder herausgeschält und zu einer von allen geteilten Vision zusammengetragen. Nur die Ziele, welche die Zustimmung wirklich aller im Raum finden, werden weiterverfolgt. Ist kein Konsens möglich, kommt die »Liste der ungelösten Differenzen« ins Spiel. Auf ihr landen die innovativen Themen, die einen zweiten Anlauf und noch Zeit zum Reifen brauchen – oder die Themen, die in der Entscheidungskompetenz der Führungsmannschaft liegen. Auf diese Weise weiß das Management genau, welche Entscheidungen von allen getragen werden

Prinzip 8:
Ausdauer und Denken in Kreisen

und welche nicht. Dieser Konsensprozess bildet die Grundlage für den Abschluss der Konferenz: die Vereinbarung konkreter Maßnahmen.

7. Schritt: Zukunft im Hier und Jetzt umsetzen (»Was ist jetzt zu tun? Wo beginnen wir?«)

In der letzten Phase werden Maßnahmen, Aktivitäten und Projekte geplant. Abteilungen wie auch externe Gruppen erarbeiten, was sie kurz- und langfristig tun wollen, um die gemeinsamen Ziele zu erreichen. Am Ende präsentieren die Gruppen ihre Pläne und verpflichten sich vor dem versammelten Plenum zu ihrem Programm.

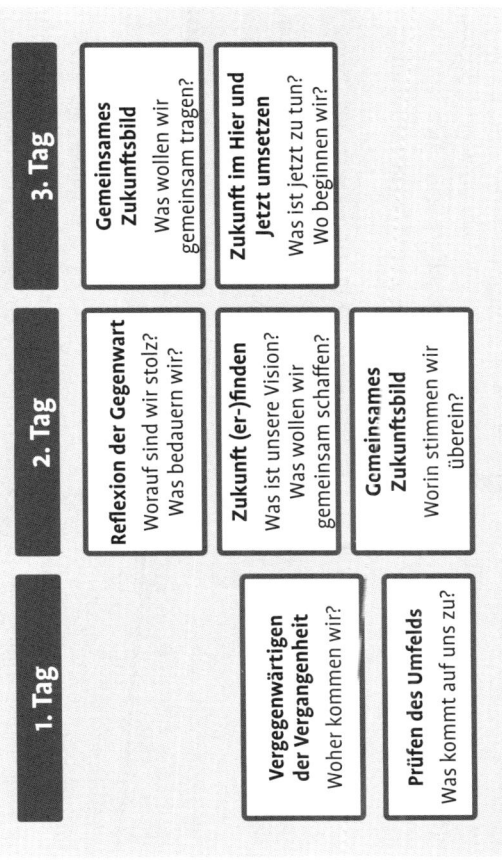

Abb. 15: Ablaufplan einer Zukunftskonferenz

Weiterführende Literatur:
Hinnen/Krummenacher 2012

Empfehlenswerte Videos:
www.agonda.de/zukunftskonferenz/literatur/literatur.html
www.youtube.com/watch?v=gWpdIkRNxaQ

I Prinzip 8: Ausdauer und Denken in Kreisen

I 2 Preferred Futuring

Design: Lippitt, L. 1998

Zielsetzung: Eine hilfreiche Methode zur konkreten Umsetzung eines Erneuerungsprozesses ist das »Preferred Futuring« von Lawrence Lippitt (1998). Dem »Preferred Futuring« (PF) geht es darum, einen positiven Veränderungssog in eine als attraktiv empfundene Zukunft zu erzeugen. Insgesamt umfasst die Methode acht Schritte, die eine kontinuierliche Transformation der Organisation ermöglichen. Die ersten vier Schritte unterstützen die Teilnehmer darin, Bekanntes loszulassen und über die »Transition Zone« (Lippitt, L. 1998, S. 154) in die Zukunft aufzubrechen.

Zeitrahmen: 2 bis 3 Tage

Teilnehmerzahl: 10 bis 100

1. bis 4. Schritt: Die Basis für ein gemeinsames Verständnis erarbeiten

Weitere Leitfragen und Anregungen für das konkrete Vorgehen in den einzelnen Phasen finden sich bei Lawrence Lippitt (1998).

1. Schritt: Geschichte (3 bis 5 Stunden)

Der erste Schritt beginnt mit der Leitfrage: »Wie sind wir von gestern zu heute gekommen?« Oft haben Führung und Mitarbeiter vergessen, welche Geschichte sie teilen und wie sie trotz Widrigkeiten ihre Leistung vollbracht haben. Die Leitfrage soll zu einem gemeinsamen Spaziergang durch die Tiefen, aber auch Höhen der Geschichte des Unternehmens anregen. Mit der Aufarbeitung der gemeinsamen Geschichte wächst das Verstehen in der Organisation.

2. Schritt: Heutige Situation reflektieren (3 bis 5 Stunden)

Bei diesem Schritt geht es sowohl um die Frage »Was finden wir als Unternehmen stolz sein?« als auch um die Frage »Worauf können wir als Unternehmen stolz sein?« Durch diese Erhebung der »Prouds and Sorries« kommt das gemeinsame Lernen in Bewegung. Mit Stolz lässt sich leichter und klarer auf das blicken, was man bedauert und lieber anders machen würde. In dieser Phase kann es hilfreich sein, Kunden und externe Stakeholder miteinzubeziehen. Die »Prouds and Sorries« werden zunächst in Kleingruppen erhoben, die ihre Ergebnisse dann im Plenum in Form einer Gruppen-Mindmap präsentieren.

3. Schritt: Werte und Anschauung reflektieren (2 bis 3 Stunden)

Bei diesem Schritt werden die Teilnehmer dazu aufgefordert, die wichtigsten Werte, die ihrer Ansicht nach das Unternehmen auszeichnen, auf Karten zu schreiben. Die Ergebnisse werden daraufhin wieder in Kleingruppen diskutiert. Die Gruppen haben die Aufgabe, die fünf wichtigsten Werte zu priorisieren. Im Plenum wird auf der Grundlage dieser Priorisierungen eine Wertelandkarte des Unternehmens erstellt. Dieser Schritt ist insofern besonders wichtig, als die Werte das Fundament des späteren Zukunftsbildes sind.

4. Schritt: Trends und Entwicklung im Umfeld identifizieren (3 bis 5 Stunden)
Die Teilnehmer werden dazu aufgefordert, die für das Unternehmen wichtigen Trends in Kleingruppen herauszuarbeiten. In kurzer Zeit entsteht so ein verdichteter Scan der absehbaren Entwicklungen und Herausforderungen, denen sich das Unternehmen gegenübergestellt sieht. Die Trendanalysen der Kleingruppen werden im Plenum zu einer umfassende Mindmap (»Environmental Scan«) zusammengefasst. Handlungsdruck soll in dieser Phase in einen Zukunftssog umgewandelt werden.

5. Schritt: Bevorzugte Zukunftsvision entwickeln (3 bis 5 Stunden)
Bei diesem Schritt lautet die Leitfrage: »Welche Zukunft bevorzuge ich?« Lawrence Lippitt schreibt dazu: »If we develop a preferred future before we plan, there is a greater chance of getting the future we want and of operating as whole system« (Lippitt, L. 1998, S. 68). Diese Phase kann so gestaltet werden, dass die Teilnehmer durch die Moderation auf einen »Spaziergang in die Zukunft« geführt werden. Je weiter sie in die Zukunft »spazieren«, desto mehr wächst die Zuversicht, Gelassenheit und Sicherheit gegenüber ihrer Zukunftsvision.

6. Schritt: Strategische Aktionen und Ziele ableiten (1 bis 2 Stunden)
Kleingruppen entwickeln Ideen für erste strategische Ziele und Aktionen, die dann im Plenum geprüft und verdichtet werden. Eine letzte Prüfung sind Priorisierungen. Zudem muss jeder Teilnehmer eine einzelne Priorisierung hervorheben (»Star«).

7. Schritt: Aktionsziele definieren (2 Stunden)
Die strategischen Ziele und Aktionen werden nun mit konkreten Maßnahmen unterlegt. Es ist wichtig, in dieser Phase bereits erste Schritte in Richtung einer Verwirklichung der Zukunftsvision zu planen.

8. Schritt: Die Implementierung und das Follow-up planen (2 Stunden)
Während die Schritte 1 bis 7 nur von einer ausgewählten Gruppe (10 bis 100 Personen) des Unternehmens durchlaufen werden, gilt es nun, den Schritt in die Gesamtorganisation zu machen. Es wird eine Struktur zur Kommunikation und Implementierung der Zukunftsvision und der konkreten Umsetzungsmaßnahmen definiert. Dabei geht es um folgende Fragen: Wie wollen wir die Zukunftsvision mittel- und langfristig umsetzen? Welche Ressourcen brauchen wir dazu? Wer erklärt sich für die Gestaltung des Prozesses verantwortlich? Wer ist für die Dokumentation und Evaluation verantwortlich? etc.

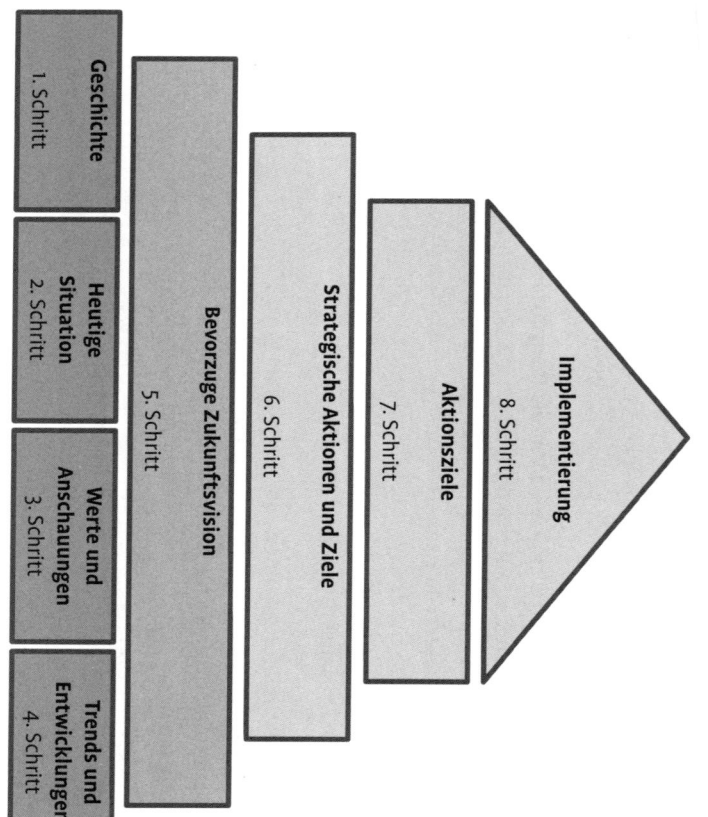

Abb. 16: Acht Schritte im Preferred Futuring

Weiterführende Literatur:

Schöfer 2005
Lippitt 2002

Empfehlenswerte Videos:

http://ibmresearchnews.blogspot.de/2011/12/dr-lawrence-lippitt-author-of-preferred.html

In diesem Video beschreibt Lawrence Lippitt die von ihm und seinem Vater Ron Lippitt gemeinsam entwickelte Methode des »Preferred Futuring«.

J Die Rolle der Führung im Prozess der kontinuierlichen Selbsterneuerung

J 1 Wertschätzende Selbstreflexion der Rolle als Führungskraft

Design: in Anlehnung Seliger 2014, S. 127

Zielsetzung: Reflexion der eigenen Rolle als Führungskraft. Im Sinne der positiven Psychologie geht es in dieser wertschätzenden Selbstbefragung nicht um die Defizite, sondern um die persönlichen Stärken und positiven Führungserfahrungen.

Zeitrahmen: 1 Stunde

Was hat Sie dazu bewogen, Ihre erste Führungsposition zu übernehmen? Was hat Sie damals an der Aufgabe besonders gereizt, interessiert, begeistert?

In welchen Situationen haben Sie sich in Ihrer Zeit als Führungskraft besonders kraftvoll, kreativ, inspirierend gefühlt? Was passierte in diesen Situationen konkret?

Was schätzen Sie an Ihrer Art zu führen besonders?

Was gelingt Ihnen bei Ihrer Führungsaufgabe immer wieder? Worauf sind Sie stolz?

Was vermuten Sie, schätzen andere an Ihnen als Führungskraft besonders?
- Ihre Mitarbeiter:
- Ihre Vorgesetzten:
- Ihre Kollegen:

Was ist Ihr wichtigster Beitrag zum Erfolg des Unternehmens?

Stellen Sie sich vor, es wären zehn Jahre vergangen und Sie entsprächen als Führungskraft genau Ihren Idealen.
- Inwiefern führen Sie Ihre Abteilung anders als heute?
- Welche Ihrer Potenziale haben Sie realisiert?

J Die Rolle der Führung im Prozess der kontinuierlichen Selbsterneuerung

J 2 Checkliste Empowerment

Design: in Anlehnung an Seliger 2014, S. 169 ff.

Zielsetzung: Reflexion der Art und Weise, wie Sie als Führungskraft oder in der Rolle einer Projektleitung Entscheidungen treffen und Ihre Mitarbeiter dabei einbinden

Zeitrahmen: 1 Stunde

Wie verteilen sich gegenwärtig die Entscheidungen in Ihrem Arbeitsbereich:
- Wie viel Prozent entscheiden Sie alleine?
- Wie viel Prozent entscheiden Sie gemeinsam mit Ihren Mitarbeitern?
- Wie viel Prozent entscheiden die Mitarbeiter alleine?

Welche Entscheidungen wollen Sie zukünftig grundsätzlich alleine treffen? Warum?

Welche Entscheidungen können Sie zukünftig gemeinsam mit Ihren Mitarbeitern treffen? Warum?

Welche Entscheidungen können Sie zukünftig delegieren? Warum?

In welche Richtung möchten Sie die Entscheidungs- und Verantwortungskultur in Zukunft verändern?
- Wo möchten Sie die Mitarbeiter stärker einbinden?
- Welche Entlastung würde das für Sie bedeuten?

Wo sehen Sie das größte Potenzial für die Übernahme von mehr Verantwortung in Ihrem Team?
- Wer könnte mehr Verantwortung übernehmen?
- Was wären die positiven Effekte, die aus mehr Empowerment resultieren?

Wie würde Ihre Abteilung aussehen, wenn Sie mehr Entscheidungen an die Mitarbeiter delegieren würden?
- Wie würden die Mitarbeiter darauf reagieren?
- Welche Strukturen wären dann anders?
- Wie würde sich das auf die Teamdynamik auswirken?

K Gestaltung der erneuerungsfähigen Organisation

K 1 Die Traumorganisation

Zielsetzung: unterschiedliche Leitbilder und Vorstellungen über die zukünftige Gestaltung der Organisation (Arbeitsteilung, Entscheidungsstrukturen, Kommunikation etc.) besprechen; eine gemeinsame Zukunftsentwicklung der Gesamtorganisation einleiten

Zeitrahmen: 1 Tag

Teilnehmerzahl: 3 bis 30 (in größeren Gruppen braucht es ein abgewandeltes Design)

Grundlegende Aussage: Hier geht es darum, ein gemeinsames Leitbild für die zukunftsorientierte Entwicklung der Organisation zu erarbeiten.

1. Schritt (45 min): Einzelarbeit: Wie müsste die ideale Organisation aussehen? Was wäre meine Traumorganisation? (Arbeitsteilung, Führungsstrukturen, Entscheidungs- und Kommunikationsstrukturen etc.) Zeichnen Sie ein Bild für die Ist-Situation und eines für den Soll-Zustand. Dieser Schritt kann auch zu Hause vorbereitet werden, das heißt, die Zeichnungen können fertig zum Workshop mitgebracht werden.

2. Schritt (90 min): Zuerst werden die Bilder vorgestellt und besprochen, dann die Idealvorstellungen ausgetauscht. Es besteht die Möglichkeit nachzufragen. Anschließend werden die jeweiligen Unterschiede und Gemeinsamkeiten herausgearbeitet und vom Moderator auf dem Flipchart festgehalten.

3. Schritt (60 min): Die Gruppe wird in Untergruppen (4 bis 7 Personen) aufgeteilt, die die Unterschiede und Gemeinsamkeiten diskutieren. Die Untergruppen arbeiten heraus, was ihnen für die zukünftige Traumorganisation besonders wichtig ist.

4. Schritt (60 min): Die Untergruppen präsentieren die Arbeitsergebnisse und verdichten sie zu einem Gesamtergebnis.

5. Schritt (60 min): Die Gruppe wird erneut in Untergruppen aufgeteilt. Diese erarbeiten Ideen für die realistische Umsetzung der Traumorganisation (Konzentration auf zentrale Aspekte).

6. Schritt (90 min): Präsentation der Ergebnisse und Verdichtung zu einem Gesamtbild. Danach werden die ersten Maßnahmen zur Umsetzung vereinbart.

Literatur

Albert, S. (2013): Jetzt! Die Kunst des perfekten Timings. Frankfurt a. M./New York: Campus

Argyris, C., Schön, D. (1978): Organizational Learning: A theory of action perspective. Reading: Addison-Wesley

Ashby, W. R. (1974): Einführung in die Kybernetik. Frankfurt a. M.: Suhrkamp

Baker, W. (2000): Achieving Success Through Social Capital. Jossey-Bass

Barrett, F. (1998): Coda: Creativity and Improvisation in Jazz and Organizations: Implications for Organizational Learning. In: Organization Science, Vol. 9, No. 5, pp. 605–622

Bins, A., Herreld, B. J., O'Reilly, Ch., Tushman, M. L. (2014): The art of strategic management. In: Sloan Management Review, Vol. 55, No. 2, pp. 21–23

Börner, S. (2002): Kein Dirigent, aber viel Führung. Das Orpheus Chamber Orchestra – ein Modell für Unternehmen? In: Organisationsentwicklung, Jg. 21, Nr. 3, S. 52–57

Bohm, D., Edward, M. (1991): Changing consciousness: Exploring the hidden source of the social, political and environmental crisis facing the world. San Francisco: Harper

Bohm, D. (1965): The special theory of relativity. New York: W. A. Benjamin

Bonsen, M., Maleh, C. (2012): Appreciative Inquiry (AI): Der Weg zur Spitzenleistung: Eine Einführung für Anwender, Entscheider und Berater. Weinheim: Beltz

Bonsen, M. zur, Herzog, J. (2012): Der Rat der Weisen. In: Organisationsentwicklung, 1/2012, S. 80–85

Bonsen, M. zur (2003): Real Time Strategic Change. Schneller Wandel mit großen Gruppen. Stuttgart: Klett-Cotta.

Boyd, D, Mitchell, O. (2014): Beautiful trouble. Handbuch für eine unwiderstehliche Revolution. Freiburg: orange press

Brandes, U., Gemmer, P., Koschek, H., Schültken, L. (2014): Management Y: Agile, Scrum, Design Thinking & Co.: So gelingt der Wandel zur attraktiven und zukunftsfähigen Organisation. Frankfurt a. M./New York: Campus

Brater, M., Freygarten, S., Rahmann, E., Rainer, M. (2011): Kunst als Handeln – Handeln als Kunst. Was Arbeitswelt und Berufsbildung von Künstlern lernen können. Bielefeld: Bertelsmann

Brown, S. L., Eisenhardt, K. M. (1998): Competing on the edge. Strategy as structured chaos. Boston, MA: Harvard Business Press

Brown, S. L., Eisenhardt, K. M. (1998): The art of continuous change: Linking complexity theory and time-paced evolution in relentlessly shifting organizations. In: Administrative Science Quarterly, 42, pp. 1–34.

Brown, J., Isaacs, D. (2007): Das World Café. Kreative Zukunftsgestaltung in Organisationen und Gesellschaft. Heidelberg: Carl Auer

Bruch, H., Bieri, S. (2003): Maintaining a proactive sense of urgency. Fallstudie an der Universität St. Gallen, Schweiz

Burda, H (2014): Notizen zur digitalen Revolution 1990–2015: Wie die Medien sich ändern. Frankfurt a. M.: Petrarca Verlag

Literatur

Brynjolfsson, E., Mcafee, A. (2015): The Second Machine Age. Wie die nächste digitale Revolution unser aller Leben verändern wird. Kulmbach: Plassen Verlag

Burns, T., Stalker G. M. (1961): The management of innovation. Oxford: Oxford University Press

Burnes, B (2004): Managing change: A strategic approach to organizational dynamics, Harlow: Prentice Hall

Cameron, K. (2013): Practicing positive leadership. Tools, techniques that create extraordinary results. San Francisco: Berrett-Koehler

Cameron, K. S., Dutton, J. E., Quinn, R. E. (2003): Positive organizational scholarship. Foundations of a new discipline. San Francisco: Berrett-Koehler

Capra, F. (1975): Das Tao der Physik. Die Konvergenz von westlicher Wissenschaft und östlicher Philosophie. München: Barth

Chia, R. (2013): Reflections: In Praise of Silent Transformation – Allowing Change Through »Letting Happen«. Journal of Change Management, Vol. 14, No. 1, pp. 1–20

Christensen, C., Shu, K. (1999): What is an organization's culture? In: Harvard Business School Note, pp. 399-404

Clampitt, Ph. G., Williams, M. E. (2005): Conceptualizing and Measuring how employees and organizations manage uncertainty. In: Communication Research Reports, Vol. 22, pp. 315–324

Collins, J. (2009): How the mighty fall. And why some companies never give. London: Random House

Collins, J., Porras, J. I. (1994): Built to last. Successful habits of visionary companies New York: Harper Business

Cooperrider, D. L., Whitney, D. (1999): Collaborating for change. Appreciative Inquiry. San Francisco: Berrett-Koehler

Csikzentmihalyi, M. (1996): Creativity. New York: Harper Perennial

Cyert, R. M., March J. G. (1963): The behavioural theory of the firm. Boston: Prentice-Hall

Dell, Ch. (2012): Die improvisierende Organisation. Management nach dem Ende der Planbarkeit. Bielefeld: transcript

Doppler, K. (2009): Über Helden und Weise. Von heldenhafter Führung im System zu weiser Führung am System. In: Organisationsentwicklung, Nr. 2, S. 4–13

Doppler, K., Lautenburg Ch. (2002): Change Management. Den Unternehmenswandel gestalten, Frankfurt a. M./New York: Campus

Drucker, P. (1954):Practice of Management. New York: Wiley

Dueck, G. (2013): Das Neue und seine Feinde. Wie Ideen verhindert werden und wie sie sich trotzdem durchsetzen. Frankfurt a. M.: Campus

Dürrenmatt, F. (1962): Die Physiker. Zürich: Arche

Dyer, J., Gregersen, H., Christensen, C. M. (2011): The Innovator's DNA. Mastering the five skills of disruptive innovators. Boston. MA: Harvard Business Review Press

Eisenhardt, K. M., Martin, J. A. (2000): Dynamic capabilities: What are they? In: Strategic Management Journal, Vol. 21, pp. 1105–1121

Evans, D. (2012): The internet of everything. How more relevant and valuable connections will change the world, http://www.cisco.com/web/about/ac79/docs/innov/IoE.pdf

Fisher, G. (1967): Measuring Ambiguity. In: American Journal of Psychology 80, pp. 541–547.

Foerster, von H. (1985): Das Konstruieren einer Wirklichkeit. In: Watzlawick, P. (Hg.) Die erfundene Wirklichkeit. Wie wissen wir, was wir zu wissen glauben? München/Zürich: Piper, S. 37–60

Förster, A., Kreuz, P. (2014): Nur Tote blieben liegen. Entfesseln Sie das lebendige Potenzial in Ihrem Unternehmen. Frankfurt a.M.: Pantheon

Frey, D., Gerkhardt, M., Fischer, P. (2008): Erfolgsfaktoren und Stolpersteine bei Veränderungen. In: Fischer, R., Müller, A., Beck, D. (Hg.): Veränderungen in Organisationen. Stand und Perspektiven. Wiesbaden: VS Verlag

Fritz, R. (2000): Den Weg des geringsten Widerstands managen. Energie, Spannung und Kreativität in Unternehmen. Stuttgart: Klett-Cotta

Fullan, M., Donnelly, K. (2013): Alive in the swamp: Assessing digital innovations in education. London.

Gardner, D. (2010): Future Babble. Why experts predictions fail and why we believe them anyway. London: Virgin Books

Geithner, S., Krüger, V. (2008): Hochleistungsteams: Lernen durch Reflexion. In: Pawlovsky, P., Mistele, P. (Hg.) Hochleistungsmanagement. Leistungspotenziale in Organisationen gezielt fördern. Wiesbaden: Gabler

Geiselhart, H. (1997): Das Management-Modell der Jesuiten. Ein Erfolgskonzept für das 21. Jahrhundert. Wiesbaden: Gabler

Gelb, M.J. (1998): Das Leonardo-Prinzip: Die sieben Schritte zum Erfolg. Köln: Vgs-Verlag

Gergs, H.-J. (2016): Change the Change Management! Die Kunst der kontinuierlichen Erneuerung von Unternehmen. In: Geramanis, O., Herrmann, K. (Hg.): Führung unter Ungewissheit – das Ende organisationaler Kontrolle? Berlin/Heidelberg: Springer

Gergs, H.-J., Kozinowski, M. (2012): »Quergestelltes Netzwerk«. Eine Methode zur kollektiven Selbstreflexion in Organisationen (unveröffentlichtes Manuskript)

Gersick, C. J. (1991): Revolutionary change theories: A multilevel exploration of the punctuated equilibrium paradigm. In: Academy of Management Review, Vol. 16, pp.10–36.

Gigerenzer, G. (2013): Risiko. Wie man die richtigen Entscheidungen trifft. München: Bertelsmann

Gigerenzer, G. (2008): Bauchentscheidungen. Die Intelligenz des Unterbewusstseins und die Macht der Intuition. München: Goldman

Glaser, B. G., Strauss, A. (1974): The discovery of the Grounded Theory: Strategies for qualitative research. Chicago

Greiner, L. E. (1972): Evolution and revolution as organizations grow. Harvard Business Review, Vol. 50; no. 4, pp. 37–46

Gründler, E. (2009): Erhöhte Unfallgefahr. In: Brandeins, Nr. 01/2009, S. 154–161

Guggenberger, B. (1987): Das Menschenrecht auf Irrtum. Anleitung zur Unvollkommenheit. München/Wien: Hanser

Handy, Ch. (1996): Ohne Gewähr. Abschied von der Sicherheit – Mit dem Risiko leben. Wiesbaden: Gabler

Handy, Ch. (1995): Die Fortschrittsfalle. Der Zukunft neuen Sinn geben. Wiesbaden: Gabler

Hannah, L. (1997): Marshall trees and the global forest: Were giant redwoods different? Center for Economic Performance, Discussion Paper #318

Literatur

Hamel, G. (2013): Worauf es jetzt ankommt. Erfolgreich in Zeiten kompromisslosen Wandels, brutalen Wettbewerbs und unaufhaltsamer Innovation. Weinheim: Wiley

Hamel, G. (2008): Das Ende des Managements. Unternehmensführung im 21. Jahrhundert. Berlin: Econ

Hamel, G. (2007): The future of management. Boston, MA: Harvard Business School Press

Hamel, G., Zanini, M. (2014): Build a change platform, not a change program. In: McKinsey Journal, October 2014

Harford, T. (2011): Adapt. Why success always starts with failure. London: Abacus

Heisenberg, W. (1972): Der Teil und das Ganze. Gespräche im Umkreis der Atomphysik. München: Piper

Hensmans, M., Johnson, G., Yip, G. (2013): Strategic Transformation. Changing while winning. New York: Palgrave Macmillan

Hill, L., Brandeau, G., Truelove, E., Lineback, K. (2014): Collective genius. The art and practice of leading innovation. Boston M. A.: Harvard Business Press

Hinnen, H./Krummenacher, P. (2012): Großgruppen-Interventionen. Konflikte klären – Veränderung anstoßen – Betroffene einbeziehen. Stuttgart: Schäffer-Poeschel

Hüther, G. (2009): Wie gehirngerechte Führung funktioniert. Neurobiologie für Manager. In Manager Seminare, Heft 130, S. 30–37

Huy, Q. N., Mitzberg, H. (2003): The rhythm of change. MIT Sloan Management Review, pp. 79–84

Jakob, F. (1988): Die innere Statue. Zürich: Ammann

Janis, I. (1972): Victims of groupthink: A psychological study of foreign-policy decisions and fiascoes. Boston: Houghton Mifflin

Johnson, G., Yip, G. S., Hensmans, M. (2012): Achieving successful strategic transformation. In: Sloan Management Review, March 20, pp. 30-40

Jullien, F. (2010): Die stillen Wandlungen. Berlin: Merve Verlag

Jullien, F. (2006): Vortrag vor Managern über Wirksamkeit und Effizienz in China und im Westen. Berlin: Merve Verlag

Kaduk, S., Osmetz, D., Wüthrich, H. A., Hammer, D. (2014): Musterbrecher. Die Kunst, das Spiel zu drehen. Hamburg: Murmann

Kanter, R. M. (1983): The change Masters. New York, NY: Touchstone

Kanter, R. M., Stein, B. A. and Jick, T. D. (1992): The challenge of organizational change. New York: The Free Press

Kanter, R. M. (2003): Challenge of organizational change. How companies experience it and leaders guide it. Free Press

Kaudela-Baum, S., Holzer, J., Kocher, P.-Y. (2014): Innovation Leadership. Führung zwischen Freiheit und Norm. Wiesbaden: Springer Gabler

Klein, S. (2008): Da Vincis Vermächtnis, Frankfurt a. M.: Fischer

Königswieser, R., Exner, A. (1998): Systemische Interventionen. Klett-Cotta: Stuttgart

Kotter, J. P. (2014): Accelerate. Building strategic agility for a faster-moving world. Boston Ma.: Harvard Business Review Press

Kotter, J. P. (2008): Das Prinzip Dringlichkeit. Schnell und konsequent handeln im Management. Frankfurt a. M./New York: Campus

Kotter, J. P. (1996): Leading Change. Boston, MA: Harvard Business School Press

Kühl, S. (2000): Das Regenmacher-Phänomen: Widersprüche im Konzept der lernenden Organisation. Frankfurt a. M./New York: Campus

Kuhn, Th. (1991): Die Struktur wissenschaftlicher Revolutionen. Frankfurt a. M.: Suhrkamp

Kuntz, F. (2003): Der Weg zum Irak-Krieg – »Groupthink« und die Entscheidungsprozesse der Bush-Regierung. Wiesbaden: VS

Krusche, B., Groth, T., Nagel, R., Schumacher, Th. (2008): Houston, we have a problem … Überlegungen zur Aerodynamik moderner Organisationen. In: Revue für postheroisches Management, Heft 3, S. 72–80

Levitt, S. D., Dubner, S. J. (2014): Think like a freak! Andersdenker erreichen mehr im Leben. München: Riemann

Lewin, K. (1952): Psychological Ecology. In: D. Cartwright (Ed.): Field Theory in Social Science, pp. 170–187

Lippitt, L. (1998): Preferred Futuring. Envision the future you want and unleash the energy to get there. San Francisco: Berrett-Koehler

Lippitt, R. (2002): Future before you plan. In: Profile, Nr. 3, pp. 3–9

Lipshitz, R., Popper, M., Ron, N. (2006): How organizations learn: Post-flight Review F-16 Fighter Squadron. In: Organization Studies, Vol. 27, London, S. 1069–1089

Luecke, R. (2003): Managing Change and Transition. Boston, MA: Harvard Business School Press

Lurija, A. (1991): Der Mann, dessen Welt in Scherben ging. Zwei neurologische Geschichten. Hamburg: Rowohlt

Malone, T., Laubacher, R, Dellacocas, C. (2010): The collective intelligence genome. In: MIT Sloan Management Review, Vol. 51, No. 3, pp. 21–31

Marshak, R. J. (2004): Morphing: The leading edge of organizational change in the twenty-first century. In: Organization Development Journal, Vol. 22, No. 3, pp.8–21

Martin, R. 2009): The opposable mind. Winning through integrative thinking. Boston: Harvard Business Press

Meadow, D. H. (2010): Die Grenzen des Denkens. Wie wir sie mit System erkennen und überwinden können. München Oekom Verlag

Miller, D. (1990): The Icarus paradox. How exceptional companies bring about their own downfall. New York: Harper Business

Miller, D., Friesen, P. H. (1980): Momentum and revolution in organizational adaptation. Academy of Management Journal, Vol. 23, pp. 591–614

Mintzberg, H. (2011): Managen. Offenbach: Gabal

Morgan, G. (2002): Bilder der Organisation. Stuttgart: Klett-Cotta

Nadler, D. A. (1998): Champions of change. How CEOs and their companies are mastering the skill of radical change. New York: Jossay Bass

Novotny, H. (2005): Unersättliche Gier. Innovation in einer fragilen Zukunft. Berlin: Kulturverlag Kadmos

Omerod, P. (2005): Why most things fail. Evolution, extinction and economics. New York: John Wiley

Ortmann, G. (2002): Kunst des Entscheidens. Ein Quantum Trost für Zweifler und Zauderer. Göttingen: Velbrück

Osten, M. (2006): Die Kunst Fehler zu machen. Frankfurt a. M.: Suhrkamp

Owen, H. (2001): Open Space Technology – Ein Leitfaden für die Praxis. Stuttgart: Klett-Cotta

Owen, H. (1997): Open Space Technology: A User's Guide. Mcgraw-Hill Professional

Peters, T., Watermann, R. H. (1982): In Search of Excellence. New York: Harper & Row

Pettigew, A.M., Woodman, R. W., Cameron, K. S. (2001): Studying organizational change and development: Challenges for future research. In: Academy of Management Journal, Vol. 44. No. 4. pp. 697–713.

Pettigrew, A./Whipp, R. (1993): Strategic change capabilities. In: Lorange, P., Chakravarthy, B., Roos, J. (Eds.): Change, learning and co-operation. Oxford: Oxford University Press, S. 117–144

Pongratz, H.J., Trinczek, R. (2006): Mehr Change! Weniger Motivation? Organisatorischer Wandel im Urteil von Führungskräften und Kommunikationsexperten. In: Langen, C., Sievert, H. (Hg.): Strategisch kommunizieren und führen. Eine aktuelle Studie zu Profil und Qualifizierung für eine transparente Unternehmenskommunikation. Gütersloh: Verlag Bertelsmann Stiftung, S. 111–124.

Popper, K. (2005): Logik der Forschung, 11. Auflage. Tübingen: Mohr Siebeck

Porras, J., Silvers, R. (1991): Organizational development and transformation. Annual Review of Psychology, Vol. 42, pp. 51–78

Probst, G., Raisch, S. (2004): Die Logik des Niedergangs. In Harvard Business Manager, März 2004. S. 34–45

Proust, M. (2004): Auf der Suche nach der verlorenen Zeit, Band 1: Unterwegs zu Swann. Frankfurt a. M.: Suhrkamp

Reineck, U., Küppers A., v. Benten, F., Buckel, Ch. (2010): Lernreisen. In: OrganisationEntwicklung, 4/2012, S. 89–93

Rheinberger, H.-J. (2012): Experiment, Forschung, Kunst. Vortrag auf der »Jahreskonferenz der Dramaturgischen Gesellschaft« am 26.-29. April 2012 in Oldenburg

Rheinberger, H.-J. (2011): Experimentelle Virtuosität. Vortrag auf dem Kongress »Experimentelle Ästhetik« am 4.-7.10.2011 in Düsseldorf

Reichertz, J. (2013): Die Abduktion in der qualitativen Sozialforschung Wiesbaden: Springer

Reith, v., Wimmer, R. (2013): Organisationsentwicklung und Change-Management. In: Praktische Organisationswissenschaft. Lehrbuch für Studium und Beruf, hrsg. v. Wimmer, R, Meissner, J.O., Wolf, P. Heidelberg: Carl-Auer Verlag

Rindova, V.P., Kotha, S. (2001): Continuous »morphing«: Competing through dynamic capabilities, form, and function. In: Academy of Management Journal, Vol. 44, No. 6, pp. 1263–1280

Rohm, A. (2011): Change-Tools II. Erfahrene Prozessberater präsentieren wirksame Workshop-Interventionen. Bonn: managerseminare

Romanelli, E., Tushman, M. L. (1994): Organizational transformation as punctuated Equilibrium: An Empirical Test. Academy of Management Journal, Vol. 37, pp. 1141–1166

Rooney, A. (2012): The history of mathematics. New York: The Rosen Publishing Group

Roth, G./Kleinert, A. (1999): Learning History. In: Senge, P. et al. (Eds.): The Dance of Change. New York: Doubleday

Rough, J. (2002) Society's breakthrough! Releasing essential wisdom and virtue in all people. 1st Books Library, pp. 198

Schäfer, J. (2015): Artikel Jesuitenorden, aus dem Ökumenischen Heiligenlexikon – www.heiligenlexikon.de/Orden/Jesuiten.htm (abgerufen am 27.10.2015)

Scharmer, O.C. (2014): Theorie U. Von der Zukunft her führen. Presencing als soziale Technik (4. unveränderte Auflage). Heidelberg: Carl-Auer

Schleuter, W. (2009): Die sieben Irrtümer des Change Managements und wie Sie sie vermeiden. Frankfurt a. M./New York: Campus

Schöfer, S. (2005): Wir sind – also ist Zukunft: Preferred Futuring als Ansatz der Transformation. In: Fatzer, G. (Hg.): Nachhaltige Transformationsprozesse in Organisationen. Zürich: EHP

Schoemaker, P., Krupp, S. (2014): The Art of Asking Pivotal Questions. In: MIT Sloan Management, Review, Winter 2005, pp. 4–9

Schreyögg, G./Noss, Ch. (2000): Von der Episode zum fortwährenden Prozess. Wege jenseits der Gleichgewichtslogik im organisatorischen Wandel. In: Schreyögg, G., Conrad, P. (Hg.): Managementforschung 10. Wiesbaden: Gabler, S. 33–62

Schreyögg, G., Sydow, J. (2010): Organizing for fluidity? Dilemmas of new organizational forms. In: Organization Science, Vol. 21, No. 6, pp. 1251-1262

Schumacher, Th. (2013): Vorausschauende Selbststeuerung und Führung. In: ders. (Ed.): Professionalisierung als Passion. Heidelberg: Carl Auer

Seliger, R. (2014): Positive Leadership. Die Revolution in der Führung. Stuttgart: Schäffer-Poeschel

Senge, P. (1996): Die fünfte Disziplin. Kunst und Praxis der lernenden Organisation. Stuttgart: Klett-Cotta

Senge, P., Kleiner, A., Smith, B., Roberts, Ch., Ross, R. (2008): Das Fieldbook zur Fünften Disziplin. Stuttgart: Schäffer-Poeschel

Senge, P., Scharmer, C.O., Jaworski, J., Flowers, B.S. (2004): Presence. Exploring profound change in people, organizations, and society. New York: Random House

Senge, P.M, Kleiner, A., Smith, B. Roberts, Ch. Ross, R. 2008: Das Fieldbook zur Fünften Disziplin: Stuttgart: Schäffer-Poeschel

Singer, E.A., Wooton, L.M. (1976): The triumph and failure of Albert Speer's administrative genius: Implications for current management theory and practice. In: Journal of Applied Behavioral Science, Vol. 12, pp. 79–103

Starecek, M. (2013): Organisationale Resilienz für strategische Zeiten. In: Psychologie in Österreich, Nr. 2, S. 152–157

Sprenger, R. (2012): Radikal führen. Frankfurt a. M./New York: Campus

Statista (2014): Anzahl der Internetnutzer weltweit von 1997 bis 2013 (in Millionen). http://de.statista.com/statistik/daten/Studie/18670/umfrage/anzahl-der-internetnutzer-weltweit-zeitreihe/ (Zugriff vom 25.06.2014)

Statista (2013): Prognose zur Anzahl der täglich versendeten E-Mails weltweit von 2013 bis 2017 (in Milliarden). http://de.statista.com/statistic/daten/studie/252278/umfrage/prognose-zur-zahl-der-taeglichen-versendeter-e-mails-weltweit/ (Zugriff vom 25.06.2014)

Stuart, A. (2013): Jetzt! Die Kunst des perfekten Timings. Frankfurt a. M./New York: Campus.

Syrett, M., Devine, M. (2012): Managing uncertainty. Strategies for surviving and thriving in turbulent times. London: Economist

Taleb, N. (2014): Antifragilität. Anleitung für eine Welt, die wir nicht verstehen. München: Knaus

Taptiklis, Th. (2008): Un-managing. Opening up the organization to its own unspoken knowledge. New York: Palgrave Macmillan

Teece, D.J. (2009): Dynamic capabilities and strategic management. Organizing for Innovation and growth. Oxford: Oxford University Press

Tichy, N., Devanna, M. A. (1990): Transformational Leader. The key to global competitiveness. New York: John Wiley & Sons

Todnem, R. (2005): Organisational change management: A critical review. In: Journal of Change Management, Vol. 5, No. 4, pp. 369-380

Tushman, B. (2001): Die Torheit der Regierenden. Von Troja bis Vietnam. Frankfurt a.M.: Fischer

Tushman, M., O'Reilly, Ch., Herrald, B. (2013): Leading strategic renewal: Proactive punctuated change through innovation streams and disciplined learning (unpublished manuscript).

Vanleeuw, E. (2014): Change readiness of a religious order. An exceptional organizational story. Master Thesis: Vlerick Buiness School

Watzlawick, P., Weakland, J., Fisch, R. (1992): Lösungen. Zur Theorie und Praxis menschlichen Wandels. Bern/Göttingen/Toronto: Hans Huber

Weber, M. (1972 [1921]): Wirtschaft und Gesellschaft. Tübingen: Mohr

Weber, Max (1988 [1922]): Gesammelte Aufsätze zur Wissenschaftslehre. Tübingen: Mohr

Weick, K. E. (1996): Drop your tools. An allegory for organization studies. In: Administrative Science Quarterly, Vol. 41, No. 6, pp. 301-313

Weick, K. E. (1985): Der Prozess des Organisicrens. Frankfurt a. M.: Suhrkamp

Weick, K. E., Sutcliffe, K.M. (2003): Das Unerwartete managen. Wie Unternehmen aus Extremsituationen lernen. Stuttgart: Klett-Cotta

Weick, K. E., Quinn, R. E. (1999): Organizational change and development. Annual Review of Pschology, Vol. 50, pp. 361-386

Weick, K., Westley, F. (1996): Organizational learning. Affirming an oxymoron. In: Clegg, S., Hardy, C., Nord, W. (Eds.): Beyond the resource based view. In: Management Revue, Vol. 15, No. 1, pp. 8-26

Weisbord, M. (1995): Future Search. Collaborating for Change. San Francisco: Berrett-Koehler

Weisbord, M., Janoff, S. (2008): Future Search – Die Zukunftskonferenz. Stuttgart: Klett-Cotta

Whitney, D. (2010): Appreciative Leadership. Focus on what works to drive winning performance and build a thriving organization. New York u. a.: Mc Graw Hill

Wilhelmer, D., Nagel, R. (2013): Foresight-Managementhandbuch. Das Gestalten von Open Innovation. Heidelberg: Carl Auer.

Wilkens, U., Süße, T. & Voigt, B.-F. (2014): Umgang mit Paradoxien von Industrie 4.0 – Die Bedeutung reflexiven Arbeitshandelns. In: Kersten, W., Koller, H. & Lödding, H. (Hg.): Industrie 4.0 – Wie intelligente Vernetzung und kognitive Systeme unsere Arbeit verändern, Universität Hamburg-Harburg, S. 199-210

Wimmer, R. (2007): Die bewusste Gestaltung der eigenen Lernfähigkeit als Unternehmen. In: Tomaschek, N. (Hg.): Die bewusste Organisation, Steigerung der Leistungsfähigkeit, Lebendigkeit und Innovationskraft von Unternehmen, Heidelberg: Carl Auer, S. 39-62

Wimmer, R. (2005): Fragebogen zur Diagnose von Lernfähigkeit einer Organisation. Ansatzpunkte zur Förderung der Lernfähigkeit von Organisationen im Sinne Vorausschauenden Selbsterneuerung. Wien: OSB International

Wimmer, R. (2001): Vorausschauende Selbsterneuerung – Wie sich Organisationen mit lebensnotwendigen Irritationen versorgen. In: Hinterhuber, H., Stahl, H. (Hg.): Fallen die Unternehmensgrenzen. Renningen: expert Verlag

Wimmer, R. (2000): Wie lernfähig sind Organisationen? Zur Problematik einer vorrauschauenden Selbsterneuerung sozialer Systeme. In: Stahl, K. H., Hejl, P. M. (Eds.): Management und Wirklichkeit. Das Konstruieren von Unternehmen, Märkten und Zukünften. Heidelberg: Carl Auer, S. 265–294

Wimmer, R. (1996): Erlebt die Gruppendynamik eine Renaissance? In: Schwarz, G., Heintel, P., Weyrer, M., Stattler, H. (Hg.): Gruppendynamik: Geschichte und Zukunft. Wien: Facultas Universitätsverlag

Wiseman, L. (2014): Rookie smarts. Why learning beats knowing in the new game of work. New York: Harper

Wüthrich, H. A. (2016): Resilienzzentrierte Führung. In: Geramanis, O., Herrmann, K. (Hg.): Führung unter Ungewissheit – das Ende organisationaler Kontrolle? Berlin/Heidelberg: Springer

Wüthrich, H. A., Osmetz, D., Kaduk, S. (2006): Musterbrecher – Führung neu erleben. Wiesbaden: Gabler